黄土塬地貌特征与水土流失综合治理

王治国 裴新富 等 编著

黄河水利出版社
·郑 州·

内 容 提 要

本书以保护黄土塬这一黄土高原特有地貌为出发点,在总结前人相关研究的基础上,综合运用遥感、地理信息系统等手段开展黄土塬调查,并对黄土塬地貌特征进行分析,明确黄土塬现状情况,提出以"塬及周边侵蚀沟"为治理单元的治理模式,按黄土塬形态特征和地貌成因进行分区,并根据新形势、新要求提出"固沟保塬"分区方略、布局及技术体系,明确采取的措施设计及配置要求。

本书遵循"继承、发展、创新、实用"的理念,旨在为黄土塬保护、水土流失综合治理工作提供理论、方法和技术参考,可作为相关区域规划设计、管理决策、科学研究人员的参考书。

图书在版编目(CIP)数据

黄土塬地貌特征与水土流失综合治理/王治国等编
著.—郑州:黄河水利出版社,2021.6 (2023.6 重印)
ISBN 978-7-5509-3002-5

Ⅰ.①黄… Ⅱ.①王… Ⅲ.①黄土高原-地貌-研究
②黄土高原-水土流失-研究 Ⅳ.①P942.407.4
②S157.1

中国版本图书馆 CIP 数据核字(2021)第 114304 号

策划编辑:岳晓娟 电话:0371-66020903 QQ:2250150882@qq.com

出 版 社:黄河水利出版社
地址:河南省郑州市顺河路黄委会综合楼 14 层 邮政编码:450003
发行单位:黄河水利出版社
发行部电话:0371-66026940、66020550、66028024、66022620(传真)
E-mail:hhslcbs@126.com
承印单位:河南瑞之光印刷股份有限公司
开本:787 mm×1 092 mm 1/16
印张:16.5 彩插:16
字数:405 千字 印数:1—1 000
版次:2021 年 6 月第 1 版 印次:2023 年 6 月第 2 次印刷
定价:140.00 元

《黄土塬地貌特征与水土流失综合治理》
编著委员会

主要撰写人员　王治国　裴新富　张　超　朱莉莉　胡　影

参加撰写人员　樊　华　张　霞　陈永钢　孙　娜　李小芳

　　　　　　　　王永胜　洪　建　闫俊平　王春红　侯泽青

　　　　　　　　胡中生　王余彦　牛兰兰

前　言

　　我国是世界上黄土分布面积最大的国家,黄土堆积被看成是记录地球环境变化的三大"天书"之一。我国黄土堆积的主要区域黄土高塬沟壑区,塬面面积大,黄土深厚,塬沟相间,地质地貌形态与景观独一无二,是地质变迁、黄土高原形成与侵蚀演变、气候变化与古土壤及人类进化等方面的野外研究大平台,尤以甘肃董志塬、陕西洛川塬和山西太德塬最为典型,甘肃董志塬西峰蔡家嘴黄土剖面记录了末次盛冰期到全新世气候变化,洛川塬黑木沟黄土古土壤地层序列剖面是农耕人类进化最完整的"历史纪年表"。远在 20 万年前,人类就在黄土高塬繁衍生息,中华农耕文化源远流长。黄土高塬沟壑区是构成陇东、陕北南部和山西西南部黄土高原地域特色文化的重要载体,也是红色圣地陕甘宁边区重要的组成部分,具有较高的地史、人文历史等多方面的研究价值。黄土高塬沟壑区作为中华农耕文化发源地,水土保持实践历史悠久,农民自古以来有采取沟垄种植、平田整地,以及软埝、旱井、涝池修筑等水土保持措施的传统。因此,系统总结研究黄土塬地貌特征及防治对策意义重大。

　　本书所涉及黄土高塬沟壑区范围指《中国水土保持区划》所确定的西北黄土高原区(一级区)内的晋陕甘高塬沟壑区(二级区)范围是一致的,位于崂山—白于山一线以南,汾河以西,六盘山以东,关中盆地以北,涉及甘肃省、陕西省和山西省共 7 个市的 34 个县(区),区域总面积约 5.58 万 km²,水土流失面积 2.13 万 km²。该区域水土流失严重,塬边侵蚀沟持续发育,塬面不断被切割、逐年萎缩。尤其近年来,随着塬面城镇化、基础设施建设、石油煤炭资源开发迅猛发展,人为扰动和地面硬化面积不断增加,人为水土流失加剧,地表径流增大并沿侵蚀沟下泄,导致沟头溯源加速,塬面和耕地逐步被蚕食,严重威胁城市村镇、道路等基础设施安全、粮食安全、生态安全,成为影响区域经济社会发展和生态屏障建设的突出制约因素。

　　中华人民共和国成立以来,特别是 20 世纪 80 年代至今,各级政府和群众开展坡改梯、淤地坝、造林种草等一系列水土保持生态工程建设,截至 2015 年年底,该区域累计保存水土保持措施面积 233.16 万 hm²,其中:梯田、坝地等 68.39 万 hm²,淤地坝 2 336 座,水土保持林草(含经济林)124.85 万 hm²,小型蓄水保土工程 253 211 个,治理区水土流失得到有效控制,农业生产条件和生态环境得到初步改善。但以往实施的水土保持措施多集中在塬坡沟坡和开阔沟道,针对黄土塬保护的措施仅在局部地方实施,特别是塬面径流疏导和嵌入塬面的侵蚀沟系统综合治理十分薄弱。从典型地貌、历史文化、耕地、生态系统的保护,以及乡村振兴战略和经济社会发展等多方面分析,加快塬面保护性系统治理,形成"固沟保塬"综合体系迫在眉睫。

为深入贯彻党的十九大和习近平总书记系列重要讲话精神,落实国务院领导在中共中央统战部向中央办公厅报送的《关于转呈九三学社中央〈关于黄土高原"固沟保塬"综合治理的建议〉的函》的批示精神,2015年水利部商国家发改委、财政部、国土部和林业局,水利部水保司、规划司、防办以及黄河水利委员会研究提出了《关于黄土高塬沟壑区"固沟保塬"综合治理的意见》,意见中明确要编制《黄土高塬沟壑区"固沟保塬"综合治理专项规划》(简称《规划》)。结合《全国水土保持规划(2015-2030年)》和《全国水土保持发展"十三五"规划》保护黄土塬的要求,水利部于2016年7月正式启动规划编制工作。根据水利部安排,水利部水利水电规划设计总院作为规划编制技术总负责单位,相关省配合,黄河上中游管理局西安规划设计研究院和北京地拓科技发展有限公司承担专题调查与研究工作。规划编制工作历经两年,已于2018年9月25日以水保〔2018〕230号文"水利部关于印发《黄土高塬沟壑区"固沟保塬"综合治理规划(2016-2025年)》的通知"印发各相关省。目前该规划正在顺利有序实施。

随着中国特色社会主义进入新时代,党中央将生态文明和美丽中国建设作为全面建设社会主义现代化国家的重大目标,习近平总书记2019年9月在黄河流域生态保护与建设高质量发展座谈会议上发表重要讲话,对黄河流域高质量发展提出新要求,为黄土高塬沟壑区"固沟保塬"工作指明了新的发展方向。为了进一步总结黄土高塬沟壑区多年来水土流失及其综合治理的研究成果和实践经验,创新发展"固沟保塬"综合治理技术体系,加以推广应用,规划编制组组织技术人员对黄土高塬沟壑区地形地貌特征、水土流失及其综合治理内容、模式及措施配置等进行了系统研究梳理,总结归纳了关键技术成果和技术创新点,规划创新采用了以"塬及塬周边侵蚀沟"为单元,综合运用遥感、地理信息系统提取黄土塬现状和特征信息的技术方法,综合分析了黄土塬形态特征、地貌成因,总结了以县级行政区为基本单元的治理分区指标、方法与结果,并按分区提出分区防治方略与布局及"固沟保塬"技术体系,突出以径流调控为基础的综合治理模式与措施配置以及相应的水土保持措施设计要点。此次将这些内容编写成书,以期为从事"固沟保塬"及类似地区的规划设计、科学研究、生产一线的工作者提供技术参考。

本书由水利部水利水电规划设计总院牵头,与黄河上中游管理局西安规划设计研究院、北京地拓科技发展有限公司共同编写。王治国教授负责本书总体思路提出、技术框架构建、章节安排,并对编写和统稿的内容提出详细要求;裴新富教授级高级工程师在组织编写、统稿等方面进行了大量工作并对书稿进行了仔细审阅和校核;张超教授级高级工程师、樊华高级工程师、朱莉莉高级工程师、胡影高级工程师、洪建教授级高级工程师、闫俊平教授级高级工程师、王春红教授级高级工程师协助统稿、校核。张超、胡影、樊华、朱莉莉、张霞、陈永钢、李小芳、孙娜、王永胜、侯泽青、胡中生、王余彦、牛兰兰参加了本书的编写,全书所有图件由孙娜、王永胜负责,附表相关数据复核由朱莉莉、张霞、李小芳负责,照片由胡影、朱莉莉、张霞、张学升、申当雪、姬小宁等提供。黄河上中游管理局副局长鲁胜力、西峰水土保持科学试验站郭锐等同志提供了相关资料并提出了宝贵意见。

本书编写过程中得到了黄河水利委员会、甘肃省水利厅、陕西省水利厅、山西省水利厅以及相关市县的鼎力支持。在此谨向所有为本书出版付出辛劳的单位、领导和同志们表示衷心的感谢！

编著者
2020 年 4 月

目 录

前 言

第1章 绪 论 ……………………………………………………………… （1）

1.1 黄土塬区"固沟保塬"研究背景和必要性 ……………………… （1）

1.2 黄土塬地貌与侵蚀相关研究进展 ………………………………… （4）

1.3 黄土塬区水土流失综合治理研究总体思路 …………………… （18）

第2章 黄土高塬沟壑区概况 …………………………………………… （22）

2.1 自然条件 …………………………………………………………… （22）

2.2 社会经济状况 …………………………………………………… （24）

第3章 黄土塬调查技术方法及相关成果 …………………………… （28）

3.1 调查单元与有关指标界定 …………………………………… （28）

3.2 调查内容指标与技术路线 …………………………………… （29）

3.3 遥感调查与实地调查 ………………………………………… （39）

3.4 统计上报数据标准化及空间化处理 ……………………… （41）

3.5 遥感复核修订 ………………………………………………… （44）

3.6 黄土塬及侵蚀沟调查结果 …………………………………… （48）

3.7 重点塬区调查结果 …………………………………………… （52）

第4章 黄土塬地貌特征分析 ………………………………………… （57）

4.1 地貌形态特征指标 …………………………………………… （57）

4.2 黄土塬几何特征 ……………………………………………… （59）

4.3 黄土塬地势起伏特征 ………………………………………… （75）

4.4 黄土塬完整破碎程度 ………………………………………… （82）

4.5 各地貌形态特征指标相关性分析 ………………………… （88）

第5章 黄土塬水土流失治理总体方略与布局 ………………… （90）

5.1 总体方略 ……………………………………………………… （90）

5.2 黄土塬水土流失综合治理分区 …………………………… （90）

5.3 分区布局 ……………………………………………………… （96）

第6章 水土保持综合治理模式与措施配置 …………………… （100）

6.1 综合治理模式发展 ………………………………………… （100）

6.2 "固沟保塬"立体防控模式措施配置 …………………… （104）

第 7 章　措施设计 ……………………………………………………………（111）

　　7.1　梯田工程 ……………………………………………………………（111）

　　7.2　沟头防护及截洪排导工程 …………………………………………（115）

　　7.3　谷坊及淤地坝工程 …………………………………………………（122）

　　7.4　蓄水利用工程 ………………………………………………………（147）

　　7.5　降水入渗工程 ………………………………………………………（166）

　　7.6　林草工程 ……………………………………………………………（168）

附　表 …………………………………………………………………………（195）

　　附表 1　塬区现状调查结果分县统计 …………………………………（195）

　　附表 2　塬区侵蚀沟情况分县统计 ……………………………………（197）

　　附表 3　塬区沟道危害情况分县统计 …………………………………（199）

　　附表 4　塬区土地坡度组成结构分县统计 ……………………………（201）

　　附表 5　塬区耕地坡度组成结构分县统计 ……………………………（203）

　　附表 6　塬区社会经济现状分县统计 …………………………………（205）

　　附表 7　塬区水土流失现状分县统计 …………………………………（207）

　　附表 8　塬区土地利用现状分县统计 …………………………………（209）

　　附表 9　塬区水土保持治理措施现状分县统计 ………………………（213）

　　附表 10　塬面大于 1 km² 的黄土塬及侵蚀沟基本情况汇总 …………（215）

　　附表 11　塬区水土流失现状分区统计 …………………………………（246）

　　附表 12　塬区土地利用现状分区统计 …………………………………（247）

　　附表 13　塬区社会经济现状分区统计 …………………………………（248）

　　附表 14　塬区土地坡度组成结构分区统计 ……………………………（249）

　　附表 15　塬区耕地坡度组成结构分区统计 ……………………………（250）

参考文献 ………………………………………………………………………（251）

黄土塬地貌、水土流失及防治措施照片 ……………………………………（255）

第1章 绪 论

1.1 黄土塬区"固沟保塬"研究背景和必要性

1.1.1 研究背景

以"黄土塬"为典型地貌特征的黄土高原沟壑区,是中华文明的发祥地之一,是我国川滇—黄土高原生态屏障的重要组成部分,是我国农耕文化的重要发源地,农业生产历史悠久,农耕文化积淀深厚,区内水热条件好,光照充足,温差大,是黄土高原地区农业生产条件较为优越的地区。其主要分布于崤山—白于山以南,汾河以西,六盘山以东,关中盆地以北,塬面平坦,沟壑深切,黄土覆盖较厚,以甘肃的董志塬、陕西的洛川塬和山西的太德塬最为典型。区域内还分布有黄土台塬、残塬和梁峁,其中黄土残塬区塬面破碎,坡陡沟深,多分布于太德塬和董志塬北部;台(旱)塬面积大,地势平缓,塬梁交错,塬面蚕食,主要分布于洛川塬和董志塬南部。黄土高原沟壑区属黄土高原多沙区,降水集中,土质疏松、植被稀少,加之长期以来人类频繁的生产活动,特别是近 20 年来石油和煤炭开采、城镇拓展以及居民住宅兴建等,使原本脆弱的生态环境遭到严重破坏,水土流失日趋剧烈,是黄河下游泥沙的主要来源区之一,仅董志塬每年输入黄河的泥沙量就达到了 4 809 万t。在频繁的洪水冲刷下,塬边支毛沟不断变宽变深,沟头前进,较大的沟壑沟头已经侵蚀到了塬心,塬面逐年萎缩,大塬不断被切割成若干小塬。严重的水土流失,致使表土剥蚀、土壤肥力下降,地表植被遭到破坏,沟岸塌失,威胁着耕地、民房和道路设施,局部区域破坏损失严重,直接威胁着人民生命财产安全,严重影响区域经济社会的可持续发展。

2015 年 10 月,九三学社甘肃省委联合社中央,在调研和考察甘肃董志塬、南小河沟等地的基础上,提出了《关于将黄土高原"固沟保塬"综合治理列入国家"十三五"规划的建议》,并上报中共中央,得到了中共中央政治局常委、国务院总理李克强和中共中央政治局委员、国务院副总理汪洋的高度重视并作出批示,要求水利部等单位作出部署安排。2016 年,为贯彻落实国务院领导在中共中央统战部向中央办公厅报送的《关于转呈九三学社中央〈关于黄土高原"固沟保塬"综合治理的建议〉的函》的批示精神,根据时任水利部部长、副部长刘宁指示,经商国家发改委、财政部、国土部和林业局,水利部水保司、规划司、防办以及黄河水利委员会研究提出了《关于黄土高原沟壑区"固沟保塬"综合治理的意见》,明确要求编制《黄土高原沟壑区"固沟保塬"综合治理专项规划》。

《全国水土保持规划(2015-2030 年)》和《全国水土保持发展"十三五"规划》也对区域"固沟保塬"工作提出了要求。规划总体布局中明确提出开展晋陕甘高塬沟壑区坡耕地综合治理和沟道坝系建设,保护与建设子午岭与吕梁林区植被。

根据国务院领导的批示精神和全国水土保持规划、全国水土保持发展"十三五"规划对西北黄土高原区提出的要求,以及黄土高塬沟壑区固沟保塬工作的必要性和紧迫性,2016年8月1日,水利部办公厅印发了《水利部办公厅关于开展黄土高塬沟壑区"固沟保塬"综合治理专项规划编制工作的通知》(办水保〔2016〕143号),要求在收集整理和分析相关资料与规划成果的基础上,通过实地调研和资料收集,运用遥感、地理信息系统等方法手段,对规划区的现状、需求进行客观的分析与评价,拟定固沟保塬防治目标;根据区域水土流失和经济社会的需求、水土资源开发利用方向,以水土流失防治为主线,以治理侵蚀沟为手段,以"保塬"为目的,按分区进行总体布局;综合分析提出侵蚀沟水土流失综合治理、塬面径流排导与侵蚀控制、塬面径流集蓄利用等工程建设内容,形成"固沟保塬"综合治理措施体系,并进行重点工程规划布局。围绕主要建设内容提出水土保持监督、监测、管理体制和机制、制度建设、试验示范与推广等综合管理内容,以及规划实施保障措施。

为了总结"固沟保塬"综合治理工作的历史经验,深入分析黄土高塬沟壑区的发展趋势,有针对性地研究提出黄土高塬沟壑区"固沟保塬"综合治理的关键技术和措施体系,规划组讨论了规划的关键技术问题,将黄土塬地貌特征研究作为重要专题,对区域所有塬进行全面调查,并对塬特征进行了深入细致的研究,提出归类分区方案,以及与之相对应的水土流失综合治理措施体系,为编制规划奠定了坚实的基础。

1.1.2 研究必要性

黄土地貌的形态特征及发展变化是黄土本身特性和内、外因不同组合相互作用的结果,受新构造运动、古地貌和现代侵蚀及人为活动的影响,现代黄土地貌形态特征既呈现水平地带的分异性和垂直分带的规律性,又反映着侵蚀地貌的特定发育阶段和侵蚀特点。因此,研究黄土高塬沟壑区黄土塬地貌特征及分异规律,掌握水土流失的危害及特点,因区施策,因害设防,提出有效的治理方略和技术措施体系,对保护"黄土塬"地质地貌景观和国家重要历史文化遗产,促进区域粮食安全和能源化工基地建设具有重要的现实和历史意义。

1.1.2.1 是保护世界上最大黄土塬地质地貌景观的需要

我国是世界上黄土分布面积最大的国家,其黄土堆积被看成是记录地球环境变化的三大"天书"之一,而以甘肃的董志塬、陕西的洛川塬和山西的太德塬为核心的黄土高塬沟壑区,塬面面积大,分布集中,地质地貌形态与景观独一无二。该区是地质变迁、黄土高原形成及其侵蚀演变的野外研究大平台,洛川塬洛川县黑木沟有中国乃至世界上标准的黄土古土壤地层序列连续完整的黄土剖面,是人类进化最完整的"历史纪年表",是过去与未来之间的桥梁和纽带,可谓是全人类之共同财富。近现代由于人类的活动,特别是近20年来石油和煤炭开采、城镇拓展以及居民住宅兴建等,增加了地表径流,塬边支毛沟在塬面径流洪水冲刷下,沟头不断前进、变宽变深,塬面逐年萎缩。如甘肃董志塬,自唐代以来的 1 300 多年,塬地被蚕食面积达 90 余万亩❶,年平均蚕食约 690 亩,每年约 5.1 mm 厚度的表土被吞噬,并且近年有加剧趋势,目前塬面东西最宽处仅为 17.5 km,最窄处仅为 50 m;山西太德塬,明宣德年间塬面面积 860 hm²,现在缩减为 600 hm²,塬面减少 30%。因此,通过黄土塬地貌特征研究,提出相应水土流失综合治理措施,并在规划中加以落实,这对保护世界上最大黄土塬地质地貌景观具有重要意义。

1.1.2.2　是保护我国重要历史文化遗产和发展红色旅游的需要

黄土高原地区是华夏文明的发祥地,黄土塬区一样有着厚重的历史底蕴和博深的文化积淀。董志塬举世瞩目的"黄河古象"化石,发掘于马莲河流域合水县板桥境内,黄土塬还发现有国家级保护文物新石器时代"南佐遗址"。该区域也是先周历史文化和中华农耕文化的发祥地;陕西黄陵县"轩辕黄帝陵"号称"天下第一陵";甘肃庆阳有"岐黄故里"之称,黄帝与岐伯论医成就了"黄帝内经素问",铜川耀县隋唐医药学家孙思邈隐居地号称"药王故里";董志塬也是周先祖不窋、鞠陶、孙公刘"教民稼穑"之地;洛川塬鄜城(今富县)遗址出土的"燕王职剑",传说汉武帝曾在此祭天,宋范仲淹也曾在此屯军养马。黄土塬区历代名人辈出,著名的有东汉思想家王符、西晋学者傅云和明朝"前七子"领袖李梦阳等,同时该地区民间艺术源远流长,如洛川塬区整鼓、剪纸、刺绣、面花、皮影;甘肃庆阳香包陇绣等都具有较高的历史价值、文化内涵、学术意义。黄土塬区也是一块红色的土地,陕甘宁边区是党中央和毛主席等老一辈革命家在这里战斗生活过的地方,延安和庆阳是全国最为重要的红色旅游地,是爱国主义、革命传统和延安精神的教育基地。因此,开展黄土塬地貌特征与水土流失综合治理研究对于保护国家历史文化遗产和红色旅游区具有重要意义。

1.1.2.3　是保护能源化工基地和促进区域社会经济发展的需要

该区拥有丰富的石油、煤炭、天然气等矿产资源,以董志塬为例,石油、煤炭、天然气资源折合油当量约 1 230 亿 t,油气资源总量近 40 亿 t,占鄂尔多斯油气储量的 37%;煤炭资源预测储量 2 360 亿 t,占甘肃全省预测储量的 97%,目前已查明煤炭资源量 104 亿 t,是长庆油田的发源地和主产区之一,未来将成为国家级能源化工基地、西电东送基地、西气东输基地和全国重要的战略能源开发接替基地。洛川塬区矿产资源储量大、分布广,发展能源和加工业潜力大,仅延安市煤炭储量 5 000 万 t,石油储量近 8 000 万 t,天然气储量 14.6 亿 m³,石灰石储量 100 万 t,白砂石储量 180 万 t,紫砂陶土储量 700 万 t,玻璃原料储量 180 万 t,具有广阔的开发前景。

随着资源开发步伐的加快,给当地工业和经济发展带来了机遇,但也给当地脆弱的生态环境带来了新的挑战。因此,深入研究黄土塬水土流失综合治理关键技术对固沟保塬,保护国家能源化工基地,保障生产建设安全和促进区域社会经济发展将具有长远的意义。

---

❶　1 亩 = 1/15 hm²,余同。

1.1.2.4 是促进特色塬区产业和国家旱作农业示范区建设的需要

黄土高原区塬面土层深厚,黄土疏松,土质肥沃,属暖温带气候,雨热同期,适宜种植冬小麦、玉米、高粱、糜谷、豆类、马铃薯等粮食作物,董志塬素有"陇东粮仓"之称,洛川塬也是陕北重要的产粮区,曾为老区革命根据地提供了有力的物质保障。研究区是我国北方以小米、豆类为主的重要杂粮生产区,董志塬区、洛川塬区是我国著名的苹果以及红枣、梨、核桃产地,董志塬区是国家现代旱作农业示范区。近年来,各级政府正加大力度调整农业产业结构,加强现代旱作农业建设,农业综合生产能力有了新提高。然而,由于该区地高水低、投入不足等限制,目前川台地和大部分塬地没有配套抗旱补灌设施,严重制约了旱作农业高质量发展。加强水资源优化配置,研究在加强固沟保塬综合开发治理的同时,合理配套建设雨洪资源集蓄利用等措施,对提升农业抵御抗旱风险,促进特色塬区产业和国家旱作农业示范区建设具有重要意义。

1.1.2.5 是减少入黄泥沙和改善人居环境与生产条件的需要

黄土高塬沟壑区总面积 5.58 万 km^2,水土流失面积 2.14 万 km^2,占总面积的 38.17%,水土流失严重,每年约有 8 000 万 t 泥沙输入黄河支流沟道,是黄河泥沙的重要来源地之一。特别是随着城市扩展、基础设施建设、石油煤炭资源开发等人类活动的扰动,地表径流增大,侵蚀沟发育加快,沟头不断向塬面延伸,沟岸沟壁滑坡、滑塌、崩塌严重,塬面切割加剧。以董志塬为例,该区火巷沟、清水沟等多条沟道的侵蚀已威胁到庆阳市区安全,宁县和盛镇址因水土流失危害而被迫搬迁,7 695 个支毛沟不断伸向董志塬腹地,对塬区生产生活条件以及经济社会可持续发展构成严重威胁。水土流失同时伴随着土壤中大量的 N、P、K 流失,不仅使土壤肥力和有机质含量降低,而且使土壤理化性状变差,影响粮食生产,使该区域年粮食产量徘徊在 18 万~20 万 t。因此,开展黄土塬特征及固沟保塬综合治理研究,不仅对建立水土流失综合防治体系,减少入黄泥沙,保护塬面城镇村人居环境安全,保护耕地、稳定粮食产量有着重要意义,而且对优化调整土地利用和农业产业结构,发展特色产业,改善农村生产生活条件,维护经济社会可持续发展也具有重要意义。

1.2 黄土塬地貌与侵蚀相关研究进展

1.2.1 黄土地貌研究进展

黄土地貌是发育在黄土地层(包括黄土状土)中的地形,是黄土堆积过程中遭受强烈侵蚀的产物。我国境内的黄土,大都分布在昆仑山、秦岭、大别山以北和长城以南的地区,按其地理特点,可分为三个地段:青海湖和乌鞘岭以西为西段,太行山以东为东段,两地段之间的黄河中游流域为中段,中段是我国黄土分布最集中地区,陕北、陇东、晋西这部分地区,地理上称黄土高原。黄土区的地势从西北往东南降低,典型的黄土为黄灰色或棕黄色,其本身是钙质胶结松软的粉砂岩,具有多孔性和垂直节理,遇水最容易分散,抗蚀能力很差。加之这一带气候干燥,全年雨量又集中在夏季,暴雨侵蚀作用(另还有风力的侵蚀作用)造成了黄土地区的水土流失,形成了一系列的特殊地貌形态。

早在 2 000 多年前我国就有关于黄土地貌的记载,但关于黄土地貌的研究在我国逐渐受到重视并取得飞速发展,则始于 20 世纪 50 年代以后。我国的黄土地貌研究可以分为 4 个阶段:

(1)中华人民共和国成立后至 20 世纪 50 年代初期前后,借助西北地区开展的大规模普查工作,主要进行了大比例尺小范围内的地貌形态描述,总结了黄土地区地貌图的制图方法和经验,并编制了一些地貌图件。这一时期受苏联学者的影响,主要从土壤侵蚀等方面进行研究。

(2)20 世纪 50 年代末至 60 年代中期,地质地貌工作者对大范围的区域性地貌、河谷地貌以及边坡地貌进行了较为系统的研究,绘制了一些小比例尺大区域的黄土图件。这一时期黄土塬梁峁等黄土地貌词汇才被引入了科学文献和高校教材中。

(3)主要是 20 世纪 60 年代后期至 70 年代中期,开展了黄土地貌的分类研究,较系统地进行了黄土地貌的调查和中比例尺黄土地貌图的编制工作。

(4)20 世纪 70 年代后期以来,随着科技的飞速发展,计算机科学、软件工程、卫星遥感、航拍等技术已经日益成熟并大规模地应用到了黄土地貌领域,黄土地貌的研究进一步深化。黄土地貌研究重心从定性向定量转移,黄土地貌发育历史、地势分布、类型、地貌图的绘制理论方法等方面也有了新突破,黄土地貌学进入了一个全新的发展阶段。

罗来兴(1956)、沈玉昌(1958)、张宗祜(1983)、甘枝茂(1993)、王永焱(1990)、张丽萍等(1991)、孙建中(2005)等,以及《中国 1∶100 万地貌图制图规范》(1987)中均对黄土地貌类型的划分提出了自己的看法和建议。

罗来兴(1956)对黄土地貌类型的划分,首先按照面积大小分为中型、小型和微型三类,再按照所处位置划分出类、亚类和型三个等级的形态类型(见表 1-1)。

表 1-1　黄土地貌分类

大类	类	亚类	型
中型地貌	土状堆积物覆盖的沟间地	土状堆积物覆盖的高原	塬、平梁、连续峁
		土状堆积物覆盖的丘陵	斜梁、孤立峁
	切割于土状堆积物沟谷	承袭沟谷	具有洪积冲积阶地的河沟沟谷、具有洪积坡积缓坡地的干沟沟谷
		近代流水直接割切土状堆积物形成的冲沟沟谷	第一期冲沟沟谷、第二期冲沟沟谷、第三期冲沟沟谷

大类	类	亚类	型
小型地貌 (沟间地方面)	分水高地	分水台	分水平台、分水斜台
		分水岭	分水丘、分水梁
		分水鞍	浅分水鞍、深分水鞍
		分水凹脊	
		分水斜脊	
	沟间地斜坡	凹型斜坡	
		凸型斜坡	
		直型斜坡	
小型地貌 (沟谷方面)		溯源侵蚀的沟头	楔形沟头、弧形沟头、弧形楔形沟头
		侵蚀谷坡	新近发生的崩塌与滑坡的谷缘陡崖、发生崩塌与滑塌较久的具有悬沟的谷缘陡崖、发生滑坡不久的凹斜形滑坡面、正在活跃的红土泻溜面
		堆积谷坡坡麓	新近发生的崩塌与滑坡作用的塌落体、庞大完整的滑坡体、正在活跃的红土泻积坡、坡积的黄土及红色黄土所覆盖的急斜坡与斜坡、经常发生的溜塌堆积斜坡
		堆积谷底	曲流阶地、复合曲流阶地、洪积坡积的缓坡地、淤积的湫地
		割蚀沟床	具有石跌水的曲流槽形下切沟床、具有局部洪积滩的曲流槽形侧蚀沟床、具有土跌水陷穴的楔形下切沟床
微型地貌	侵蚀沟	梳沟	细沟、浅沟
		条沟	切沟、悬沟
	沟床坡折	侵蚀坡折	石跌水、结核层跌水、土跌水
		坡积坡折	砂姜砾石跌水、塌落体或滑坡体跌水
	洪积滩	泥蛋滩	
		砾石滩	
	潜蚀洞穴	陷穴	圆盆陷穴、漏斗陷穴
		穿洞	连续穿洞、天然桥
		盲沟	
	崖旁土柱	菱形土柱	
		圆形土柱	
	谷坡土流	撕裂凹地	
		土流槽	
		土流锥	

沈玉昌(1958)认为侵蚀剥蚀地貌包括了全部的黄土地貌,按照形态划分的原则将黄土地貌划分为黄土塬、黄土丘陵、黄土沟谷三个类型。

《中国 1∶100 万地貌图制图规范》(1987)按照地势起伏度和海拔将黄土划分为平原、台地、丘陵、低山和中山,再按起伏和所在位置逐个细分,共划分出 14 种类型(见表 1-2)。

表 1-2　黄土形态地貌分类

黄土地貌形态类型	平原	台地	丘陵	低山	中山
	山前黄土平地	塬	斜梁	小起伏	小起伏
	黄土涧	台塬	峁梁	中起伏	中起伏
	黄土坪	梁塬（平梁）	峁		
	山间黄土平地				

　　张宗祜(1983)根据成因分类与形态分类相结合的原则,提出了黄土地貌综合分类方案(见表 1-3)。

表 1-3　中国黄土高原地貌类型分类

成因分类	地貌组合类型	形态组合类型	现代主要土壤侵蚀类型
侵蚀构造类型	1.基岩山地		
剥蚀构造类型	2.基岩残山孤立		
	3.山前带基岩低丘		
	4.基岩剥蚀丘陵山地		
剥蚀堆积类型	5.高梁沟谷	5.1　高梁深谷	面蚀、冲蚀、重力侵蚀
		5.2　高梁残谷	面蚀、冲蚀
	6.残梁沟谷	6.1　残梁深谷	潜蚀、重力侵蚀、冲蚀
	7.长梁沟谷	7.1　长梁深谷深沟	潜蚀、重力侵蚀、冲蚀
	8.狭梁沟谷	8.1　狭梁残垣深谷	潜蚀、沟蚀、重力侵蚀
		8.2　狭梁深谷	潜蚀、冲蚀、重力侵蚀
		8.3　狭梁浅谷深沟	潜蚀、冲蚀、重力侵蚀
		8.4　狭梁浅谷	潜蚀、冲蚀
		8.5　狭梁宽谷	潜蚀、冲蚀
		8.6　狭梁缓谷	潜蚀、冲蚀、重力侵蚀
		8.7　狭梁深谷	潜蚀、沟蚀、冲蚀
	9.宽梁沟谷	9.1　宽梁深谷	面蚀、冲蚀、潜蚀
		9.2　宽梁浅谷深沟	面蚀、潜蚀、冲蚀
		9.3　宽梁浅谷	面蚀、潜蚀
		9.4　宽梁宽谷深沟	面蚀、潜蚀、重力侵蚀
		9.5　宽梁宽谷	面蚀、冲蚀
		9.6　宽梁深沟	面蚀、冲蚀

成因分类	地貌组合类型	形态组合类型	现代主要土壤侵蚀类型
剥蚀堆积类型	10. 平梁沟谷	10.1 平梁残垣深谷	面蚀、潜蚀、冲蚀、重力侵蚀
		10.2 平梁残垣深沟	面蚀、潜蚀、冲蚀、重力侵蚀
		10.3 平梁深谷深沟	面蚀、潜蚀、冲蚀、重力侵蚀
		10.4 平梁深谷	面蚀、潜蚀、冲蚀
		10.5 平梁浅谷深沟	面蚀、潜蚀、重力侵蚀
		10.6 平梁浅谷浅沟	面蚀、潜蚀、冲蚀、重力侵蚀
		10.7 平梁浅谷	面蚀、冲蚀、潜蚀
		10.8 平梁宽谷深沟	面蚀、冲蚀
		10.9 平梁宽谷	面蚀、冲蚀、重力侵蚀
	11. 缓梁沟谷侵蚀	11.1 缓梁残垣深谷	面蚀、潜蚀、冲蚀
		11.2 缓梁深谷	面蚀、潜蚀、重力侵蚀
		11.3 缓梁浅谷深谷	面蚀、潜蚀、冲蚀
		11.4 缓梁浅谷	面蚀、潜蚀
		11.5 缓梁宽谷	面蚀、冲蚀
		11.6 缓梁深沟	面蚀、冲蚀、重力侵蚀
	12. 缓峁沟谷	12.1 缓峁残垣深谷	面蚀、潜蚀、冲蚀、重力侵蚀
		12.2 缓峁深谷深沟	面蚀、潜蚀、冲蚀、重力侵蚀
		12.3 缓峁深谷	面蚀、潜蚀、冲蚀
		12.4 缓峁浅谷深沟	面蚀、潜蚀、重力侵蚀
		12.5 缓峁浅谷	面蚀、潜蚀、冲蚀
		12.6 缓峁宽谷	面蚀、潜蚀
		12.7 缓梁深谷	面蚀、沟蚀、冲蚀、重力侵蚀
	13. 宽峁沟谷	13.1 宽峁深谷	面蚀、冲蚀
		13.2 宽峁宽谷深沟	面蚀、冲蚀、重力侵蚀
	14. 低峁沟谷	14.1 低峁浅谷	面蚀、潜蚀
		14.2 低峁残垣浅谷	面蚀、潜蚀、冲蚀
	15. 残垣沟谷	15.1 残垣狭梁深谷	面蚀、潜蚀、重力侵蚀
		15.2 残垣狭梁深沟	面蚀、潜蚀、冲蚀
		15.3 残垣宽梁深沟	面蚀、潜蚀、冲蚀、沟蚀
		15.4 残垣平梁深谷	面蚀、潜蚀、冲蚀
		15.5 残垣缓梁深谷	面蚀、潜蚀、重力侵蚀
		15.6 残垣低峁沟谷	面蚀、潜蚀、冲蚀
		15.7 残垣深谷深沟	面蚀、冲蚀、潜蚀
		15.8 残垣深谷	面蚀、冲蚀
		15.9 残垣深沟	面蚀、冲蚀、潜蚀
	16. 宽塬沟谷	16.1 宽塬深谷深沟	面蚀、潜蚀、冲蚀
		16.2 宽塬深谷	面蚀、重力侵蚀、冲蚀
		16.3 宽塬深沟	面蚀、冲蚀
	17. 侵蚀坡地		
	18. 低丘缓谷		

成因分类	地貌组合类型	形态组合类型	现代主要土壤侵蚀类型
侵蚀类型	19. 河谷平原		
	20. 河谷阶地	20.1 河谷阶地 (漫滩Ⅰ、Ⅱ级阶地)	
		20.2 河谷高阶地 (Ⅲ、Ⅳ级及以上阶地)	
	21. 山前冲洪积扇	21.1 新冲洪积扇 (全新世)	
		21.2 老冲洪积扇 (更新世)	
	22. 台塬	22.1 低台塬(新)	
		22.2 台塬(老)	
堆积构造类型	23. 断陷盆地		
	24. 山间盆地	24.1 山间及 山前丘陵沟谷	
		24.2 山间洼地	
风成堆积类型	25. 沙地		
	26. 沙丘		

甘枝茂(1993)划分出的地貌分类系统如表 1-4 所示。

表 1-4 黄土高原地貌分类系统

成因类型(组)	基本形态	形态组合类型	个体形态
侵蚀剥削 (或溶蚀) 构造类型	高山	石质高山	各种形态的分水岭(梁)高地 及沟谷、河谷
	中山	石质中山	
		土石中山	
	低山	石质低山	
		土石低山	
	丘陵	石质丘陵	
		土石丘陵	

成因类型(组)	基本形态	形态组合类型	个体形态
侵蚀剥蚀堆积类型	中山	黄土覆盖的中山	
	低山	黄土覆盖的低山	
		黄土峁状丘陵沟壑	
	丘陵	黄土峁状丘陵沟壑	各种形态的峁、梁、塬等正地形及各种形态的纹沟、细沟、浅沟、切沟、悬沟、冲沟、干沟、河沟等负地形
		黄土梁状丘陵沟壑	
		黄土缓坡丘陵沟壑	
		黄土长坡梁状丘陵沟壑	
		黄土长坡梁峁丘陵沟壑	
		黄土梁状宽谷丘陵沟壑	
		黄土梁峁状宽谷丘陵沟壑	
		薄层黄土基岩峡谷丘陵	
		黄土残塬梁峁丘陵	
	台地	黄土台状丘陵沟壑	各种形态的塬面、平梁面、台塬面高阶地、台地面及各种形态的纹沟、细沟、浅沟、切沟、悬沟、冲沟、干沟、河沟等
		红土丘陵沟壑	
		黄土高塬沟壑	
		黄土残塬(梁塬)沟壑	
		黄土平梁沟壑	
		黄土台塬沟壑	
		河流高阶地	
		侵蚀剥蚀台地	
	平原	侵蚀剥蚀平原	
侵蚀堆积类型	平原	冲积平原	阶地、河漫滩等
		冲积洪积平原	洪积扇、阶地、河漫滩等
		河谷平原	阶地、河漫滩等
		黄土覆盖的山前倾斜平原	平原面积侵蚀沟等
		黄土洞地(杖地)	地面及侵蚀沟
		湖积冲积平原	阶地、滩地
		湖积平原	
潜蚀溶蚀类型			黄土陷穴、漏斗、盲沟、洞穴、碟状地

续表 1-4

成因类型(组)	基本形态	形态组合类型	个体形态
重力作用类型		滑坡	滑坡陡壁、滑坡体
		崩塌	崩塌壁、塌积体
		泻溜	泻溜坡、泻积体
冻融作用类型		冻融泥流	坡面泥流、泥流沟
风力作用类型	丘陵	沙丘链	各种形态的沙丘及丘间洼地
	平原	平沙地、波状沙地、风蚀波状平原	各种堆积、侵蚀所形成的平缓地表形态
人为作用类型			梯田、坝地、埝地

王永焱(1990)按照地貌学发生发展和演变规律,结合黄土堆积特点及基底地貌的类型对黄土高原主要地貌形态进行了成因组合分析,并进行了初步分类。其提出黄土地貌的划分原则主要有形态分类原则、成因分类原则及形态—成因组合分类原则三种。按照形态分类原则,将黄土地貌分为大型地貌、中型地貌和小型地貌。按照成因分类原则,将黄土地貌分为堆积地貌、侵蚀地貌、剥蚀地貌、物理地貌及气候地貌等。按照形态—成因组合分类原则,沿袭张宗祜的分类方法。

张丽萍等(1991)在《简论黄土高原地貌类型的空间组合结构——以陇东、陕北、晋西为例》中,按照成因和物质成分的不同,对黄土地貌基本类型进行了划分,如表 1-5 所示。

表 1-5　黄土地貌基本类型

黄土地貌	沟间地	塬、梁、峁、残塬、峁梁、梁峁等
	沟谷地	干沟、河沟、冲沟、切沟、浅沟、细沟等
过渡类型地貌		土石丘陵
		土石山地
基岩地貌		高山、中山、低山、丘陵

孙建中(2005)在《黄土学》中按照成因将黄土地貌分为 7 大类,如表 1-6 所示。

表 1-6　黄土地貌分类

构造—堆积地貌	黄土覆盖的山地	黄土覆盖的中山
		黄土覆盖的低山
黄土堆积地貌	正地形	黄土塬、台塬、梁、峁、黄土阶地等
	负地形	黄土涧等
黄土侵蚀地貌	侵蚀沟谷	细沟、浅沟、切沟、冲沟、坳沟等
	蚀余地貌	黄土墙、黄土嶂嵘、黄土埝、黄土柱、黄土林、黄土劣地等

黄土湿陷地貌		黄土湿陷碟、湿陷坑、湿陷裂缝等
黄土潜蚀地貌		黄土漏斗、黄土陷穴、黄土洞、黄土桥、黄土柱、黄土盲沟、黄土天井等
黄土构造地貌		黄土构造沟槽、构造裂缝等
黄土重力地貌		剥落、错落、滑坡、土流等

柴慧霞(2006)等借助于地理信息系统技术,研究并提出了中国 1∶100 万黄土地貌分类体系(见表 1-7)。该体系适用于遥感影像数据(Landsat TM 和 ETM)。

表 1-7 中国 1∶100 万黄土地貌分类

基本形态		基本成因类型	分布位置外貌形态	坡度沟谷密度切割程度	类型命名
起伏度	海拔				
平原	低海拔	风积	沙地		风积黄土沙地
				平坦的	风积黄土平沙地
				波状的	风积黄土波状沙地
		风积洪积	山前黄土平地		风积洪积山前黄土平地
				平坦的	平坦的风积洪积山前黄土平地
				倾斜的	倾斜的风积洪积山前黄土平地
				起伏的	起伏的风积洪积山前黄土平地
		构造堆积	山间黄土平地		构造堆积山间黄土平地
		侵蚀冲积	河谷平原		侵蚀冲积黄土河谷平原
			河流低阶地		侵蚀冲积黄土河流低阶地
				平坦的	平坦的侵蚀冲积黄土河流低阶地
				起伏的	起伏的侵蚀冲积黄土河流低阶地
				倾斜的	倾斜的侵蚀冲积黄土河流低阶地
			河漫滩		侵蚀冲积黄土河漫滩
		侵蚀堆积	黄土涧		侵蚀堆积黄土涧
				完整的	完整的侵蚀堆积黄土涧
				破碎的	破碎的侵蚀堆积黄土涧
			黄土坪		侵蚀堆积黄土坪
				完整的	完整的侵蚀堆积黄土坪
				破碎的	破碎的侵蚀堆积黄土坪

基本形态		基本成因类型	分布位置外貌形态	坡度沟谷密度切割程度	类型命名
起伏度	海拔				
台地	低海拔	侵蚀冲积	台塬		海拔侵蚀冲积黄土台塬
				低的	低海拔侵蚀冲积黄土低台塬
				高的	低海拔侵蚀冲积黄土高台塬
			河流高阶地		低海拔侵蚀冲积黄土河流高阶地
				平坦的	平坦的低海拔侵蚀冲积黄土河流高阶地
				倾斜的	倾斜的低海拔侵蚀冲积黄土河流高阶地
				起伏的	起伏的低海拔侵蚀冲积黄土河流高阶地
		侵蚀堆积	塬		低海拔侵蚀堆积黄土塬
				平坦的	平坦的低海拔侵蚀堆积黄土塬
				倾斜的	倾斜的低海拔侵蚀堆积黄土塬
			残塬		低海拔侵蚀堆积黄土残塬
			梁塬		低海拔侵蚀堆积黄土梁塬
	中海拔	侵蚀冲击	台塬		中海拔侵蚀冲积黄土台塬
				低的	中海拔侵蚀冲积黄土低台塬
				高的	中海拔侵蚀冲积黄土河流高台塬
			河流高阶地		中海拔侵蚀冲积黄土河流高阶地
				平坦的	平坦的中海拔侵蚀冲积黄土河流高阶地
				倾斜的	倾斜的中海拔侵蚀冲积黄土河流高阶地
				起伏的	起伏的中海拔侵蚀冲积黄土河流高阶地
		侵蚀堆积	塬		中海拔侵蚀堆积黄土塬
				平坦的	平坦的中海拔侵蚀堆积黄土塬
				倾斜的	倾斜的中海拔侵蚀堆积黄土塬
			残塬		中海拔侵蚀堆积黄土残塬
			梁塬		中海拔侵蚀堆积黄土梁塬

| 基本形态 | | 基本成因 | 分布位置 | 坡度沟谷密度 | 类型命名 |
起伏度	海拔	类型	外貌形态	切割程度	
黄土丘陵	低海拔	侵蚀堆积	斜梁		低海拔侵蚀堆积黄土斜梁
				宽梁深谷的	低海拔侵蚀堆积深谷宽梁
				宽梁浅谷的	低海拔侵蚀堆积浅谷宽梁
				狭梁深谷的	低海拔侵蚀堆积深谷狭梁
				狭梁浅谷的	低海拔侵蚀堆积浅谷狭梁
			峁		低海拔侵蚀堆积黄土峁
				低峁深谷的	低海拔侵蚀堆积深谷低峁
				低峁浅谷的	低海拔侵蚀堆积浅谷低峁
				高峁深谷的	低海拔侵蚀堆积深谷高峁
				高峁浅谷的	低海拔侵蚀堆积浅谷高峁
			峁梁		低海拔侵蚀堆积黄土峁梁
				低的	低海拔侵蚀堆积黄土低峁梁
				高的	低海拔侵蚀堆积黄土高峁梁
	中海拔	风积	沙丘		中海拔风积黄土沙丘
		侵蚀堆积	斜梁		中海拔侵蚀堆积黄土斜梁
				宽梁深谷的	中海拔侵蚀堆积深谷宽梁
				宽梁浅谷的	中海拔侵蚀堆积浅谷宽梁
				狭梁深谷的	中海拔侵蚀堆积深谷狭梁
				狭梁浅谷的	中海拔侵蚀堆积浅谷狭梁
			峁		中海拔剥蚀堆积黄土峁
				低峁深谷的	中海拔剥蚀堆积深谷低峁
				低峁浅谷的	中海拔剥蚀堆积浅谷低峁
				高峁深谷的	中海拔剥蚀堆积深谷高峁
				高峁浅谷的	中海拔剥蚀堆积浅谷高峁
			峁梁		中海拔侵蚀堆积黄土峁梁
				低的	中海拔侵蚀堆积黄土低峁梁
				高的	中海拔侵蚀堆积黄土高峁梁

基本形态		基本成因类型	分布位置外貌形态	坡度沟谷密度切割程度	类型命名
起伏度	海拔				
小起伏黄土覆盖山地	低海拔	侵蚀剥蚀			黄土覆盖的小起伏低山
中起伏黄土覆盖山地	中海拔				黄土覆盖的小起伏中山
	低海拔				黄土覆盖的中起伏低山
	中海拔				黄土覆盖的中起伏中山

1.2.2 黄土高原地貌与侵蚀研究进展

近现代运用科学方法研究黄土高原地貌与土壤侵蚀始于 19 世纪后期。19 世纪 70 年代至 20 世纪 40 年代,一批国内外地质、地貌和水土保持学家对黄土高原地貌与土壤侵蚀进行了初步的研究。中华人民共和国成立后为治理黄河,国家非常重视黄土高原的土壤侵蚀问题,1951～1954 年,黄河水利委员会组织了 3 次大规模的黄河流域勘查。1955～1958 年,中国科学院 7 个研究所和黄河水利委员会,会同北京大学等大专院校,对黄河中游水土保持工作进行全面考察,取得了丰硕的成果。如罗来兴、陈传康等提出了黄土高原地貌类型的划分方案,罗来兴、朱震达等主持完成了黄土高原水土保持图等一批重要的研究成果;1953 年,黄河水利委员会在陕西绥德、甘肃西峰等地建立了一批水土保持试验站,使黄土高原地貌与土壤侵蚀研究走上了定点、连续观测、规范化研究的道路。

20 世纪 60 年代至 80 年代,刘东生等编著的《黄河中游黄土》(1964 年)、《中国的黄土堆积》(1965 年)、《黄土与环境》(1985 年),王永焱编著的《黄土与第四纪地质》(1982 年)是这一时期我国黄土研究的总结性成果。在黄土高原地貌与土壤侵蚀研究方面,陈永宗等提出了黄土区沟道小流域侵蚀方式垂直分带理论。蒋德麟等对黄河泥沙来源进行了研究。钱宁、江忠善、牟金泽等对黄土高原侵蚀营力、黄河泥沙输移、黄土高原高含沙水流的水动力特征等的研究都达到了世界水平,使黄土高原地貌与土壤侵蚀的机制研究不断深化。改革开放后,黄土高原环境变迁研究一直是学术界的热点,黄土地貌与土壤侵蚀作为黄土高原环境变迁的重要内容,研究成果斐然。陈永宗、景可等从侵蚀地貌分类、侵蚀形态、侵蚀环境演变、侵蚀强度等多方面探讨了黄土高原地貌与土壤侵蚀问题。齐矗华、甘枝茂等对黄土地貌演变与土壤侵蚀的关系等进行了深入、系统地探讨。

以上研究重在对黄土高原地貌特征、土壤侵蚀过程和机制的研究,史念海、朱士光等则长期坚持黄土高原历史环境变迁研究,应用历史地理学的研究方法,从时间维对历史时期黄土高原侵蚀与堆积、黄河流域河道演变,以及影响地貌与土壤侵蚀的气候、植被等环境因子进行了大量的研究,使历史时期黄土地貌与土壤侵蚀演变研究进一步深入。

有关黄土高原水土保持区划方面的研究,其中正式用于水土保持规划而又得到国家主管部门同意的,先后共三次:第一次是1954年黄河综合利用规划土壤侵蚀分区;第二次是20世纪80年代黄土高原专项治理规划中的水土保持分区;第三次是2015年国家批复的《全国水土保持规划(2016-2030年)》中确定全国水土保持区划的有关黄土高原区的划分方案。

1954年,中国科学院地理研究所所长黄秉维在编制《黄河综合利用规划技术经济报告》水土保持规划时,根据土壤的侵蚀形态、侵蚀程度、侵蚀因素,将黄河龙羊峡到桃花峪区间60多万km²的面积,划分为9个土壤侵蚀类型区,即黄土高塬沟壑区、黄土丘陵沟壑区、黄土阶地区、冲积平原区、高地草原区、干燥草原区、石质山岭区、风沙区和林区。黄土丘陵沟壑区又分为5个副区,共计13个类型区。这个区划在《黄河综合利用规划技术经济报告》中应用并公布以后,成为黄河流域水土保持工作分区和措施配置的基本依据,沿用至20世纪80年代,在新的水土保持规划中进行了修订。

1983年,国家计划委员会下达关于编制《黄河流域黄土高原地区水土保持专项治理规划》任务。在这次规划中,关于水土保持分区的问题,认为1954年黄河综合利用规划中提出的土壤侵蚀分区还是适宜的,只需对其中某些类型区的范围和面积,进行一些局部调整。1986年在研究修改该规划时,根据专家的意见,把原来的9个类型区,作为二级区划,并按不同的侵蚀程度,把9个类型区归并为3个大区,即严重流失区、局部流失区、轻微流失区,作为一级区划。严重水土流失区,包括黄土高塬沟壑区与黄土丘陵沟壑区,面积约25万km²;局部流失区,包括林区、土石山区、高地草原区、干旱草原区和风沙区,面积共31.7万km²;轻微流失区,包括黄土阶地区和冲积平原区,共7.3万km²。考虑到黄土高原西北部与东南部在雨量和温度上差异较大,在冲积平原中将宁夏、内蒙古平原与陕西、山西、河南平原分开;在土石山区中将青海、甘肃、宁夏、内蒙古等四省(区)的土石山区与陕西、山西、河南的土石山区分开,与原来丘陵区下的5个副区一起,都作为第三级区划。

除以上两次水土保持分区外,1980年,国家农委、国家科委、中国科学院在西安联合召开黄土高原综合治理学术讨论会,受这三家单位委托,中科院西北水土保持研究所朱显谟研究员在会上提出了《黄河中游黄土高原的综合治理》规划意见。他根据生物气候特点,将黄土高原划分为四个地带(风沙草原地带、草原地带、森林草原地带、森林地带)和一个地区(青藏高原草甸草原森林地区),在四个地带内又根据地貌和其他有关因素,进一步划分为23个区,董志塬所处的地区被划进森林草原地带中的甘陕黄土塬区。1983年黄河水利委员会提出编制《黄河流域地图集》的任务,其中《黄河流域水土流失类型分区图》由黄河水利委员会水土保持处蔡志恒工程师编制。作者根据1954年《黄河综合利用规划技术经济报告》中的土壤侵蚀分区,总结分析了30年来这个分区在使用中反映出来的优点和不足,全面研究并提出分区原则和指标,于1984年完成分区修订稿,经审定编入《黄河流域地图集》。在该分区中他将黄河流域划分为6个一级区和18个二级区,6个一级区是土质丘陵沟壑地区、黄土台塬沟壑地区、冲积平原地区、高地草原地区、土石山区和荒漠地区,其中黄土台塬沟壑地区分为黄土高塬沟壑区、黄土残塬沟壑区和黄土阶地区3个二级区。

2017年全国水土保持规划领导小组办公室,根据国务院批复的《全国水土保持规划

(2015-2030年)》中的全国水土保持区划方案,组织出版了《中国水土保持区划》,区划将全国分为8个一级区,41个二级区,117个三级区(含港、澳、台),其中黄土高原区是全国8个一级区之一,包括5个二级区,15个三级区。晋陕甘黄土高原沟壑区是其中的1个二级区(未再分,也是一个三级区)。

1.2.3 黄土塬地貌研究进展

黄土塬是大规模黄土的最高堆积面,又称黄土平台、黄土桌状高地。从平面上看,常呈花瓣状,塬顶平坦,坡度多为1°~3°,边缘可达5°左右,周围为沟谷深切。黄土塬按其成因研究,可分为完整塬、靠山塬、台塬、破碎塬和零星塬等。古缓倾斜基岩平地上覆盖厚层黄土形成的塬,简称完整塬。如陇东董志塬、陕北洛川塬和陇中白草塬,面积都在数十至数百平方千米。山前倾斜平地上发育的塬,简称靠山塬。一面靠山,倾向河谷,被发源于山地的河流或沟谷割切,如秦岭山地中段北坡坡麓的塬。断陷盆地中发育的塬,又称台塬。如陕西关中平原北面的渭北高原上的塬。河流高阶地形成的塬,如黄河龙门河段两侧的塬,这类塬已被后期发育的沟谷分割,称为破碎塬。古平坦分水岭接受风积黄土形成的塬,如延河支流杏子河流域的杨台塬,茹河上游的孟塬,其面积多在数平方千米以内,零散地分布在黄土丘陵区内部,称为零星塬。

黄土塬是黄土高原重要的地貌类型,这里地形平坦、土层深厚、土壤肥沃,长期是黄土高原人类活动的中心地带,因此也成为黄土高原历史地貌研究的主要区域。史念海、王元林通过对周塬、董志塬、陕西富县与洛川之间的晋浩塬、山西平陆与芮城之间的闲塬、山西西南部的峨嵋塬、陕西定边县的长城塬等黄土塬今古地貌的对比,认为历史上黄土高原黄土塬分布相当广阔,塬面广大,不像现在到处是纵横的沟壑。如西周时周塬东西长度超过70 km,南北宽大于20 km,而现在周塬已被沟壑切割成南北向的条块状,最宽处塬面不足13 km。西周、春秋时期陇东的董志塬叫太塬,可见当时塬面相当辽阔,唐代时其南北长度仍达42.5 km,东西宽32.0 km;目前长度依旧,而宽度最宽处仅18.0 km,最窄处只有0.5 km。对于历史时期黄土塬切割、破碎的过程,史念海、王元林、张洲将其归因于沟壑的形成和发展,在史料考证的基础上确定了一些沟壑形成的年代。如周塬在魏晋之际被渭河分割,南部分出了积石塬。陕西淳化北凉武帝村秦汉时是甘泉宫,现在甘泉宫遗址被长4~5 km的沟谷切割,这些沟谷主要是北宋以来发育形成的。

黄土塬是黄土高原区的主要农耕地所在区域,因受沟谷侵蚀影响,塬面面积正在逐步缩小。对于黄土塬的地貌演变规律,史念海在分析陕西定边铁边城长城塬历史地貌演变过程后认为,秦修长城时长城塬面积较大,后受东西两侧支沟相向侵蚀,将长城塬分成了长城塬、长虫塬、薛家塬等,被分割的塬其实已经成了长梁,而薛家塬南的太山峁则成了典型的黄土峁,因此黄土塬受沟谷侵蚀有由黄土塬向黄土梁、黄土峁演变的规律性。桑广书等选择周塬、洛川塬,分别完整地恢复了典型小流域仰韶、元代以来地貌演变的过程,应用地貌指标,定量地研究了黄土塬区地貌与土壤侵蚀演变的过程和规律。

1.2.4 研究尺度与问题

目前对黄土高原的相关研究主要集中在地貌特征、演变、土壤侵蚀过程和机制方面,不同学科从各自角度以单因素的定性分析为主,研究尺度包括坡面尺度、小流域尺度、县域尺度和区域尺度四个方面,研究各有特点,也存在诸多不足。

(1)坡面尺度:坡面作为流域或区域的基本构成单元,综合了土地利用、水文、地貌、土壤等过程。大多机制研究都集中于坡面尺度上,尤其是土壤侵蚀过程研究。由于众多自然和人文过程都直接发生于坡面上,因此黄土地貌格局演变在坡面尺度上的表现最为明显。然而,受限于数据精度、观测手段等因素,常规的方法很难从空间上定量刻画坡面地貌格局的多样化,进而来探究其演变规律。随着认识和研究的深入,尚需要在高分辨率遥感影像数据和其他环境变量数据的支持下,来提高坡面尺度上地貌格局定量化表达的精度,使坡面尺度空间上定量刻画坡面地貌格局的多样化成为可能。

(2)小流域尺度:小流域是黄土高原沟壑区自然地貌的基本单元,研究其格局演变特征有助于理解流域内部土地利用、水文响应等过程。许多土地利用、覆被变化研究都是从小流域尺度上展开的。尽管小流域尺度上的研究对揭示中小尺度上黄土地貌格局演变特征更为准确,然而,由于研究目的、时段和评价指标的不同,不同流域间黄土地貌格局演变特征相差较大,即便是同一流域尺度上,黄土地貌格局演变特征因景观格局分析方法不同而异,因此如何在数据、指标选取上建立一些标准来提高研究结果的可比性,不仅对小流域尺度,而且对其他尺度上的黄土地貌格局演变研究都具有重要意义。

(3)县域尺度:县域是区域发展的基本单元,把握县域尺度景观格局演变的规律和驱动因素是实现区域可持续发展的重要基础。在县域尺度上,土地利用流转频繁,特别是耕地和建设用地的剧烈变化,是黄土地貌格局演变的一个特点。由于县域作为一个相对独立的经济单元,自然资源、社会统计资料便于获取,因此定量化分析土地数量变化同其他影响因子之间的关系成为探讨土地利用变化驱动机制的主要途径。然而,在分析县域尺度上土地利用格局空间特征方面存在明显不足。

(4)区域尺度:区域作为人口、资源、环境相互作用较强的单元,其土地利用变化研究不仅能够揭示区域社会经济和自然环境之间的相互关系,而且可以为更大尺度地貌格局变化研究提供基础。区域尺度土地利用格局变化研究是大尺度变化研究的重要内容,然而,目前该领域还存在针对性研究缺乏、空间特征分析不够深入等问题。

1.3 黄土塬区水土流失综合治理研究总体思路

1.3.1 研究范围

研究范围为《中国水土保持区划》确定的西北黄土高原区(一级区)内的晋陕甘高塬沟壑区(二级区),位于崂山—白于山一线以南,汾河以西,六盘山以东,关中盆地以北,涉及甘肃省、陕西省和山西省共7个市的34个县(区),区域总面积约5.58万 km²,是我国黄土塬分布较为集中的区域。研究区详细内容见第2章,研究区范围见图1-1,研究范围涉及的行政区及区域面积见表1-8。

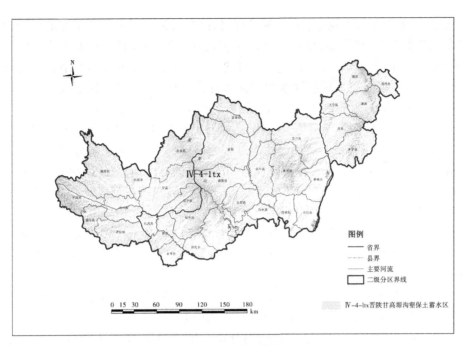

图 1-1　研究区范围

表 1-8　研究范围涉及的行政区及区域面积

省级行政区	县级行政区	区域总面积（万 km²）
甘肃省	平凉市崆峒区、泾川县、灵台县、崇信县,庆阳市西峰区、正宁县、宁县、镇原县、合水县	1.74
陕西省	铜川市王益区、印台区、耀州区、宜君县,延安市甘泉县、富县、宜川县、黄龙县、黄陵县、洛川县,咸阳市永寿县、彬县、长武县、旬邑县、淳化县,渭南市合阳县、澄城县、白水县、韩城市(省计划单列市)	3.00
山西省	临汾市隰县、大宁县、蒲县、吉县、乡宁县、汾西县	0.84
合计		5.58

1.3.2　研究思路

回顾分析黄土高塬沟壑区水土流失治理经验、发展理念和防治模式,可以看出,其演变历程与政策驱动、利益驱动和时代背景紧密联系,具有典型的时代特征,每一种模式在当时的社会、经济条件下都是合理的、可行的,产生的经济效益也是显著的。然而,进入新时代,随着工业化和城镇化的快速发展,石油煤炭资源开采、基础设施建设、城镇拓展及居民住宅兴建,地表硬化面积增多,降雨汇流作用增强,支毛沟发育活跃。塬面成为产生径流最多的部位,径流使沟头前进,逐步伸向塬心。水土流失呈现"径流来自塬面,泥沙来自沟谷"的特点,水土流失相互作用的关系主要也由"塬—坡—沟"关系向"塬—沟"关系转化。虽然多年来探索实践的治理措施是行之有效的,但以小流域为单元的综合治理模式和"全拦全蓄"的治理思想,显然不能满足实现新时期"固沟保塬,维护黄土塬城镇安全、耕地安全、防洪安全、生态安全"的目标要求。鉴于此,需要在全面查清黄土塬现状分布情况的基础上,根据黄土塬侵蚀地貌特征和社会发展需求,研究提出黄土高塬沟壑区"固沟保塬"总体方略及综合治理技术体系,凝练总结不同区域水土保持措施模式。

基本研究思路是:在系统总结 50 多年来黄土高塬沟壑区水土保持历程和经验的基础上,以全面查清"黄土塬"及塬周边侵蚀沟危害为突破口,研究黄土塬分布特点及侵蚀现状,分析黄土塬区域特征和水土保持及社会经济需求的分异性,分区诊断黄土塬水土流失危害特点及治理保护需求,研究提出水土流失防治方略;集成典型区域水土流失综合治理模式,分析提出"固沟保塬"立体防控模式措施配置。研究工作主要围绕以下内容开展:

(1)研究提出"黄土塬"及其危害情况调查技术方案,明确调查内容、方法和技术要求,确定合理的调查单元和规划治理单元,为全面查清黄土塬及侵蚀现状、明确黄土塬治理目标和治理重点奠定基础。

(2)应用高分辨率遥感影像定量提取黄土塬地貌特征信息,掌握黄土塬的数量、面积、空间分布及侵蚀状况,为黄土塬治理保护提供依据。

(3)研究分析黄土塬侵蚀地貌特征,划分黄土塬类型,确定黄土塬分区,为黄土塬治理分区施策提供支撑。

(4)分区诊断黄土塬水土流失及水土保持特点,根据区域功能定位、经济社会发展需求、水土资源开发利用方向,以"保塬"为目的,"固沟"为手段,研究提出水土流失综合治理的原则、方略及总体布局,指导黄土塬治理与保护工程的实施。

(5)归纳总结黄土塬区水土流失综合治理成熟模式和技术体系,研究提出水土流失综合治理立体防控体系,提出黄土塬各治理分区的措施配置及设计模式。

1.3.3 技术路线

本书研究综合运用遥感解译、实地调查、地学统计分析和 GIS 等方法,在系统总结和查阅前人研究成果及文献资料的基础上,通过对区域基本情况、黄土塬及侵蚀沟道现状、侵蚀沟危害情况及黄土塬治理保护需求等分析,运用地统计学和 GIS 空间分析方法,建立黄土高塬沟壑区黄土塬本底数据库,开展黄土塬地貌特征及分类、分区研究。应用生态经济学、生态学、水土保持学、可持续发展等理论,以及区域水土保持规划方法,分区研究诊断黄土塬水土流失特点、经济社会存在的问题和区域发展功能定位及综合治理需求,以保护塬面为核心任务,以治理水土流失,合理利用、开发和保护水土资源为落脚点,以防治侵蚀沟扩张、控制塬面萎缩、综合利用降水资源为抓手,分区提出水土流失方略和布局,集成总结各区域黄土塬治理的成功经验与成果,因地制宜,分区施策;综合论证形成包括塬面及塬坡治理、沟头治理、沟坡治理、沟道治理的综合治理工程,塬面洪水排导与侵蚀控制工程,塬面径流集蓄利用工程为一体的"固沟保塬"立体防洪模式与措施配置;有效控制塬面萎缩和沟道扩张,促进黄土塬城镇安全、耕地安全、防洪安全、生态安全;提升塬区生产生活条件、人居环境改善、水资源高效利用的综合能力。

研究技术路线见图 1-2。

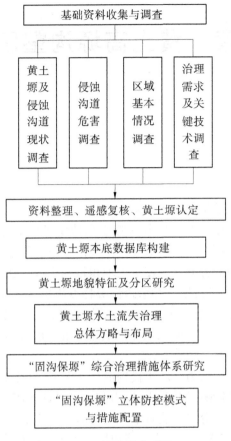

图 1-2 研究技术路线

第2章 黄土高塬沟壑区概况

2.1 自然条件

2.1.1 地质地貌

黄土高塬沟壑区在地质构造上属前寒武纪地台,位于长期稳定的鄂尔多斯台地南部。新生代构造运动是黄土地貌发育的基本控制因素,决定了黄土高原海拔及厚度,流水的切割和沟谷的发育导致了古剥蚀面的形成和地层间的不整合接触,形成了不同特点的基底地形和其上堆积黄土地貌的分异性。在黄土堆积过程中或堆积后,受构造运动影响形成了现代黄土构造地貌,黄土的湿陷性和渗透性等特点决定了其易受地表水和地下水的侵蚀和溶蚀作用。该区以中生代砂、页岩为基岩,砂、页岩之上覆盖着晚第三纪的(三趾马)红土、老黄土(相当于红色土)与黄土,其中老黄土厚度一般可达 100~150 m;下部颜色较红,质地坚硬。

黄土地貌的形成除受内营力—新生代构造运动作用,同时还受流水、风力、温度、生物等外营力的侵蚀、搬运和堆积作用,其中,风力和干燥剥蚀作用是黄土原始物质搬运堆积的主要原因。黄土地貌主要分布在陕甘宁盆地南部与西部以及陇西盆地北部,洛川塬、董志塬、长武塬及太德塬是黄土塬的代表。洛川塬位于子午岭和黄龙山之间的洛河中游,基底为三趾马红土覆盖的山间盆地,第四纪黄土厚度 120~150 m,塬面向洛河倾斜。董志塬位于陕甘宁盆地西南,介于泾河支流马莲河与蒲河之间,是西北黄土高原最完整的塬,塬面海拔 1 250~1 400 m,走向西北—东南,受基地古盆地控制,塬面宽畅开阔,南北长约 87 km,东西宽约 36.5 km。长武塬位于泾河流域,是陇东黄土塬的南延部分,塬面海拔 1 000~1 300 m,地势向东南倾斜,塬面比较完整。

黄土高塬沟壑区以黄土塬为主要地貌特征,区域山地占 45.05%,黄土塬占 50.57%,其他地貌占 4.38%,海拔 1 000~2 000 m,高差 1 000 m。塬面广阔平坦,坡度一般为 2~3°,塬边 3~5°,局部达 6~7°,黄土覆盖较厚;受到水蚀和重力侵蚀的切割,沟谷不断延伸,部分区域切割成为残塬和丘陵,地形支离破碎,沟壑密度 1~3 km/km²。塬面以下多为陡立的冲刷沟壁,沟谷下切深 50~150 m,沟道多呈 V 形,切沟较深,相对高差 150~250 m。黄土高塬沟壑区中部为子午岭,山西省吕梁山南段为林区,海拔 1 400~1 800 m,是黄土高原的土石山地之一,地貌上具有黄土丘陵沟壑区的特点,地面起伏,沟谷深切,梁峁顶部与河床之间高差在 200 m 左右。

2.1.2 气象水文

黄土高塬沟壑区气候属暖温—温带、半湿润—半干旱过渡地带,大陆性季风气候区,其中渭北区属于暖温带黄河中下游半湿润区,晋南区属于暖温带陕甘晋半干旱区,而陇东区则处于两气候区的过渡带。大部分地区温差较大,一年中四季分明,冬、夏季长,春、秋季短,多年平均气温 7.8~13.5 ℃,1 月平均气温 −14.7~−0.3 ℃,7 月平均气温 20.2~28.6 ℃,大于 10 ℃积温 2 501.4~4 626.0 ℃,日均温度≥10 ℃的天数 124~252 d/a;多年平均风速 1.4~4.3 m/s,日均风速≥5 m/s 的天数 1~56 d/a,多年平均大风天数 1~53 d/a,最大冻土深 14~120 cm,无霜期 148~279 d。降水年际变化较大,年内分配不均匀,年均降水量 460~710 mm,大致从东南向西北递减,且主要集中在汛期(6~9 月),多年汛期平均降水量 80~472 mm,年均蒸发量 523~2 650 mm。该区水热条件较好。

甘肃董志塬一带全年大部分时间受高空西风环流影响,冬季盛行西北风,夏季盛行东南风。冬季地面为蒙古高压控制,干冷的极地大陆气团使降水稀少,天气多晴朗而寒冷;夏季高空西风带波动活跃,地面气压多为移动性的低压型,降水机会多,但不均匀,盛夏副热带高压强盛时,常北跃和西进,造成高温、晴朗、干燥的伏夏天气。四季特征是:春季风大雨少,冷暖无常,多寒潮;夏季温和凉爽,雨水集中,多冰雹;秋季气温逐降,阴雨连绵,多云雾;冬季多风寒冷,干燥少雪,多晴天。陕西洛川塬、山西太德塬及渭北旱塬、陕西淳化一带,具有典型的黄土高原气候特征,冬季寒冷干旱,夏季炎热少雨,秋季温凉多雨,一年四季分明,干湿交替明显。

流经黄土高塬沟壑区的主要河流有渭河、泾河、北洛河、昕水河、清水河等,各河流水沙特征见表 2-1。

表 2-1　涉及干流主要水文控制站实测水沙特征值多年平均值

流域	渭河	清水河	泾河	北洛河	昕水河
水文控制站名	华县	中宁	张家山	刘家河	大宁
控制流域面积(km²)	106 498	14 480	43 216	7 325	3 992
年径流量(万 m³)	67 719	7 626	40 262	33 752	37 718
年输沙量(万 t)	35 751	2 433	24 577	7 432	1 807
年平均含沙量(kg/m³)	528	319	610	220	48
年输沙模数(t/km²)	3 357	1 680	5 687	10 146	4 527

2.1.3　土壤植被

本区土壤母质多为马兰黄土,质地均一,通体为黏壤土,剖面上部基色呈暗棕色或灰棕色。吕梁山南段、黄河峡谷、子午岭等山区多为砂岩、片麻岩、花岗岩等母质。主要土壤类型有黄绵土、褐土、黑垆土、棕壤,组成比例为黄绵土 59%、褐土 16%、黑垆土 9%、棕壤土 2%。黄绵土是黄土高原面积最大的耕种土壤,多见于水土流失严重的塬边、沟坡,在陕北、陇中、陇东、晋西均有分布。褐土又名褐色森林土,是暖温带半湿润落叶阔叶林生物气候带形成的地带性土壤,主要分布于吕梁山南段、子午岭山地林区、灌草地及边缘的山地、高丘。黑垆土是黄土高原主要的地带性土壤,也是一种古老的耕种土壤,分布范围很广,但仅在董志塬、洛川塬、长武塬、彬县塬、吉县塬等黄土塬区分布较集中,在破碎塬塬心、分水鞍部和沟掌等处,以及河谷高阶地与台地呈零星分布。

植被类型主要为温带、暖温带落叶阔叶林。由于长期开垦、过度放牧及樵采,区内天然植被几乎不存在,多为次生植被,集中分布于吕梁山南段和子午岭地区,广大的黄土塬区则为人工栽培的植被,林草覆盖率17.85%。乔木主要有油松、辽东栎、侧柏、山杨、槲栎、白桦、旱柳、黄栌、槭树、榆、椴树;灌木主要有虎榛子、秦岭小檗、金银木、黄荆条、绣线菊、白刺花、忍冬、胡颓子、胡枝子、连翘、樱桃、山梅花、暴马丁香、山桃;草本植物主要有唐松草、针茅、白羊草、黄背草、铁线莲、茭蒿、披碱草、蒿、地榆、金莲花、苜蓿、蒲公英、雀麦、大针茅、短花针茅、长芒草、锦鸡儿、白草、蒿草等。主要经果林树种有苹果、核桃、桃、杏、梨、柿、山楂、板栗等。

2.1.4　矿产资源

黄土高原沟壑区拥有丰富的石油、煤炭、天然气等矿产资源。董志塬区石油总资源量5亿t,已探明储量495万t,为长庆油田的发祥地和主产区,勘探开发已有40多年的历史,形成了15个开发区块,钻井8 000多口,目前已有中国石油天然气股份有限公司、中国石油化工集团有限公司、陕西延长石油有限公司等中央企业进驻开发。该区煤炭三级储量达86亿t,天然气储量243.6亿m³。洛川塬区矿产资源储量大,分布广,发展能源和加工业潜力大,仅延安市煤炭储量5 000万t,石油储量近8 000万t,天然气储量14.6亿m³,具有广阔的开发前景。

2.2　社会经济状况

2.2.1　人口及劳动力

黄土高塬沟壑区涉及甘肃省平凉市、庆阳市,陕西省铜川市、延安市、咸阳市、渭南市、韩城市,以及山西省临汾市共8个市34个县(区)。截至2015年底,黄土高塬沟壑区总人口815.25万人,其中农业人口597.05万人,城镇人口218.20万人,城镇化率26.76%。平均人口密度为145人/km²,各地区人口分布均匀,河川地、塬面乡村人口较为密集,沟壑区人口密度相对较低,其中陕西洛川塬区的铜川市王益区人口密度较高,为1 237人/km²,延安市和临汾市人口密度相对较小,尤以黄龙县人口密度最小,为18人/km²。黄土高塬沟壑区社会经济现状见表2-2。

表2-2　黄土高塬沟壑区社会经济现状

省份		甘肃	陕西	山西	合计
总土地面积	km²	17 445.73	30 379.22	8 567.55	56 392.50
乡	个	118	168	51	337
村	个	1 450	3 065	1 827	6 342
总人口	万人	305.16	431.290 2	78.8	815.250 2
农业人口	万人	248.47	283.567	65.017 1	597.054 1
占比	%	81.42	65.75	82.51	73.24

省份		甘肃	陕西	山西	合计
农业劳动力	万个	141.41	171.58	33.60	346.58
占农业人口比例	%	56.91	60.51	51.67	58.05
人口密度	人/km²	175	142	92	145
总耕地面积	hm²	457 128.6	544 438.4	141 586	1 143 153
人均土地	hm²	0.57	0.70	1.09	0.69
人均耕地	hm²	0.15	0.13	0.18	0.14
人均基本农田	hm²	0.1	0.07	0.1	0.08
人均产粮	kg	624	594	648	612
农业总产值	万元	2 470 163	4 341 489	1 052 425	7 864 077
人均产值	元	9 941	15 596	16 187	13 287
农民人均收入	元	8 403	9 319	3 695	8 433
农、林、牧、副、其他各业产值占比	%	59.06、2.95、10.59、22.32、5.08	56.42、1.85、13.88、25.56、2.29	32.48、12.68、10.59、38.49、5.76	54.07、3.63、12.42、26.27、3.62
人均 GDP	元	19 079	32 405	14 054	25 580

注:数据为 2015 年黄土高塬沟壑区涉及县(市、区)统计数据。

2.2.2 农村经济状况

黄土高塬沟壑区农村经济以种植业为主,农业生产科技含量不高,受地形地貌及植被条件影响,水土流失严重,农业生产抵御自然灾害的能力较弱。适宜种植的粮食作物有小麦、玉米等,经济作物以菜籽、胡麻、大豆、马铃薯等为主,经济林以山杏、苹果、花椒、核桃为主。

据 2015 年国民经济统计资料,该区耕地总面积 1.14 万 km²,人均耕地面积 0.14 hm²,粮食总产量 362.48 万 t,农业人均粮食产量 612 kg。其中,甘肃、山西农业人均粮食产量高于平均值,陕西洛川塬区以林果业为主,农业人均粮食产量仅 594 kg。区内经济林果较少,面积仅 1 786.67 km²,人均 0.02 hm²。该区工业生产水平低,以小型加工业为主,副业发展较好,主要靠劳务输出增加收入。据统计,2015 年该区人均 GDP 为 25 580 元,低于黄河流域人均 GDP(31 121 元)和全国人均 GDP(49 229 元),农民人均纯收入 8 433 元。

2.2.3 农业经济结构

农业经济结构以种植业为主,大农业产业特点突出。农村产业特点是以"耕作栽培"为主导的农业经济结构,农业产值占总产值的 54.07%。由于该区"旱、霜、冻、雹、暴雨、风"自然灾害频繁,导致粮食减产、农民收入低。该区降雨量较少,年内分布不均,年平均蒸发量是降雨量的 3.37 倍,年内降水和农作物生长需水相矛盾,干旱出现频繁,基本"十年一大旱,三年一小旱"。水资源量相对不足,以地表径流为主的水量年内和年际之间分布相差悬殊,加之区内水利、水保工程较少,水资源利用率较低,这就形成了该区种植业生产以旱作农业为主的特点。该区有水地 12.01 万 hm²,仅占耕地总面积的 10.51%。

该区国内生产总值 2 085.03 亿元。第一产业产值中,农业产值 428.77 亿元,林业产值 28.78 亿元,牧业产值 98.46 亿元,农、林、牧业产值比分别为 54.07%、3.63%、12.41%。总体来看,该区农林牧业比例失调,大农业导致生态环境恶化。从地域分布来看,甘肃和陕西各业产值比重相近,都以农业为主,林业发展缓慢,农、林、牧业比例失调;山西省以副业和农业为主,林业和牧业也有相当发展,农、林、牧业比例相对合理;但由于人口迅速增长,大农业导致陡坡耕种,大面积坡耕地造成区域水土流失严重,生态环境恶化。

黄土高塬沟壑区农业经济结构现状见表 2-3。

表 2-3　黄土高塬沟壑区农业经济结构现状

省份	各业产值占总产值比例(%)					
	农业	林业	牧业	副业	其他	合计
甘肃	59.06	2.95	10.59	22.32	5.08	100
陕西	56.42	1.85	13.88	25.56	2.29	100
山西	32.48	12.68	10.59	38.49	5.76	100
合计	54.07	3.63	12.41	26.27	3.62	100

注:数据为 2015 年黄土高塬沟壑区涉及县(市、区)统计数据。

2.2.4　土地利用

黄土高塬沟壑区总土地面积 56 392.50 km²,其中耕地面积 1 143 152.90 hm²,占总面积的 20.27%;林地面积 2 798 080.59 hm²,占总面积的 49.62%;园地面积 257 031.27 hm²,占总面积的 4.56%;草地面积 907 293.20 hm²,占总面积的 16.09%;水域及水利设施用地 59 362.38 hm²,占总面积的 1.05%;住宅及工矿用地 220 833.09 hm²,占总面积的 3.92%;交通用地面积 68 708.84 hm²,占总面积的 1.22%,其他土地面积 184 787.41 hm²,占总面积的 3.27%。

该区土地资源丰富,人均土地 0.69 hm²,人均耕地 0.14 hm²,农、林、果、草的土地利用比例分别为 20.27%、49.62%、4.56%、16.09%。从土地利用现状分析,林业和种植业用地占的比重较大,经果业用地比重小。

黄土高塬沟壑区土地利用比例现状见表 2-4。

表 2-4　黄土高塬沟壑区土地利用比例现状

省份	土地利用比例(%)									
	耕地	林地	园地	草地	水域	住宅用地	工矿用地	交通用地	其他用地	合计
甘肃	26.20	44.72	2.14	17.03	0.78	4.57	0.25	1.04	3.27	100.00
陕西	17.92	54.52	6.46	11.31	1.34	3.44	0.36	1.34	3.31	100.00
山西	16.53	42.21	2.73	31.15	0.60	2.23	0.25	1.14	3.16	100.00
合计	20.27	49.62	4.56	16.09	1.05	3.61	0.31	1.22	3.27	100.00

注:数据为 2015 年黄土高塬沟壑区涉及县(市、区)统计数据。

该区耕地总面积 114.32 万 hm²，主要分布在平坦开阔的塬面、塬坡，以旱作农业为主，垦殖指数 0.21。耕地坡度组成中，坡度在 2° 以下的耕地面积为 29.15 万 hm²，占总耕地面积的 25.50%；2°~6° 的面积为 32.42 万 hm²，占 28.36%，6°~15° 的面积为 27.85 万 hm²，占 24.36%；15°~25° 的面积为 19.35 万 hm²，占 16.93%；25° 以上的耕地面积有 5.55 万 hm²，占 4.85%。其中，梯田面积 39.72 万 hm²，占总耕地面积的 34.74%；坡耕地面积 42.45 万 hm²，占总耕地面积的 37.13%；其他为集中分布在塬面的条田和墚地。在地域分布上，甘肃省和陕西省耕地占比较大，分别占总耕地面积的 39.98% 和 47.62%，梯田主要分布于甘肃省和陕西省；坡耕地主要分布于陕西省，占坡耕地总面积的 57.15%；山西省耕地及坡耕地面积占比相对较少。坡耕地主要分布在 25° 以下的缓坡地带，25° 以上的坡耕地仅占坡耕地总面积的 9.09%。坡耕地土地生产力低，经营方式粗放，尤其是 25° 以上的陡坡耕地，是水土流失发生发展的主要策源地之一。黄土高塬沟壑区耕地坡度组成见表 2-5。

表 2-5 黄土高塬沟壑区耕地坡度组成

省份	地类		合计（万 hm²）	坡度组成结构（万 hm²）									
				≤2°		2°~6°		6°~15°		15°~25°		>25°	
				面积	占比%	面积	占比%	面积	占比%	面积	占比%	面积	占比%
甘肃	耕地		45.71	17.85	39.05	9.86	21.57	8.98	19.65	7.89	17.26	1.13	2.47
	其中	梯田	16.80			7.11	42.32	5.86	34.88	3.34	19.88	0.49	2.92
		坡耕地	11.06			2.75	24.86	3.12	28.21	4.55	41.14	0.64	5.79
陕西	耕地		54.44	10.29	18.9	16.87	30.99	15.31	28.12	9.87	18.13	2.10	3.86
	其中	梯田	17.73			9.51	53.64	6.24	35.19	1.76	9.93	0.22	1.24
		坡耕地	24.26			7.11	29.31	8.41	34.67	7.09	29.23	1.65	6.80
山西	耕地		14.17	1.01	7.13	5.69	40.16	3.56	25.12	1.59	11.22	2.32	16.37
	其中	梯田	5.19			3.22	62.04	0.76	14.64	0.46	8.86	0.75	14.45
		坡耕地	7.13			1.64	23.00	2.80	39.27	1.12	15.71	1.57	22.02
合计	耕地		114.32	29.15	25.50	32.42	28.36	27.85	24.36	19.35	16.93	5.55	4.85
	其中	梯田	39.72			19.84	49.95	12.86	32.38	5.56	14.00	1.46	3.68
		坡耕地	42.45			11.50	27.09	14.33	33.76	12.76	30.06	3.86	9.09

注：数据为 2015 年黄土高塬沟壑区涉及县（市、区）统计数据。

第3章 黄土塬调查技术方法及相关成果

3.1 调查单元与有关指标界定

3.1.1 调查单元界定

黄土塬作为黄土高原的一种正地貌,代表着黄土的最高堆积面,在空间上具有独特性、重复性和限定性。其成因多样,分布广泛,面积不一,形态不同。如同黄土高原丘陵区"两山夹一沟"小流域单元一样,黄土高塬沟壑区"两沟夹一塬"黄土塬单元既是一个完整的自然生态系统,也是相对封闭的社会经济活动组织系统。在自然组织系统中,黄土塬单元是由塬面、沟坡、沟谷组成的完整输沙输水系统。雨水在塬面形成径流,经沟坡汇入沟谷完成雨水的再分配过程,同时也完成塬面水力侵蚀-沟坡水力侵蚀、重力水蚀-沟谷重力侵蚀等土壤侵蚀过程。在这一自然系统中,地质、地貌、水文、土壤、植被相互协调,紧密关联,有利于村镇社会经济发展和水土保持生态治理的统一协调。

在社会经济组织系统方面,高塬沟壑区也不同于丘陵沟壑区,丘陵沟壑区小流域的范围与自然村或行政村的边界基本一致,自然村或行政村的界限往往与小流域的分水岭重合,显示了小流域的自然形态特征与社会经济单元特征的一致性;而高塬沟壑区,行政界限往往和沟底线重合,即一个小流域往往以沟底线为界,分属两个或多个村庄的行政范围,而且小流域的自然封闭特点也不明显,塬面上很难确定小流域分水岭。对于面积较大的塬,村镇级的行政区域与"两沟夹一塬"地貌单元基本吻合,显示了以相对完整的塬面作为社会经济活动单元的特点。

因此本次调查,将调查单元定义为以完整或相对完整的塬面为中心,以周围沟道或河流中心线为界定范围的地理空间,塬面内部以乡镇或村界切割。

3.1.2 塬面、塬坡、沟坡及沟道界定

根据以往研究成果,除降雨强度、土壤性质和植被盖度等因素外,地面坡度也是影响侵蚀强度的主要因素,由此,通过地面坡度来界定塬面、塬坡、沟坡及沟道范围。在《坡度分级对地面坡谱的影响研究》(朱梅,中国科技论坛在线)中,根据多年水土流失监测结果,研究坡度对黄土丘陵沟壑区土壤侵蚀的影响:3°以下为无侵蚀区;3°~8°有细沟、浅沟出现;15°以下地面侵蚀相对较弱,当坡度超过15°时,侵蚀渐趋加剧;25°是土壤侵蚀方式的一个转折点,25°以上重力侵蚀大量出现;35°是黄土堆积面的临界休止角,35°以上的坡面错落、滑坡、泻溜等重力侵蚀出现;45°以上水力侵蚀作用大为降低,重力作用起主导作用,总侵蚀量逐步降低。因此,以土壤侵蚀为临界指标的地面坡度分级系统为:0°-3°-8°-15°-25°-35°-45°。根据王秀英等对"土壤侵蚀与地表坡度关系研究"中,对不同地面坡

度侵蚀量和径流深比较,在相同降雨条件下,当地面坡度在0°~15°时,侵蚀量和径流深较为平稳,大于15°后,两者变化较大,可见,地面坡度15°是一个转折点。《黄土高原地区土壤侵蚀区域特征及其治理途径》(唐克丽等)及土壤侵蚀分级分类标准中,土壤侵蚀强度面蚀分级指标规定:当下垫面为坡耕地或为非耕地且林草覆盖度小于30%时,地面坡度8°为轻度和中度侵蚀界线坡度。

以上研究表明,坡度对土壤侵蚀程度影响关键界线坡度为:3°、8°、15°、25°。由此界定本次调查单元:以塬中(地面坡度小于3°)为圆心,塬面为坡度小于8°的区域范围、塬坡为8°~15°的区域范围、沟坡沟道为大于15°的区域范围。

3.1.3 侵蚀沟集水面积及沟长指标界定

据调查,黄土高塬沟壑区经过近70年的水土保持建设,先后进行了以小流域水土保持综合治理、坡改梯、沟道坝系及生态修复工程等为主的国家重点工程建设,近20年,国家加大对黄土高原地区,尤其是多沙粗沙区的水土流失治理,黄土高塬沟壑区较大支流(20~100 km²)内的水土流失防治体系基本建成,植物措施和工程措施相对完整,水土流失得到有效控制。根据现场调查,各地经过大面积的植树造林,塬坡、沟坡等宜林地已基本被林草覆盖,植被群落相对稳定,在减少土壤侵蚀方面发挥着良好的水土保持生态效益,大中型淤地坝及坝系工程在较大支沟(沟道长度300 m以上、汇水面积5 km²以上)内也发挥着拦减泥沙的重要作用;而位于支沟末梢,嵌入塬面,且汇水面积小于5 km²的支毛沟,治理相对薄弱,水土流失治理体系尚不完整,是水土流失严重侵蚀区域,为"固沟保塬"重点治理区域,将流域面积不大于5 km²嵌入塬面的侵蚀沟纳入调查单元内。为满足图件精度要求,侵蚀沟长度不小于50 m。

3.2 调查内容指标与技术路线

为全面了解黄土高塬沟壑区黄土塬基本情况和水土流失危害,为"固沟保塬"综合治理提供依据和支撑。调查主要包括以下几方面:

(1)黄土塬数量与分布。包括黄土塬数量、大小、空间分布及塬面村庄、人口分布情况。调查指标包括黄土塬位置、名称、数量、面积、位置及塬上人口与乡镇、村庄。

(2)黄土塬地貌形态特征。基于黄土塬空间位置,调查分析黄土塬侵蚀地貌的几何特征、空间分布特征和侵蚀特征。

(3)黄土塬侵蚀沟道及危害情况。调查嵌入塬面沟道的数量、长度及活动状况,以及对塬面农田、村庄、学校、交通道路等重要基础设施的危害程度调查。

(4)黄土塬及所在行政区域基本情况。主要包括自然条件、社会经济条件、水土流失和水土保持状况等。

调查技术路线为综合运用资料收集、现场调查、遥感解译和地统计学等方法,获取黄土塬的空间位置、边界信息及名称、编码,基于GIS空间分析计算黄土塬面积、形状指标,统计汇总黄土塬上乡镇、村庄及人口数量。

(1)黄土塬空间位置及塬面边界采用地形图勾绘与遥感复核相结合的方法。

(2)黄土塬面积及形状特征指标采用 GIS 空间分析法。

(3)黄土塬名称、人口与乡镇、村庄分布采用现场调查与资料分析等方法。

3.2.1　黄土塬命名与编码

根据以往研究成果,黄土塬顶面平坦宽阔,塬中地面坡度一般小于 5°,塬中至塬坡一般在 5~8°,塬坡一般小于 15°,塬坡以下一般大于 15°,为沟坡与沟道,如图 3-1 所示。

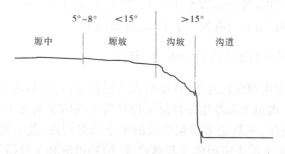

图 3-1　塬及沟道地形坡度示意

本次调查,确定黄土塬调查对象遵循以下原则:

(1)无陡崖、陡坎,无明显塬面边界的,塬面边界线以坡度小于 8°的坡度线确定。

(2)凡塬面在 1.0 km² 以上的黄土塬均为重点调查对象,调查黄土塬名称、位置、面积及分布;面积小于 1.0 km² 的黄土塬仅调查其数量。

黄土塬命名应符合以下原则:

(1)黄土塬名称在县级行政区内具有唯一性。

(2)沿用已有名称,保持黄土塬名称的典型性和传承性。

(3)没有名称的,命名应简明确切,易于辨识,可采用代表性乡镇或村庄名称命名。

(4)跨省跨县的黄土塬,整合时各区选择一个典型或有代表性的名称,联合命名。

黄土塬编码应符合以下规定:

(1)由于本次普查以县级行政单位进行调查,并考虑塬面的完整性,编码采用"县级行政区代码–序号+特征码"方式。

(2)县级行政区代码按最新国家行政区编码,序号取三位数,按塬面位置由北至南、先东后西编排。

(3)特征码"W"为不跨县界塬,"K"为跨县界塬。例如:610629—001K,为洛川县第一个塬,该塬跨县界;610629—002W,为洛川县第二个塬,该塬不跨县界。

3.2.2　黄土塬调查

黄土塬调查分黄土塬和黄土塬所在县级行政区两种口径开展调查。

黄土塬基本情况调查仅针对塬面面积 1 km² 以上的黄土塬。调查现状水平年为 2015年。调查包括黄土塬土地坡度、社会经济、土地利用、水土流失等现状,以及水土流失治理措施调查。采用资料收集、GIS 空间分析等方面,以县级行政区为单元组织开展。涉及跨县界的塬按县级行政区分别调查统计。

（1）土地坡度调查指标及表式如表 3-1、表 3-2 所示。

表 3-1　黄土塬土地坡度组成

省（区）	县（市、区）	塬编码	塬名称	总面积（hm²）	坡度组成结构											
					<5°		5°~15°		15°~25°		25°~35°		>35°		小计	
					面积（hm²）	占比例（%）	面积（hm²）	占比例（%）	面积（hm²）	占比例（%）	面积（hm²）	占比例（%）	面积（hm²）	占比例（%）	面积（hm²）	占比例（%）

表 3-2　黄土塬区耕地坡度组成

县（市、区）	塬编码	塬名称	总耕地面积（hm²）	坡度组成结构（hm²）												
				≤2°	2°~6°			6°~15°			15°~25°			>25°		
				小计	小计	梯田	坡地	小计	梯田	坡地	小计	梯田	坡地	小计	梯田	坡地

（2）水土流失数据采用第一次全国水利普查数据,表式如表 3-3 所示。

（3）土地利用现状采用国土资源部门最新资料,调查指标及表式如表 3-4 所示。

（4）治理措施现状采用第一次全国水利普查水土保持普查成果,调查指标包括基本农田、人工造林、人工草地、封禁治理、中小型淤地坝、小型拦蓄工程、排水(洪)工程等。见表 3-5。

黄土塬所在县级行政区调查以下内容:

（1）自然概况。通过当地气象站、水文站、国土部门等资料收集与调查,调查气象、降水及耕地坡度等相关数据。调查指标如表 3-6、表 3-7 所示。

（2）社会经济。结合 2015 年当地统计年鉴数据,调查各县社会经济现状和农村经济结构情况。调查指标如表 3-8、表 3-9 所示。

（3）水土流失。根据第一次全国水利普查成果,调查各县(市、区)水土流失情况,包括水土流失面积、侵蚀模数及沟壑密度等。如表 3-10 所示。

（4）土地利用。根据国土资源部门最新调查统计资料,调查各县(市、区)土地利用现状数据,主要包括耕地、林地、园地、草地、水域及水利设施用地、其他用地等。

（5）水土保持措施。根据第一次全国水利普查水土保持普查成果,填报区域水土流失治理措施现状表,包括基本农田、人工造林、果园、人工草地、封禁治理、淤地坝、小型拦蓄工程、水源及节水灌溉工程、排水(洪)工程等。如表 3-11 所示。

表 3-3 塬区水土流失现状

省(区)	县(市、区)	塬名称	塬编码	水土流失面积(km²)	水土流失面积(km²)										侵蚀模数[t/(km²·a)]	沟壑密度(km/km²)
					轻度		中度		强烈		极强烈		剧烈			
					面积(km²)	占比(%)	面积(km²)	占比(%)	面积(km²)	占比(%)	面积(km²)	占比(%)	面积(km²)	占比(%)		

表 3-4 黄土塬土地利用现状

省(区)	县(市、区)	塬名称	塬编码	耕地(hm²)			林地(hm²)				园地(hm²)			草地(hm²)				水域及水利设施用地(hm²)							其他小计
				水浇地	旱地	小计	有林地	灌木林地	其他林地	小计	果园	其他园地	小计	天然牧草地	人工牧草地	其他草地	小计	河流水面	湖泊水面	水库水面	坑塘水面	水利设施	滩涂	其他	

续表3-4

省（区）	县（市、区）	塬编码	塬名称	住宅用地（hm²）			工矿仓储用地（hm²）	交通运输用地（hm²）				其他土地（hm²）						合计（hm²）	土地利用比例（%）									
				城镇住宅用地	农村宅基地	小计		铁路用地	公路用地	其他用地	小计	空闲地	盐碱地	沙地	裸地	其他	小计		耕地	林地	园地	草地	水域	住宅用地	工矿用地	交通用地	其他用地	合计

表3-5 黄土塬水土保持治理措施现状

省（区）	县（区）	塬代码	塬编码	塬名称	座数（座）	总面积（km²）	基本农田（hm²）					人工造林（hm²）					人工草地（hm²）	果园（hm²）	封禁治理（hm²）	措施面积合计（hm²）
							梯田	坝地	水地	其他	小计	乔木林	灌木林	乔灌混交林	经济林	小计				

中小型淤地坝									小型拦蓄工程						排水（洪）工程		
座数（座）	控制面积（km²）	总库容（×10⁴ m³）	拦泥库容（×10⁴ m³）	可淤地面积（hm²）	已淤积面积（hm²）	淤积量（×10⁴ m³）	沟头防护（km）	谷坊（座）	涝池、蓄水池（处）	水窖（处）	旱井（处）	其他（座）	消力池（个）	竖井（座）	排水渠（m）	截水沟（m）	排水管（m）

表 3-6　气象、降水特征

省（区）	县（市、区）	观测站名	气温（℃）			年降水量（mm）					6~9月降雨量（mm）	暴雨天数（d）	蒸发量（mm）	年平均≥10℃积温（℃）	年平均风速（m/s）	最大风速（m/s）	大风日数（d）	无霜期（d）	年均日照时数（h）	太阳总辐射量（J/cm²）	冻土深度（cm）	观测年限（年）
			年最高	年最低	多年平均	最大量	年份	最小量	年份	多年平均												

表 3-7　耕地坡度组成

省（区）	县（市、区）	耕地面积（hm²）	坡度组成结构（hm²）												
			≤2°	2°~6°			6°~15°			15°~25°			>25°		
			小计	小计	梯田	坡地	小计	梯田	坡地	小计	梯田	坡地	小计	梯田	坡地

表 3-8 社会经济现状

省（区）	县（市、区）	辖区		总土地面积（km²）	总人口（万人）	农业人口（万人）		农业劳力（万个）	人口密度（人/km²）	人均土地（hm²）	人均耕地（hm²）	国内生产总值GDP（万元）	人均收入	
		乡镇（个）	村（个）			总人口	转移人口						城镇居民人均可支配收入（元）	农村居民人均纯收入（元）

表 3-9 农村经济结构现状

省（区）	县（市、区）	总产值（万元）						各业产值占总产值比例（%）						粮食总产量（万t）	农业人均产（kg/人）
		农业	林业	牧业	副业	其他	合计	农业	林业	牧业	副业	其他	合计		

表 3-10 水土流失现状

省（区）	县（市、区）	水土流失面积（km²）	水土流失面积（km²）											侵蚀模数[t/(km²·a)]	沟壑密度（km/km²）
			轻度		中度		强烈		极强烈		剧烈				
			面积（km²）	占比例（%）	面积（km²）	占比例（%）	面积（km²）	占比例（%）	面积（km²）	占比例（%）	面积（km²）	占比例（%）			

表 3-11 水土保持治理措施现状

省（区）	县（市、区）	总面积（km²）	基本农田（hm²）					人工造林（hm²）					果园（hm²）	人工草地（hm²）	封禁治理（hm²）	合计（hm²）
			梯田	坝地	水地	其他	小计	乔木林	灌木林	乔灌混交林	经济林	小计				

省（区）	县（市、区）	骨干工程															中小型淤地坝					
		水库				座数（座）	控制面积（km²）	总库容（×10⁴ m³）	拦泥库容（×10⁴ m³）	可淤地面积（hm²）	淤积量（×10⁴ m³）	已淤地面积（hm²）	座数（座）	控制面积（km²）	总库容（×10⁴ m³）	拦泥库容（×10⁴ m³）	可淤地面积（hm²）	淤积量（×10⁴ m³）	已淤地面积（hm²）
		座数（座）	总库容（×10⁴ m³）	淤积库容（×10⁴ m³）	蓄水量（×10⁴ m³）														

省（区）	县（市、区）	小型拦蓄工程						水源及节水灌溉工程					排水（洪）工程				
		沟头防护（km）	谷坊（座）	涝池、蓄水池（处）	水窖（处）	旱井（处）	其他（座）	井筒（眼）	机电井（眼）	组合井（眼）	大口井（眼）	节水灌溉（hm²）	消力池（个）	竖井（座）	排水渠（m）	截水沟（m）	排水管（m）

3.2.3 黄土塬侵蚀沟道调查

调查对象为面积 1.0 km² 以上黄土塬周边侵蚀沟道。调查沟道最小长度为 50 m,即对 50 m 以上沟头嵌入塬面的侵蚀沟开展调查。重点调查:沟头嵌入塬面的侵蚀沟数量和长度,并按长度分级统计侵蚀沟数量;黄土塬侵蚀沟的活跃性和受危害的农田、城乡居民点、公路、学校、工矿企业等重要设施,分级确定侵蚀沟的危害程度。

(1)塬周侵蚀沟调查。以县级行政区为单元,采用资料收集、遥感影像或地形图调查、实地复核相结合的方式,在已确定的黄土塬调查单元范围内,调查沟头嵌入塬面的侵蚀沟数量与长度。调查可参考美国 A. N. strahler 提出的地貌几何定量数学模型分级方法,确定沟头和沟口位置,测量沟道长度,并分级统计各黄土塬不同长度分级的侵蚀沟数量。侵蚀沟按 0.05 ~ 0.5 km、0.5 ~ 1 km、1 ~ 3 km 和 >3 km 四个级别进行统计(见表 3-12)。黄土塬侵蚀沟情况统计如表 3-13 所示。

表 3-12　塬周侵蚀沟道分级

沟道长度	0.05 ~ 0.5 km	0.5 ~ 1 km	1 ~ 3 km	>3 km
沟道等级	Ⅰ级	Ⅱ级	Ⅲ级	Ⅳ级

表 3-13　黄土塬侵蚀沟情况统计

省	县(市、区)	塬编码	塬名称	合计	等级Ⅰ (0.05 ~ 0.5 km)	等级Ⅱ (0.5 ~ 1 km)	等级Ⅲ (1 ~ 3 km)	等级Ⅳ (>3 km)
				条数(条)	条数(条)	条数(条)	条数(条)	条数(条)

(2)塬周沟道危害调查。调查侵蚀沟的侵蚀活跃性和危害对象,确定侵蚀沟的危害程度,统计不同危害程度的侵蚀沟数量。侵蚀沟的活跃性分活跃、较活跃和不活跃三种情况。危害对象包括农田、居民点、公路、学校、工矿企业等重要设施。危害程度分为三级:

1 级:危害严重的侵蚀沟,沟缘线位于塬边,沟头深入塬中,无消能缓冲排洪设施,在水力侵蚀及重力侵蚀下,沟头逐年坍塌前进,塬面不断被蚕食,距沟头及沟沿线 50 m 之内有农户或居民点、乡级以上公路、学校、工矿企业等重要设施。

2 级:危害较严重的侵蚀沟,沟头活跃,沟岸逐年扩张,危及居民点、道路、农田。

3 级:危害较轻的侵蚀沟,沟头不活跃,沟岸相对稳定,对居民点、道路和农田威胁较小。

沟道危害情况统计见表 3-14。本次重点调查危害程度为 1 级和 2 级的沟道。

表 3-14   沟道危害情况统计

省(区)	县(市、区)	塬编码	塬名称	所在乡镇	各级危害沟道数量(条)			
					合计	1级沟道	2级沟道	3级沟道

3.3   遥感调查与实地调查

黄土塬调查以县级行政区为单元开展,先由各县(市、区)水土保持或水利部门专业人员调查采集基础数据,再由专业遥感和 GIS 技术人员进行整合修订。根据各地水土保持基础条件和专业技术力量,调查可采用遥感调查法、地形图调查法和实地调查等方法。空间数据数学基础为:

地理坐标系:采用国家大地坐标系 CGCS2000 坐标系。

投影坐标系:采用高斯−克吕格投影,3°分带。

3.3.1   遥感调查

影像空间分辨率:采用优于 5 m 分辨率的影像。

影像时间分辨率:成像时间为 2015~2016 年。

解译方法:目视解译和人工勾绘方式,提取塬面边界及调查单元边界,确定黄土塬名称,建立属性表,形成面状矢量图层。

调查对象信息提取及要求:根据影像颜色、纹理变化或土地利用方式等目视判断确定边界。提取信息的最小成图图斑为 2 cm×2 cm,具体视成图比例尺而定。调查对象信息提取正确率为 95%。黄土塬遥感调查示意见图 3-2。

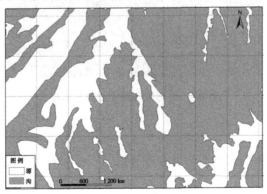

图 3-2   黄土塬遥感调查示意

3.3.2   地形图调查

结合现场调查在地形图上勾绘,地形图精度、坐标系统及分幅符合以下要求:比例尺不小于 1∶10 000;地形图坐标系为北京 54 坐标系或 CGCS2000 坐标系;采用国家标准分幅地形图。

塬面边界信息提取要求:塬面位置,主要根据等高线分布判定。塬面大小,主要根据平缓区域的范围判断,小于 1 km² 塬面不勾绘边界,即 1∶10 000 地形图中小于 100 cm² 的塬面不勾绘,只调查数量。塬面边界,主要根据等高线走势、等高线间距、陡崖标识及其他标识符判定。等高线越密集,坡度越大;塬边附近若两条等高线的垂直间距不小于 0.3 cm,说明坡度在 8°以下。若有陡崖标识,则以该标识为界。若使用的地形图成图时间较早,则勾绘成果要进行实地复核。

调查对象勾绘要求:用不同颜色勾绘调查边界线。其中,塬面边界用"红色线"勾绘,调查单元边界用"蓝色线"勾绘;勾绘线条不宜超过 2 mm,要求平滑、均匀、清晰,易于识别。塬面边界线和调查单元边界线可勾绘在一张地形图上。调查对象勾绘完成后,将黄土塬名称标注在勾绘的调查底图上。

调查底图扫描要求:调查完成后,将调查底图进行扫描,形成符合矢量化要求的电子文件,以便进行矢量化处理。并符合以下要求:原样扫描,不缩放、不偏移、不倾斜、不折叠、无阴影,底图各类信息清晰;底图图幅号、图名、图例、四角坐标及左下角的坐标系统完整、清楚;扫描分辨率不低于 300 dpi;文件格式为 JPG,按黄土塬或县(市、区)名称设置。地形图勾绘调查对象示意见图 3-3。

图 3-3　地形图勾绘调查对象示意

3.3.3　实地调查

主要是核定黄土塬名称,核查内业存在异议的内容。矢量化成果要求如下:

(1)文件命名。

塬面边界:命名为"＊＊_ym"

调查单元边界:命名为"＊＊_dcdy"。其中,"＊＊＊"为县级行政区名称全拼字母。

(2)文件格式。

采用 Shapefile 格式,每个 Shapefile 文件,至少包括＊.dbf/＊.prj/＊.sbx/＊.shp/＊.shx

五个文件。

(3)塬面图层属性表。

塬面图层属性表含"塬代码""塬名称"两个字段,分别用"YDM""YMC"表示。塬面图层属性表结构如表 3-15 所示。

表 3-15　塬面图层属性表结构

字段名称	YDM	YMC
数据类型	整型	文本型
数据长度	11	20

(4)调查单元图层属性表。

调查单元图层属性表含"调查单元代码""调查单元名称"两个字段,分别用"DCDYDM""DCDYMC"表示。调查单元代码、名称与塬面代码、名称相同。调查单元图层属性表结构如表 3-16 所示。

表 3-16　调查单元图层属性表结构

字段名称	DCDYDM	DCDYMC
数据类型	整型	文本型
数据长度	11	20

(5)目录组织。

文件目录按省-县组织,以省级行政区和县级行政区命名。文件存放在县级行政区目录下。

(6)CAD 工具矢量化要求。

如使用 CAD 工具矢量化,DWG 文件中要包含完整的地形图底图、勾绘的边界信息、塬面名称及代码注记,注记使用系统默认的字体。

3.4　统计上报数据标准化及空间化处理

调查区有 34 个县级行政区,本次调查共收集到了统计上报数据约 34.4 GB,包括各种不同数据格式。其中,shp 文件 17 个,dwg 文件 87 个,pdf 文件 3 个,电子图或者扫描图 941 幅。其中,4 个县采用遥感调查法,29 个县采用地形图调查法。地形图为北京 54 坐标系和西安 80 坐标系,其中,15 个县调查精度为 1:10 000,18 个县调查精度为 1:50 000。地形图成图时间最早的为 1969 年,最晚为 2010 年。其中,甘肃省采用地形图多为 1982~2010 年,陕西省多为 1969~2003 年,山西省多为 1972~1994 年。

各县统计上报数据,总体呈以下特点:

(1)以 Auto CAD 地形图调查数据居多,GIS 调查成果不多。

(2)底图精度大部分满足调查要求,1:10 000 精度占 45%。

(3)采用地形图调查的成果,地形图时间偏早,现势性不太好,2000 年以后的地形图不足三成。

(4)部分调查底图存在信息缺失的现象。

因此,对统计上报数据进行了标准化处理及空间化处理。根据各县数据形式,分别进行空间校正、投影转换、矢量化、线转面等标准化处理。

　　(1)AutoCAD 格式数据处理。这是本次各县应用最普遍的一种数据格式,主要包含:①含 AutoCAD 文件和地形图扫描件,地形图包含坐标系统信息和四角点坐标。②含 AutoCAD 文件、地形图扫描件县界,未知地形图四角点坐标。③含 AutoCAD 文件、地形图扫描件和项目区四角点坐标,未知地形图四角点坐标。④含 AutoCAD 文件和县界,不含地形图。此类数据的处理需要基于地形图扫描件和卫星遥感影像进行空间校正,处理流程如图 3-4 所示。

创建特征点　　格式转换　　投影转换　　空间校正　　线转面　　属性录入　　精校正

图 3-4　AutoCAD 数据处理流程

AutoCAD 数据处理前后见图 3-5 和图 3-6。

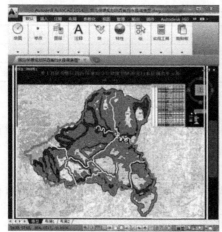

图 3-5　AutoCAD 数据处理前(左)后(右)与遥感影像叠加效果示意

Projected Coordinate System:	CGCS2000_3_Degree_GK_CM_111E
Projection:	Gauss_Kruger
False_Easting:	500000.00000000
False_Northing:	0.00000000
Central_Meridian:	111.00000000
Scale_Factor:	1.00000000
Latitude_Of_Origin:	0.00000000
Linear_Unit:	Meter

FID	Shape *	Id	YMC	YDM
0	Polygon ZM	0	魏家斜	610525 - 042K
1	Polygon ZM	0	韦庄塬	610525 - 043K
2	Polygon ZM	0	业善塬	610525 - 041K
3	Polygon ZM	0	南酬酟	610525 - 040K
4	Polygon ZM	0	卓里塬	610525 - 037W
5	Polygon ZM	0	阿兰寨	610525 - 035W
6	Polygon ZM	0	杨家塬	610525 - 036W
7	Polygon ZM	0	阿兰寨	610525 - 034W
8	Polygon ZM	0	吴家坡	610525 - 038K
9	Polygon ZM	0	三河塬	610525 - 030W
10	Polygon ZM	0	南社塬	610525 - 031W
11	Polygon ZM	0	樊家川	610525 - 033W
12	Polygon ZM	0	杨家塬	610525 - 032W
13	Polygon ZM	0	醍醐塬	610525 - 039W
14	Polygon ZM	0	交道塬	610525 - 029W
15	Polygon ZM	0	杨家塬	610525 - 028W
16	Polygon ZM	0	堡城塬	610525 - 025W
17	Polygon ZM	0	璞地塬	610525 - 024W
18	Polygon ZM	0	浴子河	610525 - 027W
19	Polygon ZM	0	镇基塬	610525 - 026W

图 3-6　AutoCAD 数据处理后的投影坐标信息和属性信息(以白水县为例)

（2）地形图扫描数据处理。此类数据主要为地形图和黄土塬叠加成果扫描件,需基于地形图的投影坐标信息及遥感影像进行空间校正,并进行黄土塬空间矢量化、属性录入等工作。处理流程如图 3-7 所示,处理效果见图 3-8。

图 3-7　地形图扫描件数据处理流程

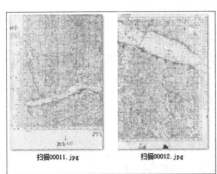

(a)上报的地形图扫描件

(b)经过拼接处理后的地形图扫描件

(c)经过空间校正与矢量化的塬面矢量数据与遥感影像叠加效果

图 3-8　地形图扫描件处理前后示意图(以崇信县为例)

（3）Shapefile 数据处理。此类数据主要是检查数据的完整性与坐标信息的一致性。对坐标信息不一致的进行坐标转换。将各类型地理坐标和投影坐标转换为国家大地坐标 CGCS2000,投影坐标转换为 Gauss_Kruger。

（4）县级调查结果汇总。经数据标准化处理统计,以县级行政区为单元,研究区共有黄土塬共 1 708 个,包括县内完整塬和跨县界塬。其中,甘肃省 184 个,陕西省 668 个,山西省 856 个。塬面面积小于 1 km^2 的 977 个,占总数量的 57.20%;塬面面积大于 1.0 km^2 的有 731 个,占总数量的 42.80%。

3.5　遥感复核修订

鉴于以县级行政区为单元的黄土塬调查所用本底数据类型多样,成图时间跨度较大,为了确保黄土塬面积的现势性和塬面边界判定的准确性,真实反映现阶段黄土塬侵蚀的特征,基于高分辨率遥感影像对所有利用地形图调查的黄土塬塬面边界进行了复核修订。

3.5.1　遥感数据源及预处理

(1)高分一号卫星遥感影像。高分一号卫星于 2013 年 4 月 26 日发射,卫星搭载了两台 2 m 分辨率全色/8 m 分辨率多光谱相机,四台 16 m 分辨率多光谱相机。为了保证黄土塬复核成果的精度与现势性,研究优先选用 2016 年夏季高分一号 2 m/8 m 卫星遥感影像,对于研究区内缺少影像的区域选用 2015 年夏季高分一号 2 m/8 m 卫星遥感影像补充。GF-1 卫星有效载荷技术指标见表 3-17。

表 3-17　GF-1 卫星有效载荷技术指标

参数		2 m 分辨率全色/8 m 分辨率多光谱相机	16 m 分辨率多光谱相机
光谱范围	全色	0.45~0.90 μm	
	多光谱	0.45~0.52 μm	0.45~0.52 μm
		0.52~0.59 μm	0.52~0.59 μm
		0.63~0.69 μm	0.63~0.69 μm
		0.77~0.89 μm	0.77~0.89 μm
空间分辨率	全色	2 m	16 m
	多光谱	8 m	
幅宽		60 km(2 台相机组合)	800 km(4 台相机组合)
重访周期(侧摆时)		4 天	
覆盖周期(不侧摆)		41 天	4 天

(2)基准影像。采用 Landsat 8 卫星遥感影像和 DEM 作为基准影像和正射校正的控制资料,参与高分一号卫星遥感影像的预处理。

Landsat 8 是美国 NASA 的陆地卫星计划的第 8 颗卫星,由美国航空航天局于 2013 年 2 月发射升空。卫星上携带两个传感器,分别是 OLI 陆地成像仪和 TIRS 热红外传感器卫星。Landsat 8 在空间分辨率和光谱特性等方面与 Landsat 1~7 保持了基本一致。Landsat 8 一共有 11 个波段,波段 1~7、9 的空间分辨率为 30 m,波段 8 为全色波段分辨率 15 m,波段 10、11 为热红外波段分辨率为 100 m。Landsat 8 成像宽幅为 185 km×185 km。重访周期为 16 天。研究区采用 2016 年 Landsat 8 卫星遥感影像作为基准。

(3)遥感数据预处理。高分一号遥感数据预处理包括正射校正、配准、融合、镶嵌等环节。高分一号影像预处理流程如图 3-9 所示。

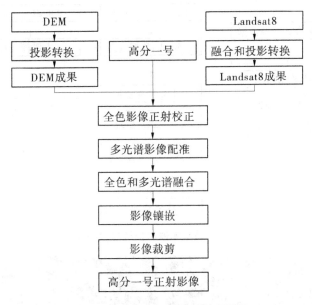

图3-9 高分一号影像预处理流程

3.5.2 遥感复核修订内容与黄土塬空间数据整合结果

将实地调查得到的黄土塬与高分卫星影像进行叠加,逐个检查塬面边界线与影像特征的吻合性和调查单元划分的合理性,经复核分析,发现县级黄土塬调查数据存在以下六个问题:①调查单元内黄土塬提取不完整;②黄土塬漏提;③黄土塬现势性差;④县域内黄土塬被人为切割且名称不同;⑤同一县域内的黄土塬名称不唯一;⑥县域内、县域间黄土塬交叉。

鉴于此,基于标准化处理后的黄土塬,以高分一号卫星遥感影像为底图,根据卫星遥感影像的颜色、纹理、土地利用现状以及地形地貌特点,对面积在10 000 m² 以上的黄土塬进行了完整性、准确性和现势性复核修订。

为了保证黄土塬调查成果的完整性和现势性,基于2015~2016年高分一号卫星遥感影像,对基于地形图调查黄土塬的分布和面积进行遥感复核修订,其技术路线见图3-10。复核修订内容主要涉及以下三个方面:

(1)黄土塬信息补充提取。

针对调查单元内黄土塬提取不完整和漏提这两种情况,结合遥感影像进行补充提取,如图3-11和图3-12所示。

(2)黄土塬边界修订。

有的区域使用的地形图距今年代较久,基于地形图勾绘的数据仅能反映当年的塬面情况。若干塬面在这数年间发生了侵蚀,这被侵蚀的部分就未能在上报数据中反映出来。因此,在对漏提的塬面进行补充之后,参照高分一号遥感影像和坡度图将现势性较差的塬面进行了修边,如山西省蒲县,见图3-13(a)。调查底图为2004年的地形图,进行现势性复核使用的遥感影像时相为2016年。从图3-13(b)可以清晰地看出,山刘村塬和白村塬

```
                    ┌──────────────┐   ┌──────────────┐
                    │ GF1遥感影像获取 │   │  基准影像获取  │
                    └──────┬───────┘   └──────┬───────┘
┌──────────────┐          ▼                  ▼
│ 实地调查黄土塬数据 │   ┌──────────────┐   ┌──────────────┐
└──────┬───────┘   │ 遥感底图数据处理 │◄──│  基准影像处理  │
       │           └──────┬───────┘   └──────┬───────┘
┌┈┈┈┈┈┈▼┈┈┈┈┈┈┈┐         │                  │
┆ ┌──────────────┐ ┆   ┌┈┈┈▼┈┈┈┈┈┈┈┈┈┈┐      ▼
┆ │  CAD数据处理  │ ┆   ┆┌──────────────┐┆   ┌──────────────┐
┆ └──────────────┘ ┆   ┆│  黄土塬补充提取 │┆   │   坡度提取   │
┆ ┌──────────────┐ ┆──►┆└──────────────┘┆◄──└──────────────┘
┆ │  Shp数据处理  │ ┆   ┆┌──────────────┐┆
┆ └──────────────┘ ┆   ┆│  黄土塬边界修订 │┆
┆ ┌──────────────┐ ┆   ┆└──────────────┘┆
┆ │ 扫描图件数据处理 │ ┆   └┈┈┈┈┈┈┬┈┈┈┈┈┈┈┘
┆ └──────────────┘ ┆         ▼
└┈┈┈┈┈┈┈┈┈┈┈┈┈┈┈┘   ┌──────────────┐
                    │   黄土塬合并   │
                    └──────┬───────┘
                           ▼
                    ┌──────────────┐
                    │   数据后处理   │
                    └──────┬───────┘
                           ▼
                    ┌──────────────┐
                    │    成果整理    │
                    └──────────────┘
```

图 3-10　黄土塬遥感复核技术路线

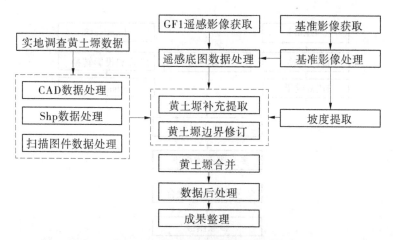

(a)补充前　　　　　　　　　　　　　　(b)补充后

图 3-11　遗漏黄土塬信息补充提取(以吉县为例)

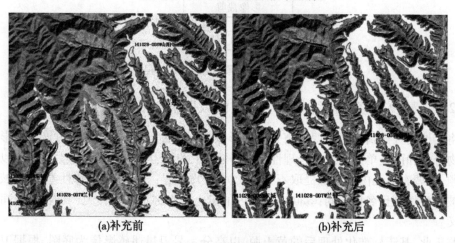

(a)补充前　　　　　　　　　　　　　　(b)补充后

图 3-12　塬面信息不完整的补充提取(以韩城为例)

经过 10 多年的侵蚀,塬面显著收缩。根据遥感影像对其进行了修边处理,如图 3-13(c)所示。

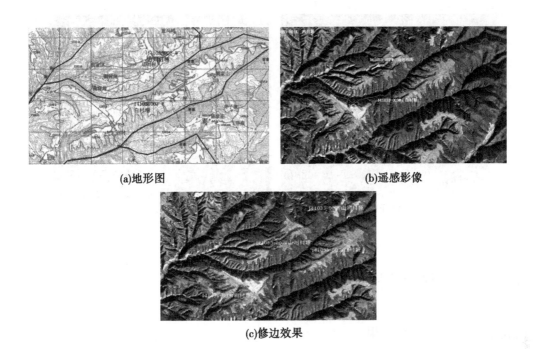

(a)地形图 (b)遥感影像

(c)修边效果

图 3-13　蒲县现势性较差塬面及修边后效果

（3）黄土塬自然塬面合并。

有些县域内原本完整的自然塬被人为地分割成若干个名称不同的小塬面;有些因为行政界线,将原本一个自然的黄土塬分割成两个。针对这种情况对黄土塬进行合并,如图 3-14 和图 3-15 所示。

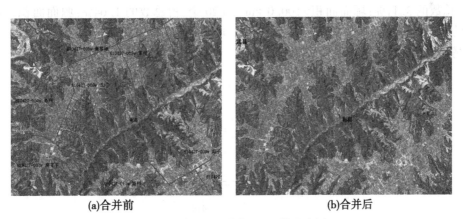

(a)合并前 (b)合并后

图 3-14　黄土塬合并修订(以彬县为例)

为了保证成果质量,经过卫星遥感复核,对研究区黄土塬空间矢量数据进一步拓扑检查、修正,最终整合形成研究区黄土塬空间数据成果。

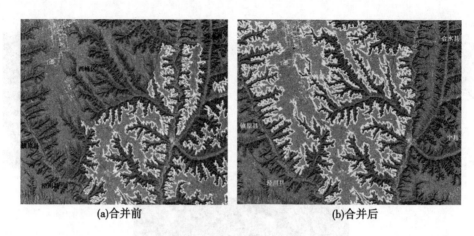

| (a)合并前 | (b)合并后 |

图 3-15　跨西峰区和宁县的塬面合并

3.6　黄土塬及侵蚀沟调查结果

3.6.1　黄土塬调查结果

根据各县上报数据,共形成 1 708 个黄土塬调查单元,其中,甘肃省 184 个,陕西省 668 个,山西省 856 个。塬面面积≤1 km^2 的 977 个,面积大于 1.0 km^2 的 731 个,分别占调查总数量的 57.20% 和 42.80%。

经遥感复核修订,形成最终黄土塬调查成果。现有黄土塬 1 221 个,其中,塬面面积≤1.0 km^2 的 701 个,占总数的 57.41%;塬面面积>1.0 km^2 的 520 个,占总数的 42.59%;塬面面积>10.0 km^2 的 127 个,占总数的 10.40%;塬面面积>50.0 km^2 的 127 个,占总数的 3.11%;塬面面积>100.0 km^2 的 20 个,占总数的 1.64%;塬面面积>200.0 km^2 的 10 个,占总数 0.82%;塬面面积>500.0 km^2 的 1 个,即董志塬。不同面积分级的黄土塬数量分布如图 3-16 所示。

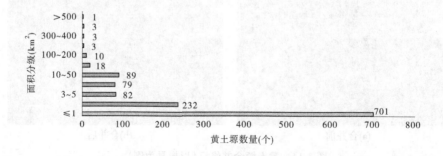

图 3-16　不同面积分级的黄土塬数量分布

从省级行政区域看(见表 3-18),不包括跨界塬,甘肃省有黄土塬 150 个,陕西省有 491 个,山西省有 576 个,分别占 12.28%、40.21% 和 47.17%;另有 4 个塬地跨甘肃省和陕西省,分别是甘肃省泾川县、灵台县与陕西省长武县相连的南长武塬、巨路邵寨塬、独店枣园塬,以及陕西省彬县、旬邑县与甘肃省正宁县相连的北极永和底庙塬。从塬面大小分级看,甘肃省大于 10.0 km² 的塬所占比例较大,达 22.00%,塬面较为完整、连续;山西省小于 1.0 km² 的塬个数所占比例达 81.42%,塬面相对破碎;陕西省 1~10 km² 塬所占比例较大,合计达 48.07%。

表 3-18　黄土塬情况整合汇总

省份	合计	各级塬面情况									
		塬面面积 ≤1.0 km²		塬面面积 1.0~3.0 km²		塬面面积 3.0~5.0 km²		塬面面积 5.0~10.0 km²		塬面面积 大于 10.0 km²	
		数量(个)	百分比(%)	数量(个)	百分比(%)	数量(个)	百分比(%)	数量(个)	百分比(%)	数量(个)	百分比(%)
甘肃	150	52	34.67	30	20.00	22	14.67	13	8.66	33	22.00
陕西	491	180	36.66	146	29.74	41	8.35	49	9.98	75	15.27
山西	576	469	81.42	56	9.72	19	3.30	17	2.95	15	2.61
甘肃、陕西	4									4	100
总计	1 221	701	57.41	232	19.00	82	6.72	79	6.47	127	10.40

注:跨省塬为南长武塬、巨路邵寨塬、独店枣园塬、北极永和底庙塬;塬面面积分别为 286.77 km²、64.70 km²、72.76 km²、169.78 km²。

从县级行政区看,有 27 个塬,跨 2 个县级行政区,有 4 个塬跨 3 个县级行政区,塬数量最多的县是陕西省的宜川县,达 79 个。

从黄土塬名称看,面积 1 km² 以上,462 个以"塬"命名,占黄土塬数量的 88.85%。其中,甘肃省以塬命名的黄土塬有 101 个,陕西省有 289 个,山西省有 72 个,分别占各省黄土塬数量的 67.33%、58.86% 和 12.50%。

扣除山地、丘陵、河川地貌区,黄土塬区面积共计 2.82 万 km²,其中,黄土塬面积 1.67 万 km²,侵蚀沟面积 1.15 万 km²,分别占黄土塬区面积的 59.22% 和 40.78%。在黄土塬中,塬面面积 1.02 万 km²,塬坡面积 0.65 万 km²,分别占黄土塬面积的 61.08% 和 38.92%。

从黄土塬区面积看(见图 3-17),甘肃省面积 0.97 万 km²,陕西省 1.35 万 km²,山西省 0.50 万 km²,分别占黄土塬区总面积比例的 34.40%、47.87% 和 17.73%;塬面面积构成中,陕西省塬面面积所占比例最大为 60.19%,山西省最小为 8.57%,甘肃省占 31.24%;塬坡面积构成中,甘肃省最大,为 43.98%,山西省最小为 19.59%,陕西省占 36.42%;侵蚀沟面积构成中,陕西省占 43.5%,山西省占 24.79%,甘肃省占 31.62%。

从各省黄土塬区面积构成看(见图 3-18),甘肃省塬面、塬坡和侵蚀沟面积相差不大,都约为 1/3,分别为 32.74%、29.72% 和 37.54%;陕西省塬面面积所占比例较大,为 45.25%,塬坡面积较小,为 17.65%,侵蚀沟面积占 37.10%;山西省塬面面积最小,占 17.39%,侵蚀沟所占面积最大,为 56.97%,塬坡面积占 25.63%。各省黄土塬面积构成见图 3-18。

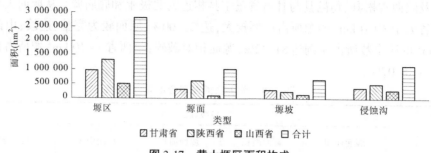

图 3-17　黄土塬区面积构成

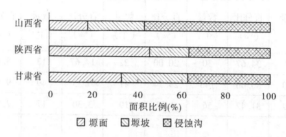

图 3-18　各省黄土塬区面积构成

在现有的黄土塬中,平均面积 8.32 km²/个。其中,塬面面积 ≤1 km² 的黄土塬,平均面积 0.70 km²/个;塬面面积 1~10 km² 的黄土塬,平均面积 3.22 km²/个;塬面面积 10~50 km² 的黄土塬,平均面积 20.02 km²/个;塬面面积 50~100 km² 的黄土塬,平均面积 72.41 km²/个;塬面面积 >100 km² 的黄土塬,平均面积 265.94 km²/个。黄土塬塬面分级特征指标如表 3-19 所示。面积最大的董志塬 879.42 km²,其中研究区内面积为 740.52 km²(未含庆城区境内的面积)。

表 3-19　黄土塬塬面分级特征指标

指标	面积分级(km²)					合计
	≤1	1~10	10~50	50~100	>100	
黄土塬数量(个)	701	393	89	18	20	1 221
面积(hm²)	490.94	1 266.34	1 781.45	1 303.4	5 318.89	10 161.02
平均(hm²/个)	0.70	3.22	20.02	72.41	265.94	8.32

黄土塬主要集中分布在以下四大区域:

(1)泾河流域,涉及甘肃省庆阳市的西峰区、镇原县、正宁县、宁县、合水县和平凉市的崆峒区、泾川县、灵台县、崇信县,以及陕西省咸阳市的长武县、彬县、旬邑县。

(2)北洛河流域,涉及陕西省延安市的富县、甘泉县、黄龙县、黄陵县、洛川县和铜川市的宜君县。

(3)渭北旱塬区,涉及陕西省咸阳市的永寿县、淳化县,铜川市的王益区、耀州区、印台区,渭南市的合阳县、白水县、澄城县以及韩城市。

(4)晋陕接壤处的沿黄阶地,涉及山西省临汾市的隰县、大宁县、蒲县、吉县、乡宁县、汾西县和延安市的宜川县。

从分布面积看,泾河流域区塬面面积最大,占总塬面面积的44%;渭北旱塬区次之,塬面面积占总塬面面积的37%;北洛河流域区和沿黄阶地区最小,塬面面积分别占总塬面面积的11%和7%。黄土高塬沟壑区塬面空间分布见图3-19。

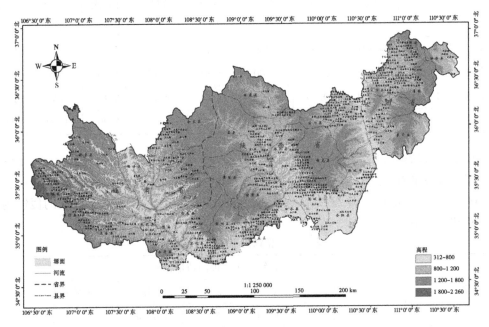

图 3-19　黄土高塬沟壑区塬面空间分布

3.6.2　侵蚀沟调查结果

根据调查结果,黄土塬周边共有长度大于50 m的侵蚀沟85 603条,侵蚀沟面积合计1.15万 km²,平均每个黄土塬约分布70条侵蚀沟。

从侵蚀沟长度构成看,长度在0.05~0.5 km的Ⅰ级沟道有64 540条,占总沟道数量的75.39%;长度在0.5~1.0 km的Ⅱ级沟道有13 261条,占15.49%;长度在1.0~3.0 km的Ⅲ级沟道6 236条,占7.29%;长度大于3.0 km的Ⅳ级沟道1 566条,占1.83%。其中,长度1.0 km以内的侵蚀沟数量占比平均达到90.88%。

从各省侵蚀沟数量分布情况看,陕西省境内黄土塬周边侵蚀沟数量为43 910条,占侵蚀沟总量的51.29%;甘肃省24 127条,占28.18%;山西省17 566条,占20.52%。在侵蚀沟长度构成上,陕西省500 m以内的侵蚀沟占比达82.55%,其次是山西省,为79.55%,甘肃省为59.36%。总体看,除甘肃省外,晋、陕两省1 000 m以内的侵蚀沟数量均达到94%以上。

从各省单位黄土塬侵蚀沟数量分布看,甘肃省每个黄土塬平均有160条侵蚀沟,陕西省有89条,山西省有30条。黄土塬周边侵蚀沟道分布情况见表3-20。

表 3-20　黄土塬周边侵蚀沟道分布情况

省份	各等级沟道情况								
	合计	Ⅰ级 (0.05~0.5 km)		Ⅱ级 (0.5~1 km)		Ⅲ级 (1~3 km)		Ⅳ级 (>3 km)	
		数量 (条)	百分比 (%)	数量 (条)	百分比 (%)	数量 (条)	百分比 (%)	数量 (条)	百分比 (%)
甘肃	24 127	14 321	59.36	5 489	22.75	3 292	13.65	1 025	4.25
陕西	43 910	36 245	82.55	5 200	11.84	2 047	4.66	418	0.95
山西	17 566	13 974	79.55	2 572	14.64	897	5.10	123	0.70
总计	85 603	64 540	75.39	13 261	15.49	6 236	7.29	1 566	1.83

根据调查结果(见表 3-21),黄土塬周边侵蚀沟的危害程度仍比较严重,其中,1 级危害的侵蚀沟数量有 32 371 条,占侵蚀沟总量的 37.82%;2 级危害的侵蚀沟 24 999 条,占 29.20%;3 级危害的侵蚀沟 28 234 条,占 32.98%。可以看出,三分之二以上的侵蚀沟处在活跃和危害中。

表 3-21　侵蚀沟危害等级统计

省份	各级危害侵蚀沟数量(条)					
	合计	1 级危害侵蚀沟		2 级危害侵蚀沟		3 级危害侵蚀沟	
		数量	百分(%)	数量	百分(%)	数量	百分(%)
甘肃	24 127	5 230	21.68	6 968	28.88	11 929	49.44
陕西	43 910	20 998	47.82	11 007	25.07	11 905	27.11
山西	17 567	6 143	34.97	7 024	39.98	4 400	25.05
总计	85 604	32 371	37.82	24 999	29.20	28 234	32.98

从各省的侵蚀沟危害看,山西省有危害的侵蚀沟占比最大,达 74.95%;其次是陕西省,为 72.89%;甘肃省相对较低,为 50.56%。从危害的严重程度看,陕西省 1 级危害的侵蚀沟占比最大,达 47.82%;其次是山西省,占 37.82%;甘肃省占 21.68%。

3.7　重点塬区调查结果

经调查,塬面面积大于 1.0 km² 的塬有 520 个,为"固沟保塬"工作重点保护对象,该区面积 2.82 万 km²,为本次重点调查区。

截至 2015 年,重点调查区总人口 555.78 万人,以农业人口为主,农业人口 437.34 万人,占总人口 78.69%,平均人口密度 197 人/km²。调查数据表明,黄土塬面积较大的地区,资源条件较好,城镇化水平较高,人口密度较大。甘肃、陕西塬面完整、连续,人口密度均在 200 人/km² 以上;山西塬面较为破碎,人口密度仅为 48 人/km²(见表 3-22)。

表 3-22　重点调查区社会经济情况统计

省份	土地总面积（km²）	村庄（个）	黄土塬塬面面积（km²）	黄土塬塬面面积比（%）	总人口（万人）	农业人口（万人）	人口密度（人/km²）	人均土地（hm²）	人均耕地（hm²）
甘肃	9 695	1 495	3 134	32.33	220.09	197.75	227	0.44	0.16
陕西	13 517	2 753	6 116	45.25	311.85	217.59	231	0.43	0.12
山西	5 007	396	871	17.40	23.84	22.00	48	2.10	0.21
总计	28 218	4 644	10 161	36.01	555.78	437.34	197	0.51	0.14

重点调查区土地面积为 28 218 km²，其中耕地面积 767 386 hm²，占总面积的 27.20%；林地面积 748 488 hm²；占 26.53%；园地面积 212 432 hm²，占 7.53%；草地面积 347 456 hm²，占 12.31%；水域及水利设施用地 17 298 hm²，占 0.61%；住宅及工矿用地 174 735 hm²，占 6.19%；交通用地面积 47 202 hm²，占 1.67%；其他土地面积 506 808 hm²，占 17.96%。

该区土地资源丰富，人均土地 0.51 hm²，人均耕地 0.14 hm²，农、林、果、草的土地利用比例分别为 27.20%、26.53%、7.53%、12.31%。从土地利用现状分析，种植业和林业用地占比较大，（经）果业用地比重小。重点调查区土地利用比例现状见表 3-23。

表 3-23　重点调查区土地利用比例现状

省份	土地利用比例（%）									
	耕地	林地	园地	草地	水域	住宅用地	工矿用地	交通用地	其他用地	合计
甘肃	35.63	28.52	2.81	12.46	0.63	7.96	0.51	2.11	9.37	100.00
陕西	27.48	27.28	12.52	10.21	0.72	6.25	0.30	1.79	13.47	100.00
山西	10.10	20.64	3.19	17.70	0.30	0.80	0.02	0.52	46.73	100.00
总计	27.20	26.53	7.53	12.31	0.61	5.87	0.32	1.67	17.96	100.00

重点调查区总耕地面积 76.74 万 hm²，其中 82.82% 的耕地分布在塬面和塬坡。梯田总面积 27.95 万 hm²，占总耕地面积的 36.42%，主要分布于甘肃和陕西省。坡耕地总面积 26.91 万 hm²，占总耕地面积的 35.06%，各省坡耕地面积所占比例均较大，其中山西省坡耕地占比最大，达本省耕地总面积的 54.24%。坡耕地土地生产力低，经营方式粗放，是水土流失发生发展的主要策源地之一（见表 3-24、表 3-25）。

表 3-24   重点调查区土地坡度组成

省份	总面积（万 hm²）	<5°		5°~15°		15°~25°		25°~35°		>35°	
		面积（万 hm²）	占比例（%）	面积（万 hm²）	占比例（%）	面积（万 hm²）	占比例（%）	面积（万 hm²）	占比例（%）	面积（万 hm²）	占比例（%）
甘肃	96.95	29.95	30.89	19.26	19.86	19.37	19.98	22.64	23.35	5.73	5.91
陕西	135.17	38.05	28.15	54.63	40.41	19.69	14.57	13.42	9.93	9.38	6.94
山西	50.06	14.88	29.73	13.62	27.21	10.84	21.66	7.32	14.63	3.39	6.77
总计	282.18	82.88	29.37	87.51	31.01	49.91	17.69	43.38	15.37	18.50	6.56

表 3-25   重点调查区耕地组成   （单位：hm²）

省份	总耕地面积	≤2°	2°~6°		6°~15°		15°~25°		>25°	
		小计	梯田	坡地	梯田	坡地	梯田	坡地	梯田	坡地
甘肃	345 403	134 857	66 825	17 440	28 306	29 410	16 298	36 151	3 535	12 581
陕西	371 402	70 940	68 793	66 701	73 848	43 279	11 522	27 112	268	8 940
山西	50 581	13 024	4 526	11 313	2 075	4 217	1 310	6 983	2 209	4 924
总计	767 386	218 821	140 144	95 454	104 228	76 906	29 130	70 246	6 012	26 445

该区水土流失以水力侵蚀为主,塬面水土流失形式主要有溅蚀、面蚀、细沟侵蚀或局部冲沟侵蚀。侵蚀主要是沟蚀,沟道是侵蚀最为强烈的部位,重力侵蚀严重,侵蚀形式自上而下主要有立崖坍塌、滑塌、陷穴、泻溜、沟床下切。由于年内暴雨集中,6~9月侵蚀沟产沙量占全年80%以上,往往由几场暴雨造成。黄土高塬沟壑区水土流失面积1.30万km²,占黄土高塬沟壑区土地总面积的46.10%,中度及以上水土流失面积占水土流失总面积的69.73%(见表3-26)。其中山西省塬区地形最为破碎,沟壑密度较大,导致水土流失强度最为强烈,强烈水土流失面积占水土流失总面积的57.38%。

表 3-26   水土流失现状

省份	水土流失面积（km²）	轻度		中度		强烈		极强烈		剧烈	
		面积（km²）	占比例（%）	面积（km²）	占比例（%）	面积（km²）	占比例（%）	面积（km²）	占比例（%）	面积（km²）	占比例（%）
甘肃	4 215	1 683.76	39.95	1 083.88	25.72	988.49	23.45	366.61	8.70	91.86	2.18
陕西	7 007	1 930.58	27.55	2 606.67	37.20	1 915.00	27.33	453.27	6.47	101.60	1.45
山西	1 790	323.83	18.09	246.63	13.78	1 027.13	57.38	164.25	9.18	28.33	1.58
总计	13 012	3 938.17	30.27	3 937.18	30.26	3 930.62	30.21	984.13	7.56	221.79	1.70

径流是发生水土流失的主要能动力之一,塬面是黄土高塬沟壑区产生地表径流的主要区域。根据西峰水土保持试验站对南小河沟流域研究观测表明,黄土高塬沟壑区塬面径流占流域总径流量的67.40%。随着塬面城市规模扩容、城镇化建设加速,县、乡、村道路建设加速发展,新农村居民点的形成,地面硬化导致的地表径流以及生产生活废水排放量也在逐年增加。

重点塬区水土流失危害将重点产生以下危害：

(1)蚕食耕地，严重影响农业生产发展。

长期以来，因自然和人为因素的双重作用，水土流失十分严重，塬面径流下泄导致沟头前进、沟岸扩张、塬面逐年萎缩。据史料记载，唐代董志塬南北长约 110 km，东西平均宽约 50 km，时至今日，南北长剩余 89 km，东西最宽处仅 46 km，最狭窄处只有 50 m，300 多年间塬地每年蚕食面积达 690 亩。据调查，陕西省洛川县内永乡沟、县城南门沟、贺桌沟等沟头以年均 1.2~3.0 m 的速度延伸。侵蚀沟的不断发展造成耕地破碎和面积减少，影响粮食安全，严重制约地方经济社会发展。

(2)损毁基础设施，危及人民群众的生命财产安全。

由于沟道溯源侵蚀严重，村庄、道路等基础设施受到威胁甚至损毁，危及当地居民的生产生活、生命财产安全。如董志塬驿马镇北胡同沟沟头已延伸至公路边，距住宅小区不足 10 m；屯字塬上肖乡莱子沟沟头已侵蚀至上肖乡政府和省农科所院落围墙，沟头距离街道不足 50 m；上里塬南沟沟头严重毁塌，致使崾岘毁裂，公路即将冲断，严重危及乡政府及交通道路安全。据统计，37 个塬面上距沟头、沟边 50 m 以内的学校 27 所、学生 10 837 人，涉及农户 5 384 户、37 470 人，直接威胁农用及商用建筑物 200 多座、资产价值达到 20 多亿元。

(3)侵蚀沟不断发育，加剧产沙输沙及重力侵蚀危害。

该区域塬面是主要的径流来源区，塬面径流占总径流的 60% 以上，特别是近年来城镇及新农村建设、道路等基础设施建设快速发展，致使硬化面积增加，削弱雨水入渗，导致塬面径流下泄量增大，加剧侵蚀沟发育及产沙输沙，沟道产沙量占产沙总量的 80% 以上，严重影响淤地坝和小型水利工程的运行安全。侵蚀沟的发育进一步诱发一系列如崩塌、滑坡等重力侵蚀的发生发展，如甘肃省宁县早胜镇街道北部街区径流洪水直接排入路边沟的沟头，致使沟头前进，沟岸坍塌，崩塌泄溜十分严重，现已形成几处大的泄溜滑塌体，危害严重。

截至 2015 年底，重点调查区共实施水土保持措施面积 1.09 万 km²，其中基本农田 48.21 万 hm²，人工造林 36.70 万 hm²，果园 14.17 万 hm²，人工草地 2.26 万 hm²，封禁治理 7.92 万 hm²，中小型淤地坝 662 座，沟头防护 2 702 km，谷坊 1 873 座，涝池、蓄水池 5 358 个，水窖 81 532 眼，旱井 9 881 处，排水渠(管)479.58 km。已实施主要水土保持措施见表 3-27。

表 3-27　已实施主要水土保持措施

省份	基本农田 (万 hm²)	人工造林 (万 hm²)	果园 (万 hm²)	人工草地 (万 hm²)	封禁治理 (万 hm²)	措施面积合计 (万 hm²)
甘肃	26.10	16.53	2.67	1.41	1.13	47.84
陕西	19.10	14.48	11.00	0.67	5.01	50.26
山西	3.01	5.69	0.50	0.18	1.78	11.16
总计	48.21	36.70	14.10	2.26	7.92	109.26

续表 3-27

省份	中小型淤地坝		小型拦蓄工程						排水(洪)工程				
	座数（座）	控制面积（km²）	沟头防护（km）	谷坊（座）	涝池、蓄水池（处）	水窖（处）	旱井（处）	其他（座）	消力池（个）	竖井（座）	排水渠（m）	截水沟（m）	排水管（m）
甘肃	149	351	2 335	1 310	3 888	72 680	4 228	1 022	79	125	34 200	985	7 139
陕西	282	412	355	419	1 420	8 762	1 930	10	16 037	114	401 235	3 620	37 003
山西	231	332	12	144	50	90	3 723	0	0	0	0	0	0
总计	662	1 095	2 702	1 873	5 358	81 532	9 881	1 032	16 116	239	435 435	4 605	44 142

这些措施的实施治理了局部塬面塬坡的水土流失，缓解了局部黄土塬萎缩和侵蚀沟扩张的局面。在大量实践与科学试验研究的基础上，根据黄土塬和侵蚀沟发生发展的特点，逐步摸索出了比较成熟的塬面塬坡、沟头、沟坡和沟道"四道防线"的治理模式，为黄土塬及侵蚀沟综合治理提供了重要技术支撑。

第4章　黄土塬地貌特征分析

4.1　地貌形态特征指标

黄土地貌在发育过程中由于流水不断冲刷及重力侵蚀不断吞噬,导致黄土塬面积不断缩减,沟谷不断发育、扩张。受到地质地貌特征、侵蚀营力状况、植被分布状况、人为活动等因素影响,不同黄土塬地貌几何特征有较大差异(见图4-1)。为了保护当地人民赖以生存的生态环境,揭示黄土地貌的特点,国内外专家学者展开了大量研究。罗来兴利用相对面积将黄土区的沟间地、沟谷地地貌类型划分为中型、小型和微型三级。张宗祜等按照成因和形态,将黄土地貌分为黄土沟间地貌、黄土沟谷地貌等类型。受基础数据的限制,当时的研究以定性分析为主。随着DEM的广泛应用及地形分析技术的提高,吴良超基于陕北48个样区,对黄土高原的沟壑空间分异进行了研究;周毅通过陕北48个典型地貌样区,研究了黄土地貌正负地形特征及分异规律,增强了人们对黄土侵蚀地貌及其发育规律的认识。周毅以晋西—陕北—陇东地区86个样区的正负地形为切入点,研究了区域正负地形空间分异规律,丰富了黄土高原地区数字地下分析方法体系。但至此,前人的研究也主要通过典型样区针对正负地形进行研究且更加侧重于沟谷的调查分析,对大面积全覆盖的黄土塬的调查研究较少。直到2014年,全迟鸣对黄土高原地区的黄土塬进行了提取并对发育阶段进行了划分,但侧重于黄土塬地貌发育的研究,而对黄土塬空间分布及空间分异性研究较少。

(a)陇东早胜塬

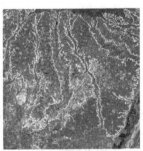
(b)陕北台塬

(c)晋西残塬

图4-1　不同黄土塬地貌几何特征

本次基于采用1:2.5万地形图外业调绘和高分一号卫星遥感影像复核相结合,获取的黄土塬矢量数据,遵从地学意义鲜明、特征表现明显、计算方法简约、求解模式固定的基本思路,本着实用性、系统性、准确性的原则,构建了黄土塬地貌形态特征量化指标体系,包括几何特征、地势起伏特征及完整破碎程度3类9项具体指标(见表4-1),定量分析黄土塬地貌形态特征及其空间分布规律,对黄土塬集中分布区域水土流失综合治理分区及措施布局提供基础支撑,对黄土高原地区黄土塬相关研究与保护提供数据参考。

表 4-1　黄土塬地貌形态特征量化指标体系

特征	指标	指标含义
几何特征	面积	反映塬面的规模
	长度	塬面图斑最小外接矩形的长度,反映塬面的形状
	宽度	塬面图斑最小外接矩形的宽度,反映塬面的形状
	长宽比	塬面长度和宽度的比值,反映塬面的形状
	形状指数	塬面形状与相同面积正方形之间的偏离程度,反映塬面形状复杂程度
地势起伏特征	高程	指塬面图斑的平均海拔高度,用塬面的平均高程、最大高程、最小高程以及高程标准差,反映地形的起伏程度
	坡度	指地表面的倾斜或者陡峭程度,它是过该点的切平面与水平地面的夹角,用塬面的平均坡度、最大坡度、最小坡度以及坡度标准差,反映地表陡缓的程度
完整破碎程度	完整度	塬区内塬面所占的面积之比,反映塬面的完整程度
	破碎度	塬区内塬面斑块的数量与面积之比,反映塬面的破碎程度和密集程度

基于高分一号卫星遥感影像、数字高程模型及塬面空间矢量数据,运用 Arcgis 软件计算塬面面积≥1 km² 的黄土塬各项地貌形态特征指标。

（1）几何特征指标。

选取面积、长度、宽度、长宽比和形状指数共 5 个指标,反映黄土塬平面几何特征,各项指标计算方法如下:

面积（Area）:是指塬面图斑的投影面积。

长度（Length）:是指塬面的长度,反映塬面的形状。通过计算塬面图斑最小外接矩形的长度得到。

宽度（Width）:是指塬面的宽度,反映塬面的形状。通过计算塬面图斑最小外接矩形的宽度得到。

长宽比（Length/Width）:是塬面长度与宽度的比值。计算公式为

$$Length/Width = \frac{Length}{Width}$$

其中,Length/Width 为塬面图斑的长宽比;Length 为塬面长度;Width 为塬面宽度。

形状指数（LSI）:是通过计算塬面形状与相同面积的正方形之间的偏离程度,从景观的形状来判定塬面形状的复杂程度。计算公式为

$$LSI = \frac{0.25E_i}{\sqrt{A_i}}$$

式中　LSI——形状指数;

E_i——第 i 个塬面图斑边界长度;

A_i——第 i 个塬面图斑的面积。

（2）地势起伏特征指标。

高程和坡度是地貌形态最基本的形态指标,为了客观真实地反映黄土塬的地势起伏特征,基于数字高程模型计算塬面的高程和坡度两个地势起伏特征指标,对黄土塬区的塬面地势起伏特征进行分析。各项指标计算方法如下:

高程:指塬面图斑平均海拔高度。基于 Arcgis 软件通过分区统计与空间关联计算得到。

坡度:是指地表面的倾斜或者陡峭程度,它是过该点的切平面与水平地面的夹角。通过 Arcgis 软件空间分析模块计算得到。

（3）完整破碎程度指标。

黄土塬地貌的发育过程中,沟道主动侵入塬面区域,塬面不断被蚕食。在此过程中,沟道逐渐扩大,塬面逐渐减小。随着侵蚀作用的增强,塬面经过沟谷的分割及再分割,导致黄土塬向破碎化演变。通过计算塬面的完整度和破碎度来分析黄土塬的完整破碎程度,各指标计算方法如下:

完整度:指区域内塬面所占的面积之比。塬区是由塬面及沟头嵌入该塬面的侵蚀沟组成的。基于融合后 Landsat 8 卫星遥感影像,以塬面为中心,沿着沟谷网络,将塬及周边侵蚀沟的区域确定为塬区。计算公式为

$$W = A_{ym}/A_{yq}$$

式中 W——塬面完整度;

A_{ym}——塬面面积;

A_{yq}——所在塬区面积。

破碎度:用塬区内塬面斑块的数量与面积比值来反映。计算公式为

$$F = N/A$$

式中 F——破碎度;

N——塬区内塬面斑块总个数;

A——塬区塬面面积。

4.2 黄土塬几何特征

4.2.1 黄土塬面积特征

研究区调查黄土塬面积平均值为 18.48 km²,最大值为 740.77 km²,最小值为 1.02 km²,标准差为 59.42 km²。根据黄土塬面积分级结果(见图 4-2),随着黄土塬面积等级的增加,黄土塬数量呈减少趋势,大部分黄土塬面积在 20 km² 以下,占调查黄土塬总数的 86.37%,其中面积在 1~3 km² 的黄土塬数量最多,为 231 个,占调查黄土塬总数的 44.34%;面积在 3~5 km² 和 5~10 km² 的黄土塬数量次之,分别为 82 个和 79 个,分别占调查黄土塬总数的 15.74% 和 15.16%;面积在 10~20 km² 的黄土塬数量为 58 个,占调查黄土塬总数的 11.13%;其他各等级的黄土塬数量均少于 20 个,每个等级黄土塬数量占调

查黄土塬总数的比例均不足3.5%。调查区黄土塬面积在空间分布上总体呈现由西向东减少、由北向南增加的趋势,但个别区域存在较离散的点(见图4-3)。

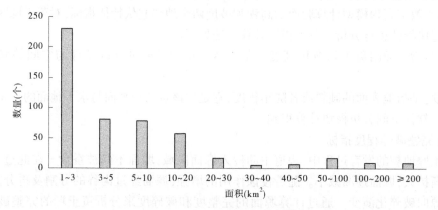

图4-2　黄土塬面积分级情况统计

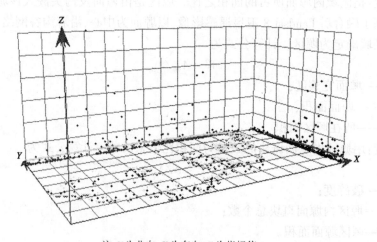

注:Y为北向,X为东向,Z为指标值。

图4-3　黄土塬面积空间分异特征

黄土塬面积特征在不同区域存在差异性(见表4-2),其中泾河流域区黄土塬面积平均值最大,为36.29 km²,显著高于北洛河流域区和沿黄阶地区;渭北旱塬区次之,为26.86 km²,显著高于沿黄阶地区;北洛河流域区为13.22 km²;沿黄阶地区最小,仅为3.92 km²。不同区域黄土塬面积分级情况统计(见图4-4)显示,各区域均表现出随着塬面面积等级的增加,黄土塬数量呈现减少的趋势,各区域黄土塬面积平均值主要分布在<20 km²等级,其中沿黄阶地区在1~3 km²等级占有最大比例,泾河流域区和渭北旱塬区在50~100 km²、100~200 km²和≥200 km²等较大等级也有一定数量分布。

表 4-2　不同区域黄土塬面积特征指标统计

区域	平均值（km²）	最大值（km²）	最小值（km²）	标准差（km²）
泾河流域区	36.29 a	740.77	1.03	96.84
北洛河流域区	13.22 bc	197.28	1.06	32.81
渭北旱塬区	26.86 ab	447.21	1.02	65.72
沿黄阶地区	3.92 c	45.44	1.02	4.96

注:指标均值后字母不同说明不同区域之间该指标存在显著差异性。

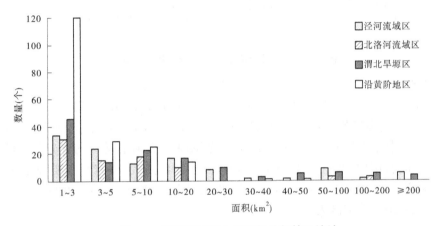

图 4-4　不同区域黄土塬面积分级情况统计

　　黄土塬面积特征在不同省份存在显著差异性(见表 4-3),其中甘肃省黄土塬面积平均值最大,为 32.85 km²;陕西省次之,为 18.52 km²;山西省最小,仅为 4.77 km²。不同省份黄土塬面积分级情况统计(见图 4-5)显示,各省均表现出随着塬面面积等级的增加,黄土塬数量呈现减少的趋势,但各省在各等级分布比例存在差异性,甘肃省和陕西省在≥40 km² 等级均有分布,甘肃省各县黄土塬面积平均值相对较大,尤其是西峰区和泾川县,黄土塬面积平均值分别为 740.77 km² 和 286.79 km²,这也是导致甘肃省黄土塬面积平均值最高的主要原因;陕西省也存在较大黄土塬面积平均值较大县,如合阳县的 146.77 km² 和彬县的 84.67 km² 等,因此陕西省分布黄土塬面积平均值也相对较高;山西省黄土塬主要分布在<20 km² 等级,山西省各县黄土塬面积平均值均较低,均值最大的隰县仅为 5.95 km²,因此山西省黄土塬面积平均值远小于甘肃省和陕西省。

表 4-3　不同省份黄土塬面积特征指标统计

省份	平均值（km²）	最大值（km²）	最小值（km²）	标准差（km²）
陕西	18.52 a	447.21	1.02	53.3
甘肃	32.85 b	740.77	1.08	95.8
山西	4.77 c	45.44	1.02	6.15

注:指标均值后字母不同说明不同省份之间该指标存在显著差异性。

　　由不同类型黄土塬面积指标方差分析结果(见表 4-4)可知,除破碎塬和靠山塬之间

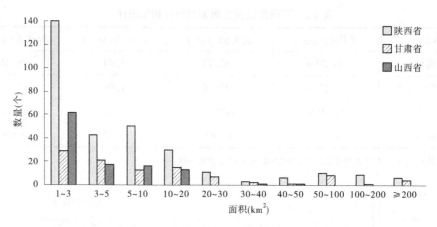

图 4-5 不同省份黄土塬面积分级情况统计

差异不显著外,其他各类型黄土塬面积之间均存在显著差异性,其中完整塬面积平均值最大,为 166.88 km²;台塬次之,为 28.69 km²;靠山塬(8.98 km²)和破碎塬(3.92 km²)面积平均值较小。不同类型黄土塬面积分级情况统计(见图 4-6)显示,各类型黄土塬面积分级存在差异,其中完整塬主要分布在 ≥40 km² 范围内;台塬在各等级均有分布,但集中分布在 1~20 km² 范围内,并且在 1~3 km² 等级分布比例最大;破碎塬主要分布在 1~20 km² 范围内,并且约60%分布在 1~3 km² 等级;靠山塬主要分布在 1~40 km² 范围内,且集中分布在 1~20 km² 范围内。

表 4-4 不同类型黄土塬面积特征指标统计

类型	平均值(km²)	最大值(km²)	最小值(km²)	标准差(km²)
完整塬	166.88 a	740.77	8.21	168.40
台塬	28.69 b	447.21	1.02	70.81
破碎塬	3.92 c	45.44	1.02	4.89
靠山塬	8.98 c	119.52	1.06	15.05

注:指标均值后字母不同说明不同类型之间该指标存在显著差异性。

4.2.2 黄土塬长度特征

研究区调查黄土塬长度平均值为 8.51 km,最大值为 80.07 km,最小值为 1.38 km,标准差为 9.74 km。根据黄土塬长度分级结果(见图 4-7),随着黄土塬长度等级的增加,黄土塬数量呈现先增加再减少趋势,峰值出现在 3~4 km 和 4~5 km 等级,数量分别为 90 个和 88 个,分别占调查黄土塬总数的 17.31% 和 16.92%;长度在 2~3 km 等级的黄土塬数量为 54 个,占调查黄土塬总数的 10.38%;长度在 5~6 km、6~7 km 和 10~15 km 等级的黄土塬数量分别为 47 个、45 个和 45 个,分别占调查黄土塬总数的 9.04%、8.65% 和 8.65%;其他等级黄土塬数量相对较少,在 6~36 个,每个等级黄土塬数量占调查黄土塬总数的比例均不足 7%。调查区黄土塬长度在空间分布上总体呈现由西向东减少、由北向南增加的趋势,但个别区域存在较离散的点(见图 4-8)。

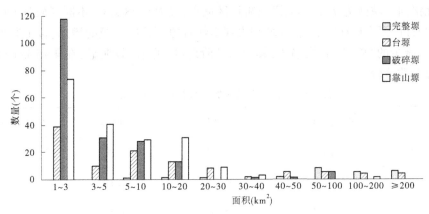

图4-6 不同类型黄土塬面积分级情况统计

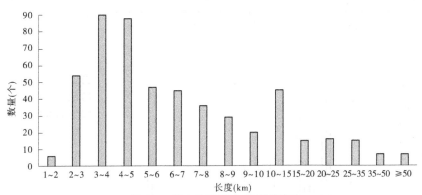

图4-7 黄土塬长度分级情况统计

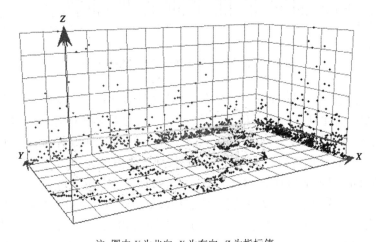

注:图中 Y 为北向,X 为东向,Z 为指标值。

图4-8 黄土塬长度空间分异特征

黄土塬长度特征在不同区域存在差异性(见表4-5),其中泾河流域区黄土塬长度平均值最大,为13.42 km,显著高于其他区域;渭北旱塬区次之,为8.72 km,显著高于沿黄阶地区;北洛河流域区为 7.47 km;沿黄阶地区最小,仅为 5.78 km。不同区域黄土塬长度分级情况统计(见图 4-9)显示,各区域均表现出随着塬面长度等级的增加,黄土塬数量呈现先增加再减少的"单峰"曲线趋势,其中沿黄阶地区"峰值"较明显,在 4~5 km 和 3~4 km 等级分布数量较多。

表 4-5　不同区域黄土塬长度特征指标统计

区域	平均值(km)	最大值(km)	最小值(km)	标准差(km)
泾河流域区	13.42 a	80.07	1.80	15.94
北洛河流域区	7.47 bc	31.76	2.10	6.37
渭北旱塬区	8.72 b	55.00	1.59	8.67
沿黄阶地区	5.78 c	23.68	1.38	3.55

注:指标均值后字母不同说明不同区域之间该指标存在显著差异性。

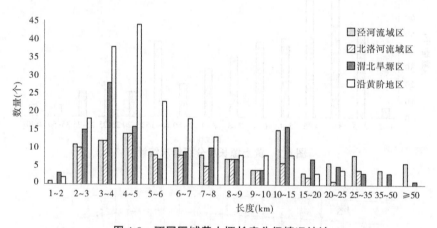

图 4-9　不同区域黄土塬长度分级情况统计

黄土塬长度特征在不同省份之间存在差异性(见表 4-6),甘肃省黄土塬长度平均值最高,为 13.03 km,尤其是西峰区和泾川县,黄土塬长度平均值分别为 68.90 km 和 71.15 km,另外镇原县黄土塬长度平均值也高达 32.71 km,这也是导致甘肃省黄土塬长度平均值最高的主要原因;陕西省也存在较大黄土塬长度平均值较大县,如彬县的 19.95 km、合阳县的 19.86 km,以及洛川县的 14.57 km,因此陕西省分布黄土塬长度平均值也相对较高(7.75 km);山西省各县黄土塬长度平均值均较低,均值最大的隰县仅为 8.60 km,因此山西省黄土塬长度平均值最低(6.47 km)。不同省份黄土塬长度分级情况统计(见图 4-10)显示,陕西省和山西省均表现出随着塬面长度等级的增加,黄土塬数量呈现先增加再减少的"单峰"曲线趋势,两个省的"峰值"均出现在长度较小的等级,其中陕西省的"峰值"出现在 3~4 km 等级,山西省的"峰值"出现在 4~5 km 等级;甘肃省在各长度等级均有分布,并且各等级分布数量差异较小。

表 4-6 不同省份黄土塬长度特征指标统计

省份	平均值（km）	最大值（km）	最小值（km）	标准差（km）
陕西	7.75 a	59.16	1.38	7.94
甘肃	13.03 b	80.07	1.80	15.91
山西	6.47a	23.68	1.97	4.16

注:指标均值后字母不同说明不同省份之间该指标存在显著差异性。

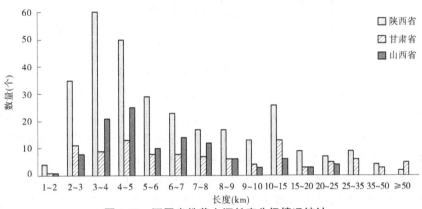

图 4-10 不同省份黄土塬长度分级情况统计

由不同类型黄土塬长度指标方差分析结果(见表 4-7)可知,完整塬长度平均值为 39.00 km,显著高于其他类型黄土塬;台塬长度平均值为 8.70 km,显著高于破碎塬(5.76 km);靠山塬长度平均值为 7.41 km,介于台塬和破碎塬之间。不同类型黄土塬长度分级情况统计(见图 4-11)显示,完整塬长度主要分布在 ≥10 km 范围内,并且在 25~35 km 和 ≥50 km 等级分布比例较大;破碎塬长度分布在 1~25 km 范围内,并且约有 75%黄土塬长度集中分布在 2~7 km 范围内;台塬和靠山塬长度分布趋势相似,在各等级均有分布,且分别在 4~5 km 和 10~15 km 等级各出现一个"峰值"。

表 4-7 不同类型黄土塬长度特征指标统计

类型	平均值（km）	最大值（km）	最小值（km）	标准差（km）
完整塬	39.00 a	80.07	11.49	19.05
台塬	8.70 b	55.00	1.59	9.00
破碎塬	5.76 c	23.68	1.38	3.55
靠山塬	7.41 bc	43.85	1.80	5.57

注:指标均值后字母不同说明不同类型之间该指标存在显著差异性。

4.2.3 黄土塬宽度特征

研究区调查黄土塬宽度平均值为 3.74 km,最大值为 34.06 km,最小值为 0.64 km,标准差为 3.92 km。根据黄土塬宽度分级结果(见图 4-12),塬面宽度小于 1 km 的塬有 19

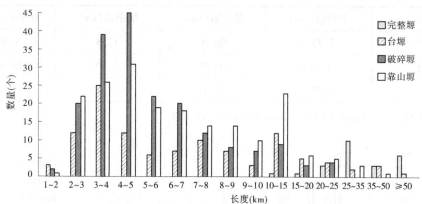

图 4-11　不同类型黄土塬长度分级情况统计

个,仅占调查黄土塬总数的3.65%;宽度≥1 km 的塬随着黄土塬宽度等级的增加,黄土塬数量呈现逐渐减少的趋势,塬面宽度在1~2 km 的塬数量为164个,占调查黄土塬总数的31.54%;塬面宽度在2~3 km 的塬数量为129个,占调查黄土塬总数的24.81%;塬面宽度在3~4 km 的塬数量为68个,占调查黄土塬总数的13.08%;塬面宽度在4~5 km 的塬数量为47个,占调查黄土塬总数的9.04%;塬面宽度在5~6 km 的塬数量为21个,占调查黄土塬总数的4.04%;其他等级黄土塬数量相对较少,为7~17个,每个等级黄土塬数量占调查黄土塬总数的比例均不足3.5%。调查区黄土塬宽度在空间分布上总体呈现由西向东减少,减少趋势在东部地区表现更明显,由北向南呈现增加的趋势,在北部区域增加的趋势更明显,但个别区域存在较离散的点(见图4-13)。

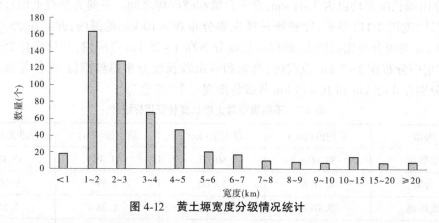

图 4-12　黄土塬宽度分级情况统计

黄土塬宽度特征在不同区域存在差异性(见表4-8),除北洛河流域区和渭北旱塬区黄土塬宽度差异不显著外,其他各区域间存在显著差异性,其中泾河流域区黄土塬宽度平均值最大,为5.46 km,该区域黄土塬宽度显著高于其他区域;沿黄阶地区黄土塬宽度平均值最小,为2.52 km,该区域黄土塬宽度显著低于其他区域。不同区域黄土塬宽度分级情况统计(见图4-14)显示,各区域均表现出随着塬面宽度等级的增加,黄土塬数量呈现先增加再减少的“单峰”曲线趋势,各区域在1~2 km 和2~3 km 等级分布数量最多,其中

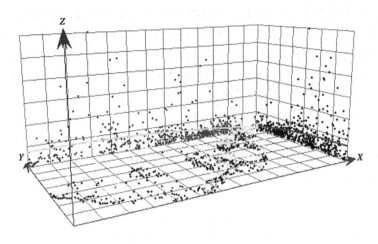

注:图中 Y 为北向, X 为东向, Z 为指标值。

图 4-13 黄土塬宽度空间分异特征

沿黄阶地区在这两个等级分布的黄土塬比例最大。

表 4-8 不同区域黄土塬宽度特征指标统计

区域	平均值(km)	最大值(km)	最小值(km)	标准差(km)
泾河流域区	5.46 a	34.06	0.90	5.65
北洛河流域区	3.77 b	19.53	1.10	3.51
渭北旱塬区	3.95 b	24.48	0.64	4.20
沿黄阶地区	2.52 c	10.58	0.96	1.35

注:指标均值后字母不同说明不同区域之间该指标存在显著差异性。

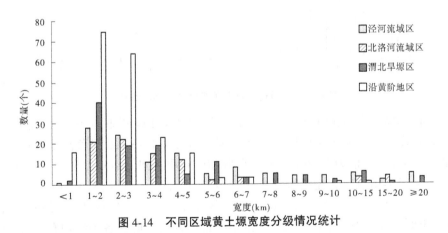

图 4-14 不同区域黄土塬宽度分级情况统计

黄土塬宽度特征在不同省份存在差异(见表 4-9),甘肃省黄土塬宽度平均值最高,为 5.22 km,显著高于陕西省(3.60 km)和山西省(2.72 km)。甘肃省各县黄土塬宽度平均值相对较大,尤其是西峰区和泾川县,黄土塬宽度平均值分别为 34.06 km 和 20.99 km,另外镇原县黄土塬宽度平均值也高达 9.31 km,这也是导致甘肃省黄土塬宽度平均值最高的主要原因;陕西省也存在较大黄土塬宽度平均值较大县,如合阳县的 9.74 km、彬县的 8.84 km 以及洛川县的 7.43 km,因此陕西省分布黄土塬宽度平均值也相对较高;山西省各县黄土塬宽度平均值均较低,均值最大的隰县仅为 3.05 km,因此山西省黄土塬宽度平均值最低。不同省份黄土塬宽度分级情况统计(见图 4-15)显示,3 省均表现出随着塬面宽度等级的增加,黄土塬数量呈现先增加再减少的"单峰"曲线趋势,"峰值"均出现在宽度较小的等级,甘肃省的"峰值"出现在 3~4 km 等级,并且甘肃省在各宽度等级分布数量差异较小,陕西省和山西省的"峰值"出现在 1~2 km 等级,而山西省在宽度等级 ≥7 km 等较大宽度等级没有黄土塬分布。

表 4-9 不同省份黄土塬宽度特征指标统计

省份	平均值(km)	最大值(km)	最小值(km)	标准差(km)
陕西	3.60 a	26.78	0.64	3.88
甘肃	5.22 b	34.06	1.16	5.24
山西	2.72 a	10.58	0.97	1.58

注:指标均值后字母不同说明不同省份之间该指标存在显著差异性。

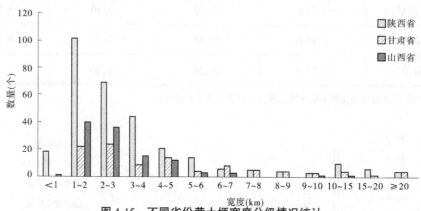

图 4-15 不同省份黄土塬宽度分级情况统计

由不同类型黄土塬宽度指标方差分析结果(见表 4-10)可知,完整塬宽度平均值为 14.90 km,显著高于其他类型黄土塬;台塬宽度平均值为 4.13 km,显著高于破碎塬(2.51 km);靠山塬宽度平均值为 3.36 km,介于台塬和破碎塬之间。不同类型黄土塬宽度分级情况统计(见图 4-16)显示,完整塬宽度主要分布在 ≥4 km 范围内,并且在 15~20 km、10~15 km 和 ≥20 km 等级分布比例较大;破碎塬宽度主要分布在 1~7 km 范围内,并且约有 73% 黄土塬宽度集中分布在 1~2 km 和 2~3 km 等级;台塬在各等级均有分布,并且近 70% 分布在 1~4 km 范围;靠山塬在 1~15 km 范围内各等级均有分布,约 50% 的塬宽度分布在 1~2 km 和 2~3 km 等级。

表 4-10 不同类型黄土塬宽度特征指标统计

类型	平均值(km)	最大值(km)	最小值(km)	标准差(km)
完整塬	14.90 a	34.06	4.84	7.41
台塬	4.13 b	24.48	0.64	4.47
破碎塬	2.51 c	10.58	0.90	1.35
靠山塬	3.36 bc	13.54	0.88	2.16

注:指标均值后字母不同说明不同类型之间该指标存在显著差异性。

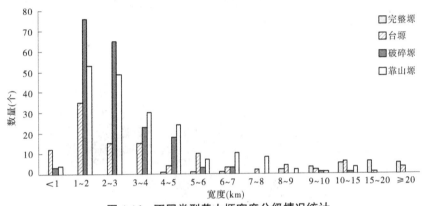

图 4-16 不同类型黄土塬宽度分级情况统计

4.2.4 黄土塬长宽比

研究区调查黄土塬长宽比平均值为 2.44,最大值为 11.15,最小值为 1,标准差为 1.12。根据黄土塬长宽比分级结果(见图 4-17),随着黄土塬长宽比等级的增加,黄土塬数量呈现逐渐减少的趋势,长宽比在 1~2 等级的黄土塬数量最多,为 212 个,占调查黄土塬总数的 40.77%;长宽比在 2~3 等级的黄土塬数量次之,为 183 个,占调查黄土塬总数的 35.19%;长宽比在 3~4 等级的黄土塬数量为 82 个,占调查黄土塬总数的 15.77%;长宽比在 4~5 等级的黄土塬数量为 25 个,占调查黄土塬总数的 4.81%;长宽比在 ≥5 等级的黄土塬数量最少,仅为 18 个,占调查黄土塬总数的 3.46%。调查区黄土塬长宽比在空间上呈现如下分布趋势:在东西向分布上,基本呈现平稳变化的趋势,只是在中部区域有小幅下降;在南北向分布上,呈现明显的先减少再增加的趋势,即靠近南部区域和靠近北部区域的黄土塬长宽比要高于中部区域(见图 4-18)。

黄土塬长宽比指标在不同区域存在差异(见表 4-11),除北洛河流域区和渭北旱塬区黄土塬长宽比差异较显著外,其他各区域间差异性不显著,其中渭北旱塬区黄土塬长宽比平均值最大,为 2.62;北洛河流域区黄土塬长宽比平均值最小,为 2.16。各区域均表现出随着塬面长宽比等级的增加,黄土塬数量呈现逐渐减少的趋势,各区域在 1~2 和 2~3 等级分布数量最多(见图 4-19)。

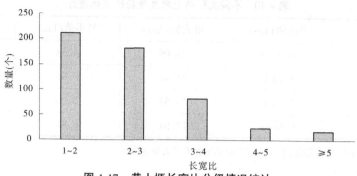

图 4-17　黄土塬长宽比分级情况统计

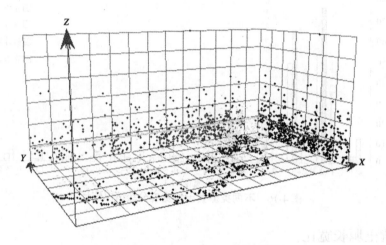

注:图中 Y 为北向, X 为东向, Z 为指标值。

图 4-18　黄土塬长宽比空间分异特征

表 4-11　不同区域黄土塬长宽比指标统计

区域	平均值	最大值	最小值	标准差
泾河流域区	2.40 ab	6.84	1.02	1.12
北洛河流域区	2.16 b	5.36	1.01	0.86
渭北旱塬区	2.62 a	11.15	1.01	1.33
沿黄阶地区	2.45 ab	6.84	1.00	1.05

注:指标均值后字母不同说明不同区域之间该指标存在显著差异性。

　　不同省份黄土塬长宽比平均值之间没有显著差异(见表 4-12),山西省黄土塬长宽比平均值最大,为 2.55,长宽比均值最大的县为隰县(3.20),最小的县为乡宁县(2.12);陕西省黄土塬长宽比平均值为 2.43,长宽比均值最大的县为旬邑县(3.37),最小的县为甘泉县(1.49);甘肃省黄土塬长宽比均值最小,为 2.33,长宽比均值最大的县为泾川县(3.28),最小的县为正宁县(1.82)。不同省份黄土塬长宽比分级情况统计(见图 4-20)显示,3 省均表现出随着塬面长宽比等级的增加,黄土塬数量呈现逐渐减少的趋势。

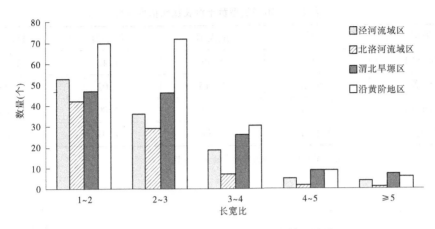

图 4-19 不同区域黄土塬长宽比分级情况统计

表 4-12 不同省份黄土塬长宽比指标统计

省份	平均值	最大值	最小值	标准差
陕西	2.43 a	11.15	1.01	1.15
甘肃	2.33 a	6.84	1.02	1.07
山西	2.55 a	6.84	1.00	1.10

注:指标均值后字母不同说明不同省份之间该指标存在显著差异性。

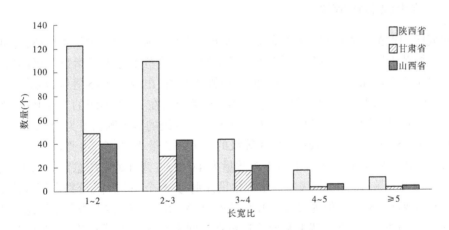

图 4-20 不同省份黄土塬长宽比分级情况统计

不同类型黄土塬长宽比之间没有显著差异性(见表 4-13),完整塬长宽比平均值最大,为 2.81;靠山塬最小,为 2.33。不同类型黄土塬长宽比分级情况统计(见图 4-21)显示,完整塬和破碎塬长宽比在 2~3 等级分布数量最多,台塬和靠山塬则在 1~2 等级分布最多,随着等级的增加,黄土塬数量呈现逐渐降低的趋势。

表 4-13　不同类型黄土塬长宽比指标统计

类型	平均值	最大值	最小值	标准差
完整塬	2.81 a	5.46	1.43	1.07
台塬	2.53 a	11.15	1.02	1.34
破碎塬	2.44 a	6.84	1.00	1.04
靠山塬	2.33 a	6.84	1.01	1.07

注:指标均值后字母不同说明不同类型之间该指标存在显著差异性。

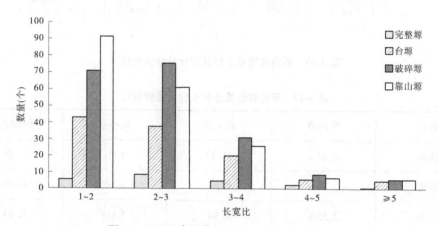

图 4-21　不同类型黄土塬长宽比分级情况统计

4.2.5　黄土塬形状指数

研究区调查黄土塬形状指数平均值为 5.63,最大值为 27,最小值为 1.18,标准差为 3.41。根据黄土塬形状指数分级结果(见图 4-22),随着黄土塬形状指数等级的增加,黄土塬数量呈现先增加再减少的"单峰"曲线趋势,"峰值"出现在 4~5 等级,该等级黄土塬数量为 94 个,占调查黄土塬总数的 18.08%;形状指数在 3~4 等级的黄土塬数量为 90 个,占调查黄土塬总数的 17.31%;形状指数在 5~6 等级的黄土塬数量为 79 个,占调查黄土塬总数的 15.19%;形状指数在 2~3 等级的黄土塬数量为 67 个,占调查黄土塬总数的 12.88%;形状指数在 6~7 等级的黄土塬数量为 48 个,占调查黄土塬总数的 9.23%;形状指数在 7~8 等级和 10~15 等级的黄土塬数量分别为 36 个和 32 个,分别占调查黄土塬总数的 6.92% 和 6.15%;其他等级黄土塬数量较少,为 16~24 个,占调查黄土塬总数的比例在 3.08%~4.62%。调查区黄土塬形状指数在空间上呈现如下分布趋势:在东西向分布上,呈现先减小再增加的趋势,总体上东部区域稍高于西部区域;在南北向分布上,呈现明显的由北向南逐渐减少的趋势(见图 4-23)。

黄土塬形状指数在不同区域存在差异性(见表 4-14),渭北旱塬区黄土塬形状指数平均值最低,仅为 3.57,显著低于其他区域。不同区域黄土塬形状指数分级情况统计(见图 4-24)显示,各区域均表现出随着塬面形状指数等级的增加,黄土塬数量呈现先增加再减少的"单峰"曲线趋势,但各区域"峰值"存在差异。其中,泾河流域区"峰值"出现在

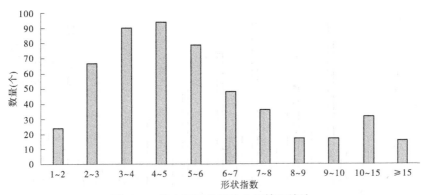

图 4-22 黄土塬形状指数分级情况统计

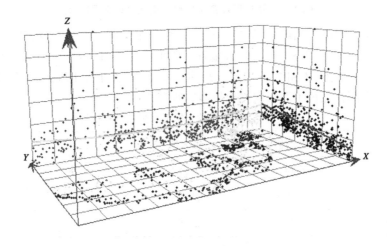

注:图中 Y 为北向, X 为东向, Z 为指标值

图 4-23 黄土塬形状指数空间分异特征

3~4、4~5 和 5~6 等级,北洛河流域区"峰值"出现在 3~4 等级,渭北平原区"峰值"出现在 2~3 等级,沿黄阶地区"峰值"出现在 4~5 等级。

表 4-14 不同区域黄土塬形状指数指标统计

区域	平均值	最大值	最小值	标准差
泾河流域区	6.27 a	27.00	1.42	4.09
北洛河流域区	5.96 a	20.83	2.15	3.57
渭北旱塬区	3.57 b	16.79	1.18	2.08
沿黄阶地区	6.54 a	22.05	2.57	3.03

注:指标均值后字母不同说明不同区域之间该指标存在显著差异性。

黄土塬形状指数指标在不同省份存在显著差异性(见表 4-15),其中山西省黄土形状指数平均值最大,为 7.30;甘肃省次之,为 6.30;陕西省最小,仅为 4.84。不同省份黄土塬形状指数分级情况统计(见图 4-25)显示,各省均表现出随着塬面形状指数等级的增

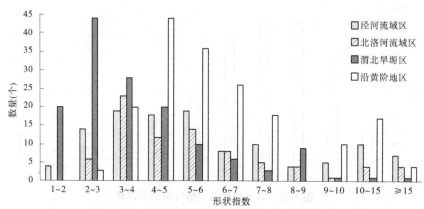

图 4-24 不同区域黄土塬形状指数分级情况统计

加,黄土塬数量呈现减少的趋势,但各省在各等级分布比例存在差异性,陕西省主要集中
分布在 2~3、3~4、4~5 和 5~6 等级,甘肃省主要集中在 3~4、4~5 和 5~6 等级,山西省主
要集中在 4~5、5~6、6~7 和 7~8 等级。总体来看,陕西省在黄土塬形状指数较低等级分
布比例较高,山西省在黄土塬形状指数较高等级分布比例较高。

表 4-15 不同省份黄土塬形状指数指标统计

省份	平均值	最大值	最小值	标准差
陕西	4.84 a	20.83	1.18	2.87
甘肃	6.30 b	27.00	1.42	4.09
山西	7.30 c	22.05	3.31	3.43

注:指标均值后字母不同说明不同省份之间该指标存在显著差异性。

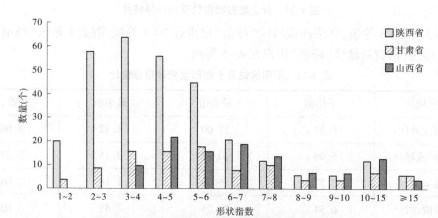

图 4-25 不同省份黄土塬形状指数分级情况统计

由不同类型黄土塬形状指数指标存在差异性(见表 4-16),完整塬形状指数平均值为
14.32,显著高于其他类型黄土塬;台塬形状指数平均值最低,为 3.77。不同类型黄土塬
形状指数分级情况统计(见图 4-26)显示,完整塬形状指数只分布在 10~15 和 ≥15 等级;

台塬随着形状指数等级的增加呈现先增加再降低的趋势,"峰值"出现在 2~3 等级;破碎塬形状指数分布在≥2 范围内,并且呈现"双峰"曲线趋势,峰值分别出现在 4~5 等级和 10~15 等级;靠山塬主要分布在 1~10 范围,随着形状指数的增加呈现"单峰"曲线,"峰值"出现在 3~4 等级。

表 4-16　不同类型黄土塬形状指数指标统计

类型	平均值	最大值	最小值	标准差
完整塬	14.32 a	27.00	10.04	4.36
台塬	3.77 b	16.79	1.18	2.50
破碎塬	6.43 c	22.05	2.57	3.07
靠山塬	4.83 d	9.85	1.42	1.90

注:指标均值后字母不同说明不同类型之间该指标存在显著差异性。

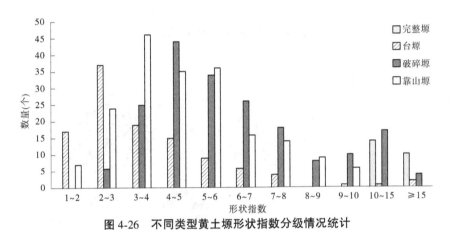

图 4-26　不同类型黄土塬形状指数分级情况统计

4.3　黄土塬地势起伏特征

4.3.1　黄土塬高程特征

研究区调查黄土塬高程平均值为 1 108.34 m,最大值为 1 718.33 m,最小值为 359.91 m,标准差为 245.02 m。根据黄土塬高程分级结果(见图 4-27),随着黄土塬高程等级的增加,黄土塬数量呈现先增加再减少的"单峰"曲线趋势,"峰值"出现在 1 000~1 200 m 等级,该等级黄土塬数量为 190 个,占调查黄土塬总数的 36.54%;高程在 1 200~1 400 m 等级的黄土塬数量为 115 个,占调查黄土塬总数的 22.12%;高程在 800~1 000 m 等级的黄土塬数量为 111 个,占调查黄土塬总数的 21.35%;高程在 1 400~1 600 m 等级的黄土塬数量为 58 个,占调查黄土塬总数的 11.15%;高程在 400~600 m 等级的黄土塬数量为 19 个,占调查黄土塬总数的 3.65%;高程在 600~800 m 等级的黄土塬数量为 16 个,占调查黄土塬总数的 3.08%;高程在>1 600 m 和≤400 m 等级的黄土塬数量较少,分别为 6 个和 5 个,分别占调查黄土塬总数的 1.15% 和 0.96%。调查区黄土塬高程由西向东呈现明显的逐渐降低的趋势,由北向南方向上则呈现先小幅增加再下降的趋势,总体上北部区域高程要高于南部区域(见图 4-28)。

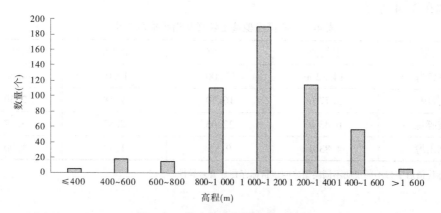

图 4-27　黄土塬高程分级情况统计

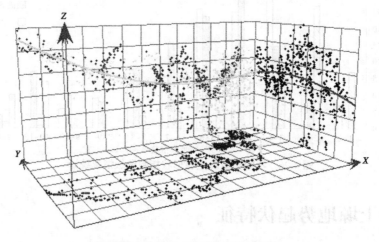

注:图中 *Y* 为北向,*X* 为东向,*Z* 为指标值。

图 4-28　黄土塬高程空间分异特征

黄土塬高程指标在不同区域存在差异性(见表 4-17),其中泾河流域区黄土塬高程平均值最大,为 1 383.12 m;其次是北洛河流域区,高程平均值为 1 192.86 m;再次是沿黄阶地区,高程平均值为 1 069.81 m;渭北旱塬区黄土塬高程平均值最低,为 872.53 m。不同区域黄土塬高程分级情况统计(见图 4-29)显示,各区域均表现出随着塬面高程等级的增加,黄土塬数量呈现先增加再减少的“单峰”曲线趋势,其中泾河流域区主要分布在 1 200~1 400 m 和 1 400~1 600 m 等级;北洛河流域区的“峰值”在 1 000~1 200 m 等级,另外在 1 200~1 400 m 等级也有较大比例分布;渭北旱塬区黄土塬高程主要分布在 ≤1 200 m 等级,其中“峰值”出现在 1 000~1 200 m 等级,在 800~1 000 m 等级也有较大比例分布;沿黄阶地区“峰值”出现在 1 000~1 200 m 等级,另外在 800~1 000 m 和 1 200~1 400 m 等级也有较大比例分布。

表 4-17　不同区域黄土塬高程特征指标统计

区域	平均值(m)	最大值(m)	最小值(m)	标准差(m)
泾河流域区	1 383.12 a	1 718.33	1 058.71	132.77
北洛河流域区	1 192.86 b	1 455.84	907.36	122.27
渭北旱塬区	872.53 c	1 322.41	359.91	238.59
沿黄阶地区	1 069.81 d	1 420.99	793.97	133.30

注:指标均值后字母不同说明不同区域之间该指标存在显著差异性。

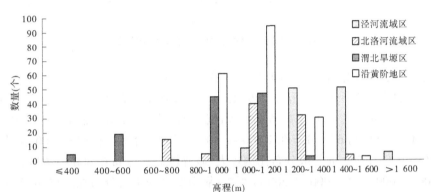

图 4-29　不同区域黄土塬高程分级情况统计

　　黄土塬高程指标在不同省份存在显著差异性(见表 4-18),其中甘肃省黄土塬高程平均值最大,为 1 411.23 m;山西省次之,为 1 080.05;陕西省最小,为 1 020.52 m。陕西省黄土塬高程平均值在各县之间差异较大,最低的县为韩城市(466.55 m),最高的县为旬邑县(1 299.8 m);甘肃省各县黄土塬高程平均值分布较集中,如平均值最高的崆峒区为 1 502.01 m,平均值最低的泾川为 1 224.33 m;山西省各县黄土塬高程平均值分布也较集中,但整体表现小于甘肃省,如平均值最高的隰县为 1 209.7 m,平均值最低的乡宁县为 958.59 m。不同省份黄土塬高程分级情况统计(见图 4-30)显示,各省均表现出随着塬面高程等级的增加,黄土塬数量呈现先增加再减少的"单峰"曲线趋势,陕西省"峰值"出现在 1 000~1 200 m 等级,并且在 800~1 000 m 和 1 200~1 400 m 等级也有较大比例分布;甘肃省主要分布在 1 400~1 600 m 和 1 200~1 400 m 等级,>1 600 等级也有少量分布,其他等级分布较少;山西省"峰值"出现在 1 000~1 200 m 等级,并且在 800~1 000 m 和 1 200~1 400 m 等级也有较大比例分布,其他等级分布较少。

表 4-18　不同省份黄土塬高程特征指标统计

省份	平均值(m)	最大值(m)	最小值(m)	标准差(m)
陕西	1 020.52 a	1 455.84	359.91	225.78
甘肃	1 411.23 b	1 718.33	1 136.47	114.01
山西	1 080.05 c	1 420.99	793.97	146.64

注:指标均值后字母不同说明不同省份之间该指标存在显著差异性。

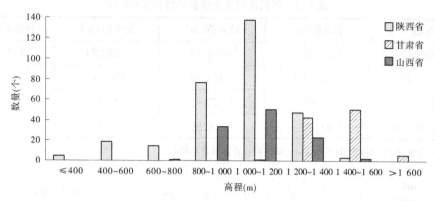

图 4-30　不同省份黄土塬高程分级情况统计

由不同类型黄土塬高程指标方差分析结果(见表 4-19)可知,靠山塬和完整塬高程平均值较大,分别为 1 296.96 m 和 1 249.13 m,显著高于破碎塬(1 066.88 m)和台塬(822.32 m)。不同类型黄土塬高程分级情况统计(见图 4-31)显示,完整塬高程在 1 000~1 600 m,其中约 67% 分布在 1 200~1 400 m 等级;台塬高程均<1 200 m,在 800~1 000 m 和 1 000~1 200 m 等级分布比例较大;破碎塬高程分布在 600~1 600 m,约 80% 分布在 800~1 000 m 和 1 000~1 200 m 等级;靠山塬高程主要分布在>800 m 范围,其中 95% 集中分布在 1 000~1 600 m。

表 4-19　不同类型黄土塬高程特征指标统计

类型	平均值(m)	最大值(m)	最小值(m)	标准差(m)
完整塬	1 249.13 a	1 400.41	1 073.71	96.45
台塬	822.32 b	1 079.78	359.91	224.10
破碎塬	1 066.88 c	1 407.90	737.36	140.48
靠山塬	1 296.96 a	1 718.33	970.20	161.03

注:指标均值后字母不同说明不同类型之间该指标存在显著差异性。

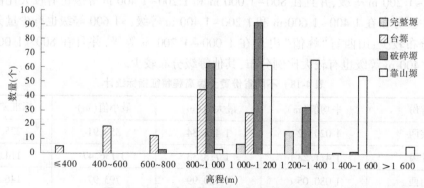

图 4-31　不同类型黄土塬高程分级情况统计

4.3.2 黄土塬坡度特征

研究区调查黄土塬坡度特征平均值为7.63°,最大值为15.66°,最小值为1.89°,标准差为2.4°。根据黄土塬坡度分级结果(见图4-32),随着黄土塬坡度等级的增加,黄土塬数量呈现先增加再减少的"单峰"曲线趋势,"峰值"出现在5°~8°等级,该等级黄土塬数量为238个,占调查黄土塬总数的45.77%;8°~15°等级的黄土塬数量次之,为210个,占调查黄土塬总数的40.38%;坡度在2°~5°等级的黄土塬数量为68个,占调查黄土塬总数的13.08%;坡度在>15°和≤2°等级的黄土塬数量较少,分别为3个和1个,分别占调查黄土塬总数的0.58%和0.19%。调查区黄土塬坡度东西方向上分布较离散,基本呈现平稳的趋势,由北向南则呈现明显的下降趋势,越向南地势越趋于平缓(见图4-33)。

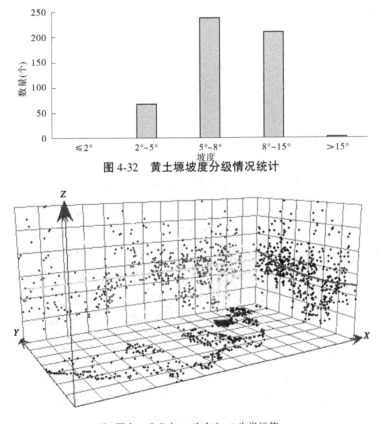

图4-32 黄土塬坡度分级情况统计

注:图中 Y 为北向,X 为东向,Z 为指标值。

图4-33 黄土塬坡度空间分异特征

黄土塬坡度指标在不同区域存在差异性(见表4-20),不同区域黄土塬坡度之间存在显著差异性,其中北洛河流域区和沿黄阶地区坡度平均值较大,分别为8.33°和8.28°,显著高于泾河流域区(7.16°)和渭北旱塬区(6.68°)。不同区域黄土塬坡度分级情况统计(见图4-34)显示,各区域坡度主要集中分布在2°~5°、5°~8°和8°~15°等级,泾河流域区、渭北旱塬区和沿黄阶地区"峰值"均出现在5°~8°等级,北洛河流域区"峰值"出现在8°~15°等级。

表 4-20　不同区域黄土塬坡度特征指标统计

区域	平均值(°)	最大值(°)	最小值(°)	标准差(°)
泾河流域区	7.16 a	15.66	3.09	2.90
北洛河流域区	8.33 b	11.02	5.96	1.11
渭北旱塬区	6.68 a	13.83	1.89	2.71
沿黄阶地区	8.28 b	15.51	3.69	1.92

注:指标均值后字母不同说明不同区域之间该指标存在显著差异性。

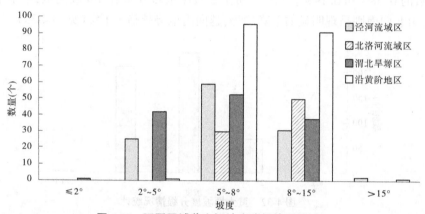

图 4-34　不同区域黄土塬坡度分级情况统计

　　黄土塬坡度指标在不同省份存在差异性(见表 4-21),山西省黄土塬平均坡度值最大,为 8.31°,显著高于陕西省(7.53°)和甘肃省(7.21°)。陕西省黄土塬坡度平均值在各县之间差异较大,最低的县为韩城市(3.99°),最高的县为甘泉县(12.15°);甘肃省黄土塬坡度平均值在各县之间差异也较大,最低的为西峰区(3.61°),最高的为正宁县(11.06°);山西省各县黄土塬坡度平均值分布较集中,如平均值最低的为汾西县(7.58°),最高的为吉县(9.06°)。不同省份黄土塬坡度分级情况统计(见图 4-35)显示,各省均表现出随着塬面坡度等级的增加,黄土塬数量呈现先增加再减少的"单峰"曲线趋势,陕西省在各等级均有分布,5°~8°等级分布数量最多,其次是 8°~15°等级;甘肃省 5°~8°等级分布数量最多,另外在 8°~15°和 2°~5°等级也有较大比例分布;山西省主要分布在 5°~8°和 8°~15°等级,2°~5°等级只分布一个黄土塬,其他等级没有黄土塬分布。

表 4-21　不同省份黄土塬坡度特征指标统计

省份	平均值(°)	最大值(°)	最小值(°)	标准差(°)
陕西	7.53 a	15.51	1.89	2.25
甘肃	7.21 a	15.66	3.09	3.01
山西	8.31 b	14.17	3.69	1.98

注:指标均值后字母不同说明不同省份之间该指标存在显著差异性。

　　由不同类型黄土塬坡度特征指标方差分析结果(见表 4-22)可知,破碎塬和靠山塬坡

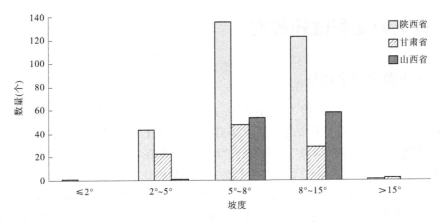

图4-35　不同省份黄土塬坡度分级情况统计

度平均值较大,分别为8.14°和8.06°,显著高于台塬(6.41°)和完整塬(5.54°)。不同类型黄土塬坡度分级情况统计(见图4-36)显示,完整塬约有95%塬坡度在2°~8°范围内;台塬主要分布在2°~5°、5°~8°和8°~15°坡度等级,其中约有70%分布在2°~8°范围;破碎塬和靠山塬则主要分布在5°~8°和8°~15°坡度等级。

表4-22　不同类型黄土塬坡度特征指标统计

类型	平均值(°)	最大值(°)	最小值(°)	标准差(°)
完整塬	5.54 a	8.55	3.61	1.35
台塬	6.41 b	13.05	1.89	2.70
破碎塬	8.14 c	15.51	3.69	1.94
靠山塬	8.06 c	15.66	3.09	2.38

注:指标均值后字母不同说明不同类型之间该指标存在显著差异性。

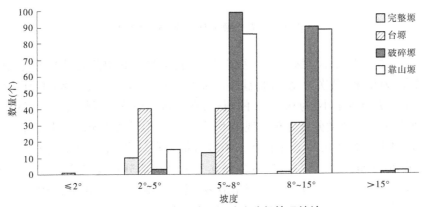

图4-36　不同类型黄土塬坡度分级情况统计

4.4 黄土塬完整破碎程度

4.4.1 黄土塬完整度特征

研究区调查黄土塬完整度平均值为 0.28,最大值为 1,最小值为 0.01,标准差为 3.41。根据黄土塬完整度分级结果(见图 4-37),随着黄土塬完整度等级的增加,黄土塬数量呈现先增加再减少的"单峰"曲线趋势,"峰值"出现在 0.1~0.2 等级,该等级黄土塬数量为 193 个,占调查黄土塬总数的 37.12%;完整度在 0.2~0.3 等级的黄土塬数量次之,为 136 个,占调查黄土塬总数的 26.15%;完整度在<0.1、0.3~0.4、0.4~0.5 和 0.5~0.6 等级的黄土塬数量较接近,分别为 41 个、39 个、44 个和 42 个,分别占调查黄土塬总数的 7.88%、7.50%、8.46%和 8.08%;完整度在 0.6~0.7、0.7~0.8 和≥0.8 等级的黄土塬数量较少,分别为 8 个、10 个和 7 个,分别占调查黄土塬总数的 1.54%、1.92%和 1.35%。调查区黄土塬完整度自西向东呈现先增加后减小的"单峰"曲线趋势,自北向南则呈现逐渐增加的趋势(见图 4-38)。

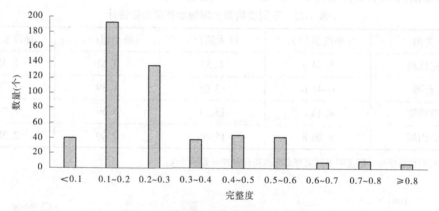

图 4-37 黄土塬完整度分级情况统计

黄土塬完整度指标不同区域存在差异性(见表 4-23),其中渭北旱塬区黄土塬完整度平均值最大,为 0.50,其次为北洛河流域区(0.26),再次为泾河流域区(0.21),沿黄阶地区黄土塬平均完整度最小,为 0.16。不同区域黄土塬完整度分级情况统计(见图 4-39)显示,各区域黄土塬完整度分级分布表现出不同特征,其中泾河流域区黄土塬完整度主要分布在<0.5 范围,并且在 0.1~0.2 和 0.2~0.3 等级分布较多;北洛河流域区黄土塬完整度主要分布在<0.5 范围,并且在 0.2~0.3 和 0.3~0.4 等级分布较多;渭北旱塬区主要分布在≥0.2 范围,并且在 0.5~0.6 等级分布最多;沿黄阶地区只在<0.3 范围内有分布,并且在 0.2~0.3 等级分布最多。

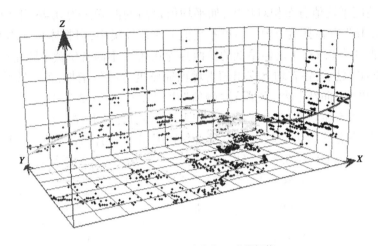

注:图中 Y 为北向,X 为东向,Z 为指标值。

图 4-38　黄土塬完整度空间分异特征

表 4-23　不同区域黄土塬完整度指标统计

区域	平均值	最大值	最小值	标准差
泾河流域区	0.21 a	0.56	0.03	0.09
北洛河流域区	0.26 b	0.60	0.06	0.12
渭北旱塬区	0.50 c	1.00	0.27	0.17
沿黄阶地区	0.16 d	0.25	0.01	0.05

注:指标均值后字母不同说明不同区域之间该指标存在显著差异性。

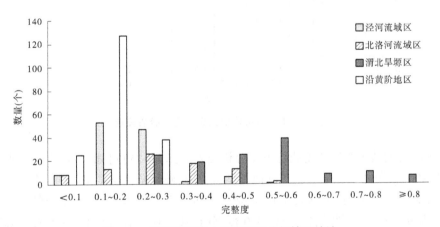

图 4-39　不同区域黄土塬完整度分级情况统计

　　黄土塬完整度指标在不同省份存在差异性(见表 4-24),其中陕西省黄土塬完整度平均值最大,为 0.35;甘肃省次之,为 0.20;山西省最小,为 0.14。陕西省黄土塬完整度平均值在各县之间差异较大,最低的县为甘泉县(0.04),最高的县为合阳县(0.74);甘肃省各县黄土塬完整度平均值分布相对集中,如平均值最高的西峰区为 0.46,平均值最低的合水县为 0.16;山西省各县黄土塬完整度平均值分布也较集中,但整体表现均值较低,如平均值最高的吉县为 0.18,平均值最低的汾西县为 0.03。不同省份黄土塬完整度分级情况统计(见图 4-40)显示,各省均表现出随着塬面完整度等级的增加,黄土塬数量呈现先增加再减少的"单峰"曲线趋势,陕西省"峰值"出现在 0.2~0.3 等级,并且在 0.1~0.2、0.3~0.4、0.4~0.5 和 0.5~0.6 等级也有较大比例分布;甘肃省主要分布在 0.1~0.2 和 0.2~0.3 等级,其他等级分布较少,≥0.5 等级没有分布;山西省"峰值"出现在 0.1~0.2 等级,并且在 <0.1 和 0.2~0.3 等级也有一定比例分布,≥0.3 等级没有分布。

表 4-24 不同省份黄土塬完整度指标统计

省份	平均值	最大值	最小值	标准差
陕西	0.35 a	1.00	0.06	0.19
甘肃	0.20 b	0.46	0.03	0.07
山西	0.14 c	0.23	0.01	0.05

注:指标均值后字母不同说明不同省份之间该指标存在显著差异性。

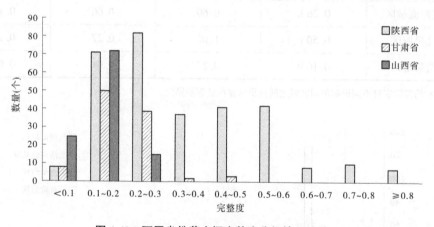

图 4-40 不同省份黄土塬完整度分级情况统计

由不同类型黄土塬完整度指标方差分析结果(见表 4-25)可知,台塬完整度平均值最高,为 0.496,台塬完整度显著高于其他类型黄土塬;破碎塬完整度平均值最低,为 0.169,破碎塬完整度显著低于其他类型黄土塬。不同类型黄土塬完整度分级情况统计(见图 4-41)显示,完整塬完整度分布在 <0.6 范围内,其中 67% 分布在 0.1~0.3;台塬完整度分布在 ≥0.2 范围内,其中在 0.2~0.6 范围内分布较多,约占 80%;破碎塬完整度集中分布在 <0.3 范围内,其中约 65% 分布在 0.1~0.2 等级;靠山塬主要分布在 <0.6 范围内,其中约有 65% 的靠山塬完整度分布在 0.1~0.2 和 0.2~0.3 等级。

表 4-25 不同类型黄土塬完整度指标统计

类型	平均值	最大值	最小值	标准差
完整塬	0.255 a	0.560	0.065	0.118
台塬	0.496 b	1.000	0.267	0.179
破碎塬	0.169 c	0.675	0.010	0.082
靠山塬	0.259 a	0.789	0.010	0.137

注:指标均值后字母不同说明不同类型之间该指标存在显著差异性。

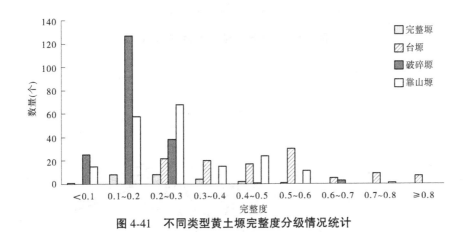

图 4-41 不同类型黄土塬完整度分级情况统计

4.4.2 黄土塬破碎度特征

研究区调查黄土塬破碎度平均值为 0.25,最大值为 3.88,最小值为 0.003,标准差为 0.43。根据黄土塬破碎度分级结果(见图 4-42),随着黄土塬破碎度等级的增加,黄土塬数量呈现先增加再减少的"单峰"曲线趋势,"峰值"出现在 0.1~0.3 等级,该等级黄土塬数量为 209 个,占调查黄土塬总数的 40.19%;破碎度 0.3~0.5、0.03~0.05 和 0.05~0.1 等级的黄土塬数量次之,分别为 87 个、77 个和 62 个,分别占调查黄土塬总数的 16.73%、14.81% 和 11.92%;破碎度在 ≥0.5 和 0.01~0.03 等级的黄土塬数量稍少,分别为 38 个和 32 个,分别占调查黄土塬总数的 7.31% 和 6.15%;破碎度在 <0.01 等级的黄土塬数量最少,为 15 个,仅占调查黄土塬总数的 2.88%。调查区黄土塬破碎度变化趋势与完整度相反,自西向东呈现先减小后增加的趋势,自北向南则呈现逐渐降低的趋势(见图 4-43)。

黄土塬破碎度指标在不同区域存在差异性(见表 4-26),不同区域黄土塬破碎度之间存在显著差异性,其中沿黄阶地区黄土塬平均破碎度值最大,为 0.488,该区域黄土塬破碎度显著高于其他区域。不同区域黄土塬破碎度分级情况统计(见图 4-44)显示,各区域黄土塬破碎度分级分布表现出不同特征,其中泾河流域区黄土塬破碎度在各等级均有分布,并且集中分布于 0.03~0.05、0.05~0.1 和 0.1~0.3 等级;北洛河流域区黄土塬破碎度分布在 0.01~0.3,并且在 0.1~0.3 和 0.03~0.05 等级分布比例较大;渭北旱塬区黄土

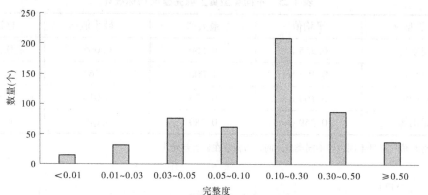

图 4-42　黄土塬破碎度分级情况统计

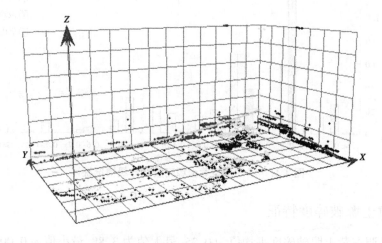

注:图中 Y 为北向,X 为东向,Z 为指标值。

图 4-43　黄土塬破碎度空间分异特征

塬破碎度分布在<0.05 范围内,且在 0.1~0.3 等级分布比例最大;沿黄阶地区只在 0.1~
0.3、0.3~0.5 和≥0.5 等级有分布,并且随着等级的增加,黄土塬数量呈逐渐降低的
趋势。

表 4-26　不同区域黄土塬破碎度指标统计

区域	平均值(个/ km²)	最大值(个/ km²)	最小值(个/ km²)	标准差(个/ km²)
泾河流域区	0.138 a	0.996	0.003	0.164
北洛河流域区	0.101 a	0.208	0.030	0.054
渭北旱塬区	0.092 a	0.401	0.003	0.071
沿黄阶地区	0.488 b	3.878	0.193	0.623

注:指标均值后字母不同说明不同区域之间该指标存在显著差异性。

　　黄土塬破碎度指标在不同省份存在差异性(见表 4-27),其中山西省黄土塬破碎度平
均值最大,为 0.565;陕西省次之,为 0.174;甘肃省最小,为 0.144。陕西省黄土塬破碎度
平均值在各县之间差异较大,最低的县为合阳县(0.01),最高的县为旬邑县(0.523);甘

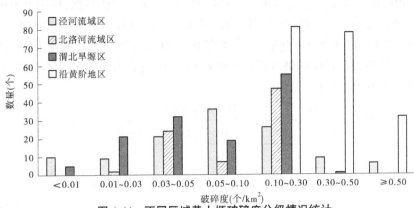

图 4-44 不同区域黄土塬破碎度分级情况统计

肃省各县黄土塬破碎度平均值在各县之间也存在较大差异,如平均值最高的正宁县为0.39,平均值最低的西峰区仅为0.003;山西省除乡宁县(2.728)值较高外,其他各县差异不大,主要分布在0.247(汾西县)~0.495(大宁县)。不同省份黄土塬破碎度分级情况统计(见图4-45)显示,陕西省和甘肃省均表现出随着塬面破碎度等级的增加,黄土塬数量呈现先增加再减少的"单峰"曲线趋势,陕西省"峰值"出现在0.1~0.3等级;甘肃省"峰值"出现在0.05~0.1等级,并且各等级之间所占比例差异不大;山西省主要分布在0.1~0.3等级,≥0.3等级也有较大比例分布,<0.1等级没有分布。

表 4-27 不同省份黄土塬完整破碎程度指标统计

省份	平均值(个/km²)	最大值(个/km²)	最小值(个/km²)	标准差(个/km²)
陕西	0.174 a	0.996	0.003	0.156
甘肃	0.144 b	0.772	0.003	0.149
山西	0.565 c	3.878	0.193	0.806

注:指标均值后字母不同说明不同省份之间该指标存在显著差异性。

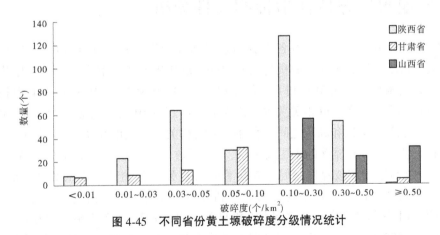

图 4-45 不同省份黄土塬破碎度分级情况统计

由不同类型黄土塬破碎度指标方差分析结果(见表4-28)可知,破碎塬破碎度平均值最高,为 0.492,显著高于其他类型黄土塬;完整塬破碎度平均值最低,仅为 0.049。不同类型黄土塬破碎度分级情况统计(见图 4-46)显示,完整塬和台塬的破碎度均小于 0.3,完整塬在 0.03~0.05 等级分布比例最大,台塬在 0.1~0.3 等级分布比例较大;破碎塬的破碎度均≥0.1,其中约有 80%的破碎塬破碎度在 0.1~0.5;靠山塬在各等级均有分布,其中约 90%集中分布在 0.03~0.3 范围。

表 4-28　不同类型黄土塬破碎度指标统计

类型	平均值(个/km²)	最大值(个/km²)	最小值(个/km²)	标准差(个/km²)
完整塬	0.049 a	0.208	0.003	0.053
台塬	0.089	0.200	0.003	0.062
破碎塬	0.492 b	3.878	0.208	0.618
靠山塬	0.120 a	0.772	0.003	0.113

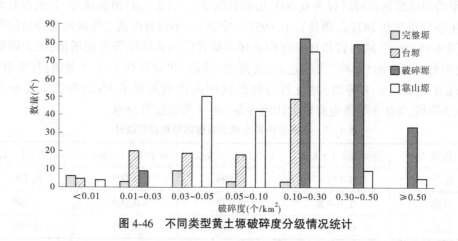

图 4-46　不同类型黄土塬破碎度分级情况统计

4.5　各地貌形态特征指标相关性分析

运用 SPSS19.0 软件对黄土塬各地貌形态指标进行相关分析,计算相关系数和显著水平,相关分析结果见表 4-29。面积与长度、宽度、形状指数和完整度均呈现极显著的正相关关系(显著水平达到 0.01),相关系数分别为 0.838、0.892、0.519 和 0.234;面积与坡度和破碎度呈现极显著的负相关关系(显著水平达到 0.01),相关系数分别为-0.282和-0.130;面积与长宽比和高程之间不存在显著的相关性。长度与宽度、长宽比、形状指数、高程和完整度均存在显著的正相关关系,相关系数分别为 0.873、0.208、0.663、0.088和 0.131;长度与坡度和破碎度之间存在显著的负相关关系,相关系数分别为-0.332 和-0.173;其中长度与高程相关性显著水平达到 0.05,与其他指标相关性显著水平达到0.01。宽度与形状指数和完整度之间存在极显著正相关关系(显著水平达到 0.01),相关系数分别为 0.673 和 0.187;宽度与长宽比、坡度和破碎度呈现极显著的负相关关系(显著水平达到 0.01),相关系数分别为-0.135、-0.317 和-0.173;宽度与高程之间相关性不显著。长宽比除与长度和宽度指标之间存在相关性外,与其他指标之间均不存在显著相关性。形状指数与高程呈现极显著的正相关关系(显著水平达到0.01),相关系数为0.151;形状指数与完整度之间存在极显著的负相关关系(显著水平达到0.01),相关系数为-0.259;形状指数与坡度和破碎度之间相关性不显著;高程与坡度呈现极显著的正相关关系(显著水平达到0.01),相关系数为0.271;高程与完整度和破碎度之间存在显著负相关关系,显著水平分别达到0.01和0.05,相关系数分别为-0.485和-0.108。坡度与完整度呈现极显著的负相关关系,显著水平达到0.01,相关系数为-0.294;坡度与破碎度呈现极显著的正相关关系,显著水平达到0.01,相关系数为0.129。完整度与破碎度呈现极显著的负相关关系,显著水平达到0.01,相关系数为-0.346。

表4-29 黄土塬各地貌形态指标相关分析结果

项目	长度	宽度	长宽比	形状指数	高程	坡度	完整度	破碎度
面积	0.838**	0.892**	0.002	0.519**	-0.032	-0.282**	0.234**	-0.130**
长度		0.873**	0.208**	0.663**	0.088*	-0.332**	0.131**	-0.173**
宽度			-0.135**	0.673**	0.028	-0.317**	0.187**	-0.173**
长宽比				0.008	0.029	-0.064	0.009	-0.048
形状指数					0.151**	-0.076	-0.259**	-0.014
高程						0.271**	-0.485**	-0.108*
坡度							-0.294**	0.129**
完整度								-0.346**

注: ** 代表相关分析显著水平达到0.01, * 代表相关分析显著水平达到0.05。

第5章 黄土塬水土流失治理总体方略与布局

5.1 总体方略

以"固沟保塬"为主要目的,以保护塬面为核心任务,构建塬面及塬坡、沟头、沟坡、沟道四道防线,建立"固沟保塬"立体防控和塬面径流调控两大综合治理体系。控制区域水土流失,合理利用、开发和保护水土资源;防治侵蚀沟扩张、控制塬面萎缩、综合利用降水资源;全面布局、统筹兼顾、分区施策,塬坡沟兼治,蓄排导结合,促进黄土塬城镇安全、耕地安全、防洪安全、生态安全;建立"固沟保塬"长效机制,提升塬区生产生活条件、人居环境改善、水资源高效利用的综合能力,推进形成产业兴旺、生态宜居、乡风文明、治理有效、生活富裕的新农村,促进地方形成绿色发展方式和生活方式。

建立高塬沟壑区大中小型雨水集蓄利用与径流排导相结合的径流调控体系,突出城镇安全保障与人居环境改善,促进当地特色产业发展;建立台塬沟壑区以坡改梯和条田埝地整理配套小型雨水集蓄利用工程为主的旱作农业保障体系,突出发展旱作节水和高效农业;建立残塬沟壑区以支毛沟治理和小型雨水集蓄利用及径流排导相结合的固沟保塬综合治理体系,注重塬边沟头防冲措施的建设,加强现有林草植被的保护,提高土地生产力,促进经济林果特色产业发展。

5.2 黄土塬水土流失综合治理分区

5.2.1 分区原则

黄土高塬沟壑区地跨晋陕甘三省,受古地貌和现代侵蚀及人为活动的影响,黄土塬形态特征和演变规律、侵蚀沟发育程度、土壤侵蚀速率及危害对象、方式各地不同,特别是区域自然禀赋和经济发展的不平衡对黄土塬水土资源开发、利用和保护的需求也不一样。为了划分的区域更具有实用性、更有利于黄土塬水土流失综合防治工作的落地,统筹考虑区域自然社会条件、水土流失特点、侵蚀沟发育的影响,使得分区结果既要反映区域黄土塬共同的特征,又要考虑它的实用性。因此,在分区的过程中遵循相似性与差异原则、取大去小与主导原则、行政区划完整性原则、传统和继承原则及等级系统原则,采用定量与定性相结合的方法对黄土塬进行分区。

5.2.1.1 相似性与差异性原则

在考虑黄土塬成因和形态类型的基础上,综合把握区域自然社会条件、水土流失特点、侵蚀沟发育特征和黄土塬治理保护措施体系的一致性,突出区内的相似性和区间的差异性,做到区内差异性最小,而区间差异性最大。

5.2.1.2　取大去小与主导原则

黄土塬分区应充分体现黄土塬地貌的空间组合及其分异特征,保持区域的相对完整性。虽然在区域划分时,黄土塬类型数据是一个非常重要的划界依据,但在大中尺度上,任何一个区划内均可包含多种黄土塬类型。因此,应通过黄土塬地貌特征综合,以每个类型区内的一种或几种面积相对较大的黄土塬类型为主体,确定类型区界限。

5.2.1.3　行政区划完整性原则

考虑到黄土塬地貌空间格局形成与演化的历史,以及保护黄土塬的需要,应以保持黄土塬成因区域的完整性为基本出发点,兼顾行政区域的完整性。

5.1.2.4　传统和继承原则

在尊重和继承传统的基础上,进行区域划分。

5.2.1.5　等级系统原则

由于黄土塬成因和发育演变的复杂性,以及区域社会经济发展的不平衡和发展方向的差异性,决定了黄土塬保护治理目标的层次性。所以,从黄土塬发展演变的内在特征和区划应用角度出发,采用分级区划体系。

5.2.2　分区方法

5.2.2.1　分区单元及分级体系

研究区地跨3省7市34个县,涉及泾河、北洛河、渭河、汾河等黄河干、支流流域,便于省际协调和规划布局,以及因地制宜、因类施策等防治技术体系的建立,分区以县级行政区为基本单元,采用二级分区体系。

一级区为规划协调区,用于确定综合治理总体布局和策略,协调各相关部门规划任务,兼顾省级行政区的完整性。

二级区为措施布局区,主要用于明确分区措施布局与配置,体现黄土塬保护对象的自然、社会经济特征及治理需求的差异性。

5.2.2.2　分区指标

黄土塬水土流失综合治理分区是否合理,很大程度上取决于分区指标的选取。分区涉及自然地理、水土流失情况、塬面地貌形态特征以及社会经济情况等方面,这些影响因子之间既相互促进,又相互制约,本分区在深入分析各指标特征以及相互关系的基础上,综合确定分区指标。最终本次分区确定自然地理、土壤侵蚀状况、黄土塬地貌形态特征及社会经济情况共4类9项指标,见表5-1。

1. 宏观地貌

宏观地貌特征反映一个区域的地形地貌的形成过程及存在形式,是众多因素的集中反映,是水土流失治理分区的重要指标,主要包括特征地貌(古盆地堆积平原、断陷冲洪积倾斜平原、山前倾斜平原以及河流阶地)和不同类型黄土塬占比(完整塬、台塬、破碎塬和靠山塬)。

表 5-1　分区指标统计

指标类型	选取指标
宏观地貌	特征地貌(古盆地堆积平原、断陷冲洪积倾斜平原、山前倾斜平原以及河流阶地) 不同类型黄土塬占比(完整塬、台塬、破碎塬和靠山塬)
土壤侵蚀状况	水土流失面积
黄土塬地貌形态特征	黄土塬面积、黄土塬形状指数、黄土塬高程、黄土塬坡度、黄土塬完整度
社会经济情况	人口密度

2. 土壤侵蚀状况

不同程度的土壤侵蚀,其形成原因和治理措施存在差异性,在水土保持区划过程中应该考虑该地区主要土壤侵蚀总体情况。选取指标为水土流失面积。

3. 黄土塬地貌形态特征

黄土塬在形成和发展过程中,受自然和人为因素共同作用,导致不同黄土塬形态特征存在差异,同时地貌形态特征的差异性也反映了其受侵蚀的程度以及保护迫切程度。通过前述对研究区黄土塬地貌形态指标的分析,综合考虑各指标间的相关性和差异性,对于多个相关性较强的指标,只选取一个代表性强的指标作为分区指标,最终确定选取黄土塬面积、黄土塬形状指数、黄土塬高程、黄土塬坡度、黄土塬完整度。

4. 社会经济情况

黄土塬作为该地区生产生活集中区域,人为活动对黄土塬的影响越来越明显,因此通过社会经济情况指标反映人为活动对黄土塬侵蚀以及"固沟保塬"工作潜在的影响。主要选取指标为人口密度。

5.2.2.3　分区方法

一级区为规划协调区,主要以宏观定性分析和定量分析相结合的方法,兼顾省级行政区的完整性。将研究区划分为甘肃高塬残塬沟壑区、陕西高塬台塬沟壑区和山西残塬沟壑区共 3 个一级区。

二级区为措施布局区,在一级区划分结果基础上,采用定量分析为主,定性分析为辅的技术方法,运用地理信息系统软件,对各项分区指标进行空间叠加的技术手段,进行二级区划分,划分指标阈值选取情况见表 5-2。

1. 甘肃高塬残塬沟壑区

根据上述分区指标与方法,将甘肃高塬残塬沟壑区划分为甘肃高塬沟壑区和甘肃残塬沟壑区 2 个二级区。

甘肃高塬沟壑区,特征地貌为古盆地堆积平原,区域内黄土塬以完整塬和靠山塬为主,水土流失面积占县域面积比一般小于 30%,县域内黄土塬面积平均值较大(一般 ≥20 km^2),黄土塬形状指数平均值也较大(≥5),黄土塬坡度平均值较小(一般 <8°),区域内人口密度相对较大(≥100 人/km^2),城镇分布集中。

甘肃残塬沟壑区,特征地貌为山前倾斜平原或河流阶地,区域内黄土塬以破碎塬和靠山塬为主,水土流失面积占县域面积比例一般 ≥30%,县域内黄土塬面积相对较小(<20

km²),黄土塬形状指数平均值也较小(<5),黄土塬坡度平均值一般≥8°,区域内人口密度较小(<100人／km²),城镇规模较小。

2.陕西高塬台塬沟壑区

根据上述分区指标与方法,将陕西高塬台塬沟壑区划分为陕西高塬沟壑区、陕西台塬沟壑区和陕西残塬沟壑区3个三级区。

陕西高塬沟壑区,特征地貌为古盆地堆积平原,区域内黄土塬以完整塬和靠山塬为主,水土流失面积占县域面积比一般小于30%,县域内黄土塬面积平均值较大(一般≥10 km²),黄土塬形状指数平均值也较大(≥4),黄土塬高程平均值≥1 000 m,黄土塬坡度平均值一般<8°,黄土塬完整度一般小于0.3,区域内人口密度相对较大(≥100人/km²),城镇分布集中。

陕西台塬沟壑区,特征地貌为断陷冲洪积倾斜平原,区域内黄土塬以台塬和靠山塬为主,水土流失面积占县域面积比一般小于30%,县域内黄土塬面积平均值较大(一般≥20 km²),黄土塬形状指数平均值相对较小(一般<4),黄土塬高程平均值一般<1 000 m,黄土塬坡度平均值一般<8°,黄土塬完整度一般≥0.3,区域内人口密度相对较大(≥100人/km²),城镇分布集中。

陕西残塬沟壑区,特征地貌为山前倾斜平原或河流阶地,区域内黄土塬以破碎塬和靠山塬为主,水土流失面积占县域面积比≥30%,县域内黄土塬面积平均值较小(一般小于10 km²),黄土塬形状指数平均值相对较大(一般≥4),黄土塬高程平均值≥1 000 m,黄土塬坡度平均值一般≥8°,黄土塬完整度一般<0.3,区域内人口密度相对较小(<100人/km²)。

3.山西残塬沟壑区

该区域内上述各项分区指标较一致,不再进一步划分,即该区的一级区和二级区为同一区域。特征地貌为山前倾斜平原或河流阶地,区域内黄土塬以破碎塬为主,该区水土流失严重,水土流失面积占县域面积比≥40%,县域内黄土塬面积平均值较小(小于6 km²),黄土塬形状指数平均值相对较大(一般≥5),黄土塬高程平均值在800～1 200 m,黄土塬坡度平均值一般≥8°,黄土塬完整度<0.2,区域内人口密度相对较小(<100人/km²)。

5.2.3 分区结果

基于以上分区方法,将研究区分成甘肃高塬残塬沟壑区、陕西高塬台塬沟壑区和山西残塬沟壑区共3个一级区,甘肃高塬沟壑区、甘肃残塬沟壑区、陕西高塬沟壑区、陕西台塬沟壑区、陕西残塬沟壑区和山西残塬沟壑区共6个二级区。其中,甘肃高塬沟壑区包括西峰区、镇原县、正宁县、宁县、合水县和泾川县6个县(区),甘肃残塬沟壑区包括崆峒区、灵台县和崇信县3个县(区),陕西高塬沟壑区包括洛川县、黄陵县、长武县、彬县和旬邑县5个县(区),陕西台塬沟壑区包括永寿县、淳化县、白水县、澄城县、韩城市、合阳县、王益区、耀州区和印台区9个县(市、区),陕西残塬沟壑区包括宜川县、富县、甘泉县、黄龙县和宜君县5个县,山西残塬沟壑区包括蒲县、汾西县、隰县、大宁县、吉县和乡宁县6个县(见表5-3)。

分区水土流失现状、分区土地利用现状、分区社会经济情况、分区土地坡度组成以及分区耕地坡度组成情况见附表11~附表15。黄土高塬沟壑区"固沟保塬"综合治理分区见图5-1。

表 5-2 分区指标阈值情况统计

一级区	二级区	特征地貌	黄土塬类型	水土流失面积占比	黄土塬面积(km²)	黄土塬形状指数	黄土塬高程(m)	黄土塬坡度	黄土塬完整度	人口密度(人/km²)
甘肃高塬残塬沟壑区	甘肃高塬沟壑区	古盆地堆积平原	完整塬和靠山塬为主	<30%	≥20	≥5	≥1 200	<8°	≥0.2	≥100
	甘肃残塬沟壑区	山前倾斜平原或河流阶地	破碎塬和靠山塬为主	≥30%	<20	<5	≥1 200	≥8°	≥0.2	<100
陕西高塬台塬沟壑区	陕西高塬沟壑区	古盆地堆积平原	完整塬和靠山塬为主	<30%	≥10	≥4	≥1000	<8°	<0.3	≥100
	陕西台塬沟壑区	断陷冲洪积倾斜平原	台塬和靠山塬为主	<30%	≥20	<4	<1000	<8°	≥0.3	≥100
	陕西残塬沟壑区	山前倾斜平原或河流阶地	破碎塬和靠山塬为主	≥30%	<10	≥4	≥1000	≥8°	<0.3	<100
山西残塬沟壑区	山西残塬沟壑区	山前倾斜平原或河流阶地	破碎塬为主	≥40%	<6	≥5	800~1 200 m	≥8°	<0.2	<100

表 5-3 黄土高塬沟壑区"固沟保塬"综合治理分区结果

一级区	二级区	涉及县(市、区)
甘肃高塬残塬沟壑区	甘肃高塬沟壑区	西峰区、镇原县、正宁县、宁县、合水县、泾川县
	甘肃残塬沟壑区	崆峒区、灵台县、崇信县
陕西高塬台塬沟壑区	陕西高塬沟壑区	洛川县、黄陵县、长武县、彬县、旬邑县
	陕西台塬沟壑区	永寿县、淳化县、白水县、澄城县、韩城市、合阳县、王益区、耀州区、印台区
	陕西残塬沟壑区	宜川县、富县、甘泉县、黄龙县、宜君县
山西残塬沟壑区	山西残塬沟壑区	蒲县、汾西县、隰县、大宁县、吉县、乡宁县

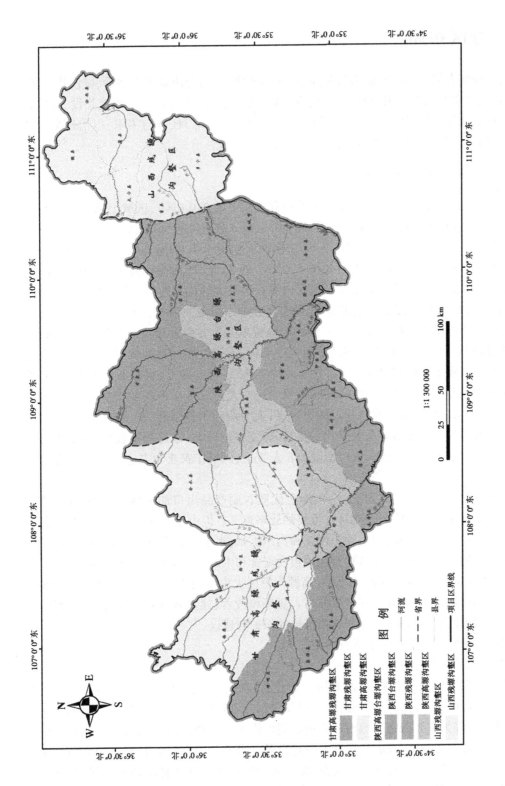

图 5-1　黄土高塬沟壑区"固沟保塬"综合治理分区

5.3 分区布局

按照全面布局、统筹兼顾、分区施策、系统治理要求，综合协调国土整治、城镇建设、防洪排涝、雨水资源综合利用、城镇景观建设、城乡融合、村镇生态及人居环境建设、现代农业及特色农业发展等"固沟保塬"相关内容，统筹相关各部门任务与需求，以治理分区为基础，实施以塬及嵌入塬周的侵蚀沟为单元的综合治理。

5.3.1 甘肃高塬残塬沟壑区

甘肃高塬残塬沟壑区涉及甘肃省平凉市和庆阳市的 9 县(区)，区域土地总面积 1.74 万 km²，塬区总面积 0.97 万 km²。本区黄土塬主要分布于泾河及其支流黑河、蒲河、马莲河流域的中、下游，现存黄土塬 150 个，其中塬面面积小于 1.0 km² 的 52 个，塬面面积为 1.0~3.0 km² 的 30 个，塬面面积为 3.0~5.0 km² 的 22 个，塬面面积为 5.0~10.0 km² 的 13 个，塬面面积大于 10.0 km² 的 33 个，区内有我国最大的黄土塬——董志塬。本区涉及侵蚀沟 24 127 条，根据侵蚀沟危害分级，危害严重的 1 级侵蚀沟 5 230 条。

本区黄土塬平均海拔在 1 220~1 540 m，地貌单元主要由大塬及众多的岭谷掌滩、河谷川地、沟间平台组成。高塬沟壑区塬面宽广平坦，连续性和完整性较好，但塬周切沟发育，沟坡深陡，沟道断面多呈 V 形，部分地区沟头活跃，伸向塬心；塬面人口相对集中，涉及总人口 181 万人，人口密度 252 人/km²；煤、石油、天然气等矿产资源丰富，是大规模工业园区建设、城市发展和新农村建设的集聚区；人为活动干扰强烈，干、支沟前进、扩张危害严重。残塬沟壑区塬面多呈长梁状，连续性和完整度较差，破碎程度较高，塬面上分布有城镇 99 个，总人口 39 万人，人口密度 156 人/km²，以旱作农业为主，支毛沟侵蚀危害严重。

本区素有"陇东粮仓"之称，是全国绿色优质农副产品出口加工创汇基地，在保障区域粮食安全和维护社会稳定方面具有重要的战略意义。但由于塬面径流下泄和坡面侵蚀等导致塬面径流汇集，加剧沟头溯源侵蚀和沟岸扩张，水土流失严重，塬面逐年萎缩，对城镇安全和交通安全构成严重威胁，对区域粮食安全和生态安全也产生重要影响。

本区"固沟保塬"防治策略为：建立高塬沟壑区大中型雨水集蓄利用与径流排导相结合的径流调控体系，突出城镇安全保障与人居环境改善；建立残塬沟壑区综合治理体系，突出土地资源的利用与保护，加强林草植被的保护与建设。

根据区域特点和治理需求进行措施布局：

(1)甘肃高塬沟壑区。

结合海绵城市建设要求，控制城镇塬面硬化，加大塬面降水入渗，充分利用城市、乡镇、村庄、工业园区、道路等点线面径流，以及雨污分流和排水设施，建设以大型涝池、人工湖、蓄排水工程为主要措施的塬面径流集蓄调控体系，减少塬面下泄径流量。结合废旧胡同及旧宅基地整理改造，开展高标准农田建设及土地整治，填埋沟头，修筑挡水墙和排水工程，辅以林草措施和沟底谷坊等建设，综合治理侵蚀沟。加强林草植被的保护，开展疏林地和林分单一林地补植补种和林分改造。加强人为水土流失防治，强化能源开采等生产建设活动的水土保持监督管理。

(2)甘肃残塬沟壑区

加强侵蚀沟综合治理,重点建设谷坊、中小型淤地坝,抬高侵蚀基准面,开展沟头防护,控制溯源侵蚀;加强沟坡坡面林草植被建设和保护,优化林分,改善生态;开展土地整治,发展特色农产品,加强以涝池、水窖、蓄水池及截(排)洪渠等为主的水利水保径流集蓄工程建设。

5.3.2 陕西高塬台塬沟壑区

陕西高塬台塬沟壑区涉及陕西省咸阳市、铜川市、延安市、渭南市和韩城市的19个县(市、区),区域总面积3.00万 km^2,塬区面积1.35万 km^2。本区黄土塬主要分布在渭河以北的台塬阶地和泾河、北洛河高塬以及黄河高阶地上。现存黄土塬491个,其中塬面面积小于1.0 km^2的180个,塬面面积为1.0~3.0 km^2的146个,塬面面积为3.0~5.0 km^2的41个,塬面面积为5.0~10.0 km^2的49个,塬面面积大于10.0 km^2的75个。面积最大的塬为姚家黑池塬,塬面面积为521.32 km^2;洛川塬已侵蚀分割成大小不等的31个塬,其中塬面面积较大的有三个塬,面积分别为197.28 km^2、165.98 km^2和154.82 km^2。本区涉及侵蚀沟43 910条,根据侵蚀沟危害分级,危害严重的1级侵蚀沟20 998条。

本区黄土塬平均高程在468~1 343 m,受地质构造运动和现代侵蚀影响,黄土塬类型多样。高塬沟壑区主要为泾河下游的长武、彬县、旬邑等县的黄土塬区和洛川塬,海拔相对较高,平均高程1 168 m,为古平缓倾斜基岩盆地黄土覆盖发育形成的塬,塬面连续性较好,但沟道侵蚀切割严重,沟道断面形状多呈宽U形和V形,嵌入塬面的侵蚀沟相对窄而长,沟坡下切深而陡,塬面人口相对集中,涉及人口87万人,人口密度248人/ km^2,区域矿产资源丰富,主要有煤、煤炭、铝矾土、硫铁矿、石灰石、高岭土等,是大规模工业园区建设、城市发展和新农村建设的集聚区,也是旱作农作物主产区。台塬沟壑区地貌占本区的29.87%,塬面平均高程854,为构造沉降区边缘的冲洪积倾斜平原和河谷阶地,广阔平坦,黄土塬完整度相对较高,呈不规则片状,连续性好,除西部台塬边缘侵蚀强烈外,大多地区切割不强烈;嵌入塬面的侵蚀沟相对短而浅,沟道断面形状多呈宽U形,塬面人口相对集中,人口206万人,人口密度335人/ km^2;矿产资源丰富,主要有煤、煤炭、铝矾土、硫铁矿、石灰石、高岭土等,是大规模工业园区建设、城市发展和新农村建设的集聚区。残塬沟壑地貌占该区的45.09%,塬面高程在800~1 200 m,塬面相对破碎;塬面相对窄,内部切割强烈,连续性差,多呈单面齿状或燕翅状,涉及人口19万人,人口密度48人/ km^2,是旱作农作物主产区。

区内的洛川塬素有"陕北粮仓"和"苹果之乡"的誉称,渭北台塬是黄土高原重要的粮食生产基地,子午岭林区是黄土高原目前保存较好的一块天然植被区,是重要的"绿色屏障"和黄土高原的"天然水库"。本区水土流失以塬面径流下泄形成的沟道、坡面侵蚀为主,塬面径流汇集加剧沟头溯源侵蚀和沟岸扩张,沟头活跃和危害严重的沟道均在50%以上,残塬区危害严重的沟道可达到91%,严重的水土流失影响着区域粮食安全和生态安全。

本区"固沟保塬"防治策略为:重点建立高塬沟壑区中小型雨水集蓄利用与径流排导

相结合的径流调控体系,突出促进以经济林果为主导的特色产业发展;建立台塬沟壑区以坡改梯和条田墹地整理配套小型雨水集蓄利用工程为主的旱作农业保障体系,突出发展旱作节水和高效农业;建立残塬沟壑区塬、坡、沟综合治理体系,突出林草植被的保护,促进经济林果产业发展。

根据分区特点和治理需求进行措施布局:

(1)陕西高塬沟壑区。

围绕林果产业基地建设和城镇建设,建立以大型涝池和蓄、排水工程为主要措施的塬面径流集蓄调控体系,发展节水灌溉,增加地面入渗,综合利用雨水资源。合并整治塬边塬坡梯田墹地为高标准农田,发展特色农业和果园。结合乡村美化修建涝池,沟头修筑地边埂或挡水墙,有条件的进行沟头填埋,沟坡保护和优化林草配置,建设竖井、排水渠等排水设施将塬面径流排至沟底,沟底建设谷坊、滚水坝、淤地坝和防冲林及小型湿地。

(2)陕西台塬沟壑区。

围绕粮食、油料、水果等产业,通过坡改梯、条田墹地整理开展土地整治,通过涝池、蓄水池等小型水保工程建设加强雨水拦蓄利用,发展旱作节水农业、高效农业和特色经济林果业,建立优质苹果产业和繁育基地。实施沟头、沟坡、沟底综合防治措施,防止沟头前进和下切。结合天然林保护、退耕还林、造林绿化,建设和保护植被,封山育林,补植补种,促进林草覆盖率提高和林分优化。加强城市和大型工业园区建设的水土保持监督管理。

(3)陕西残塬沟壑区。

结合天然林保护、退耕还林还草、小流域综合治理等,加强沟坡林草植被保护,补植补种,促进生态自我修复。结合土地整治和高标准基本农田建设,通过坡改梯和梯田墹地整修,积极发展高效农业和特色农产品及其加工业。建设涝池、蓄水池,发展灌溉并与乡村景观相结合。通过排水设施将径流排至沟底,沟道建设沟底消能设施、谷坊和中小型淤地坝。

5.3.3 山西残塬沟壑区

山西残塬沟壑区涉及山西省临汾市的6县,区域总面积0.84万 km²,塬区面积0.50万 km²。黄土塬主要分布于昕水河、州川河、鄂河流域,现存黄土塬576个,其中塬面面积小于1.0 km² 的469个,塬面面积为1.0~3.0 km² 的56个,塬面面积为3.0~5.0 km² 的19个,塬面面积为5.0~10.0 km² 的17个,塬面面积大于10.0 km² 的15个。塬面面积在1.0~2.0 km² 的塬占80%以上。本区最大的塬是古县无愚塬,塬面面积45.44 km²,区内著名的太德塬,面积17.68 km²。本区涉及侵蚀沟17 566条,根据侵蚀沟危害分级,危害严重的1级侵蚀沟6 143条。

本区黄土塬主要分布在海拔800~1 200 m,塬面完整性、连续性很差,多呈细梁状或串珠状,嵌入塬面的侵蚀沟短而深,尤其是太德塬、古县无愚塬等较大的塬周侵蚀沟较为活跃,危害严重,本区70%以上的沟道对塬面居民、耕地和交通设施构成严重威胁。本区涉及乡镇134个,人口24万人,人口密度48人/km²。

该区矿产资源丰富,主要有煤、铁、石膏、石灰岩、膨润土等,在全国均占重要地位,是大规模工业园区建设、城市发展和新农村建设的集聚区。该区是华夏民族的重要发祥地之一,自古为兵家必争之地,素有"华夏第一都"之称,战略意义重大。以太德塬、古县无愚塬为主的山西黄土塬水土流失严重,对塬面城镇安全和人民群众生命财产安全造成极大的威胁。

本区"固沟保塬"防治策略为:通过建立支毛沟治理和小型雨水集蓄利用及径流排导相结合的固沟保塬体系,注重塬边沟头防冲措施的建设,加强现有林草植被的保护,提高土地生产力,促进经济林果特色产业发展。

本区"固沟保塬"措施布局为:结合灌溉及景观需求,在塬边或道路集水区域建设涝池、蓄水池等,拦蓄塬面径流,建设以谷坊、小型淤地坝为主的支毛沟治理工程,沟头建设挡水墙及径流疏导工程;结合退耕还林还草、小流域综合治理等生态工程建设,加强沟坡坡面林草植被封育保护;开展荒沟治理、旧村改造等土地整治工程,发展特色农产品、经济林及其加工业;加强对生产建设项目的水土保持监督管理,防止造成新的人为水土流失。

第6章 水土保持综合治理模式与措施配置

水土保持综合治理模式就是指在特定的自然条件和经济社会背景下，以构建区域经济社会发展以及生态和谐为目标，通过水土保持科学实践，认真总结已有的经验，结合新技术、新思路、新方法，提出在新形势下，以控制水土流失、改善生态环境、增加群众收入的治理思路和发展模式，并在相同的类型区具有普遍的推广价值。

6.1 综合治理模式发展

黄土塬区水土保持工作经过了半个多世纪的研究与实践，水土保持措施体系经历了由单一到复杂，由被动治理到主动防治的过程，随着水土保持科学研究方法和手段的不断改进，现如今大量引入生态经济学、系统工程学、遥感等新的理论和技术，从而使水土保持综合治理模式在适应新形势、新要求、新技术的基础上得以不断发展。根据相关文献和研究成果，黄土塬区不同时期水土流失综合治理模式大致可归纳为"三道防线"综合治理模式、"四个生态经济带"综合治理模式、"径流泥沙调控利用"模式、"固沟保塬"立体防控模式等几种类型。

6.1.1 "三道防线"综合治理模式

"三道防线"综合治理模式是 20 世纪 70 年代在南小河沟水土保持实践基础上提出的。该模式根据黄土高塬沟壑区塬、坡、沟三大地形地貌特点，按照"保塬固沟，塬、坡、沟综合治理，充分开发利用水土资源，塬面建设粮食生产基地，沟壑发展用材林、果园和牧草"的基本方针。自上而下划分为塬面、沟坡及沟谷 3 个部分，相应地设置了 3 道治理防线，提出了"固沟保塬"的治理方略。

第 1 道防线：塬面防护线。塬面宽阔平坦，坡度小且坡面长，是产生径流的主要区域。治理措施以优化农作条件和拦蓄径流为中心，具体包括合理的道路布设以及道路防护林带网、农田防护林网、塬面水平梯田的建设，配套修筑涝池、水窖、沟头防护拦蓄工程，达到地表径流不下塬面，形成以水平梯田为主体，田、林、路、拦蓄工程相配套的塬面治理模式。

第 2 道防线：沟坡防护线。沟坡地形较陡，是泻溜、崩塌、滑坡等重力侵蚀活跃区域，也是沟道泥沙的主要来源地之一。治理措施以退耕禁牧和生物措施为主。形成以发展经济林、护坡林与牧草相结合的沟坡治理模式。

第 3 道防线：沟谷防护线。沟谷是径流、泥沙的集中输移区，沟床下切和沟头溯源侵蚀强烈。治理措施以稳定侵蚀基点、拦蓄径流和泥沙为目的。具体包括布设营造乔灌防冲林，修筑土、柳谷坊群及中小型淤地坝，形成主沟道布设坝系，支毛沟打柳谷坊，栽植沟道防护林的综合治理模式。

"三道防线"综合治理模式，提出"保塬固沟"的治理方略，是黄土高塬沟壑区水土流失综合治理和"保塬固沟"的初步探索。20世纪八九十年代,这一开发性的水土保持综合治理体系受到当地政府部门的高度重视,在甘肃省庆阳地区137条小流域2 600多 km²的治理中进行推广,取得显著成效。然而,"三道防线"综合治理模式注重于生态效益,以土地合理利用为中心,措施配置与地区的经济发展结合并不紧密,其经济效益得不到有效发挥。

6.1.2 "四个生态经济带"综合治理模式

"四个生态经济带"综合治理模式是1987年由黄河水利委员会西蜂水土保持科学试验站以庆丰沟流域为依托提出的。该模式以小流域为开发的生态经济系统,按照"把具有相同的经济发展方向,又具有类似的生态环境问题而需要改造的地带划为同一条生态经济带"的原则和方法,按照地形地貌、经济条件及村民活动特点,将流域划分为四个生态经济带,具体为塬面农业生态经济带、塬边林果生态经济带、沟坡草灌生态经济带、沟底水利生态经济带。

小流域生态经济带划分体系如图6-1所示。

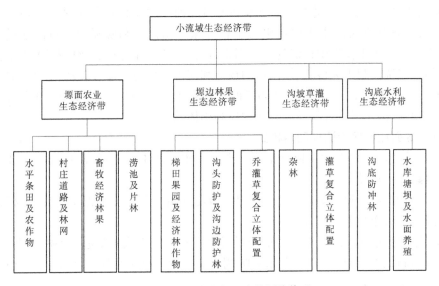

图6-1 小流域生态经济带划分体系

"四个生态经济带"综合治理模式,明确提出"小流域治理要和发展农村商品经济相结合,积极为当地经济发展服务",探索了既有利于自然生态环境改善,又有利于生产经济发展的合理途径,在此理论基础上又衍生出了一些类似的生态经济型治理模式。比如,"多元小生态系统交错配置的经济生态农业模式"和"全方位综合防治体系模式"。

多元小生态系统交错配置的经济生态农业模式是1987年由甘肃省庆阳地区水利处和宁县水保站以老虎沟流域为依托联合提出的。该模式是指"依照因地制宜,因害设防,为农业生产服务的原则,把保持水土同合理开发利用土地、提高经济效益、改善生态环境统一起来,使土地利用逐步趋向合理,经济收入不断提高,生态环境得到改善;把总体规划的需要同一村一户为单元实施的可能性统一起来,通过建立小生态单元,达到总体规划的要求;把综合防治和不同效能的各单项治理措施的布设统一起来,通过建设多层次、多功能的单项水土保持措施,达到综合治理的目的。

全方位综合防治体系模式是1987年由甘肃省平凉水保所以茜家沟流域为依托提出的。该模式是指:建设以基本农田为主体的工程措施和全面绿化为核心的生物措施相结合的塬、坡、沟多层次防治体系。所谓全方位,是指在空间上塬、坡、沟兼治;在土地类型上从农田到"三荒"地,包括道路、村庄全面设防。综合体系则是指工程措施与生物措施紧密配合,拦、蓄、引结合,农、林、牧综合安排。成功实践了"以水平条田为主的农田防治体系,以山地梯田、防护林带、果园为主的塬坡防护体系,以沟坡防护林、支毛沟柳谷坊为主的沟壑生物防护体系"。

"四个生态经济带模式"强调了生态效益、经济效益、社会效益、拦泥蓄水效益协调统一,扭转了过去仅注重单一效益的不足,通过合理安排农林牧业用地,提高了农业系统的总体功能。但是从水土流失防治体系来看,仍然是以小流域为治理单元布局体系。

6.1.3 "径流泥沙调控利用"模式

"径流泥沙调控利用"模式是黄河水利委员会西峰水土保持科学试验站以砚瓦川流域为依托,2008年在黄河水土保持生态工程齐家川示范区和砚瓦川项目区建设中提出的。该模式紧抓水土流失中径流的主导因素,以汇水单元作为径流调控利用的划分单元,以塬面的径流调控利用为核心、以沟道的径流和泥沙调控为支撑、以坡面的径流调控为补充,根据黄土高塬沟壑区"塬、坡、沟、川"四大地貌单元不同的特点,提出20种径流泥沙调控利用模式,构建了完善的径流泥沙调控利用体系。

6.1.3.1 塬面径流泥沙调控利用模式

(1)村庄土路—砂石化—道路集雨—涝池蓄水—低压管灌系统,该模式主要结合村庄砂石道路进行建设。

(2)塬面集流槽或缓坡地—水平梯田—地埂栽黄花菜—保水保土耕作,该模式主要适宜专门从事农作物生产的农户。

(3)庭院硬化—集雨—水窖蓄水—果园滴灌系统,该模式主要适宜果树专业户。

(4)庭院硬化—集雨—水窖蓄水—暖棚养畜—沼气池—果园滴灌系统,该模式主要适宜既养畜又经营果园的农户。

(5)庭院硬化—集雨—水窖蓄水—暖棚养畜—沼气池,该模式主要适宜种草养畜的农户。

(6)胡同改道—封堵胡同—塬面低凹地、废弃矿井、地坑院和胡同复垦地作为径流调蓄区—沟头修建涝池、沟边埝—修改汇水通道—杜绝塬面径流从沟头处下沟,该模式主要是在塬面划定径流调蓄区,阻断塬面汇水通道。

6.1.3.2 塬坡径流泥沙调控利用模式

(1)坡面集雨—鱼鳞坑或水平阶整地—喜湿乔木纯林(如油松),该模式主要适宜阴坡。

(2)坡面集雨—鱼鳞坑或水平阶整地—喜湿乔灌混交林(如油松和沙棘混交),该模式主要适宜半阴坡。

（3）坡面集雨—鱼鳞坑整地—抗旱灌木林（如狼牙刺），该模式主要适宜阳坡。

（4）坡面集雨—鱼鳞坑或集蓄槽整地—抗旱乔灌混交林（如侧柏和狼牙刺混交），该模式主要适宜半阳坡。

（5）坡面集雨—水平阶整地—种植禾本科牧草，该模式主要适宜立地条件比较差的天然草地改良。

6.1.3.3 沟道径流泥沙调控利用模式

（1）泉水—小高抽提水—塬面水塔调蓄—管道输水—人畜饮水，该模式主要适宜流域中下游无机井地区，以解决人畜饮水难题。

（2）泉水和库坝水—小高抽提水—塬面水塔调蓄—管道输水—果园节水灌溉系统，该模式主要解决流域上中游果园补充灌溉问题。

（3）柳谷坊—淤地坝—塘坝—养鱼或提水上塬灌溉菜园或果园，该模式主要适宜城郊的小流域建设。

（4）柳谷坊—淤地坝—治沟骨干工程—沟坡防护林—沟床护岸林，这是适宜该区域沟道治理的主要模式。

（5）红土泻溜面—鱼鳞坑整地—灌木林（如沙棘），该模式是针对沟谷最大产沙区红土泻溜面的治理措施。

（6）陡坡滑泄流泥面—鱼鳞坑整地—乔灌混交林或灌木林，该模式主要针对重要产沙区陡坡滑泄流泥面的治理措施。

6.1.3.4 川道径流泥沙调控利用模式

（1）川台地—水平梯田—移动管灌或喷灌设备—地膜覆盖—等高种植瓜菜，这是川道经济效益比较高的一种模式。

（2）泉水或河川径流—小高抽提水—高位蓄水池—管道输水—人畜饮水，该模式主要解决该区人畜用水需要。

（3）冲沟—修建淤地坝—坝顶做路—村庄道路砂石化—河道修建过水桥—路边修建硬化排水沟，该模式主要解决该区域冲沟侵蚀、道路侵蚀和交通困难。

"径流泥沙调控利用"模式是以汇水单元作为径流调控利用单元，通过对径流的调控从而达到对泥沙的调控利用。因此，径流的调控利用成为黄土高塬沟壑区构建协调水沙关系的关键技术。

6.1.4 "固沟保塬"立体防控模式

"固沟保塬"立体防控模式是在庆阳市董志塬区水土流失综合防治的建设中得来的，在《黄土高塬沟壑区"固沟保塬"综合治理规划（2016～2025年）》中被采用。该模式首次将完整的黄土塬作为调查和治理单元，以"固沟保塬"为核心目标，结合当地乡村建设、生态及人居环境建设，开展黄土塬区水土保持综合治理。

塬面及塬坡：塬面以蓄水工程与田、林、路配套为原则，建立雨水集蓄径流调控体系，减少下塬的径流量。建设蓄水塘、水窖、涝池等蓄水工程拦蓄塬面径流，以缓解洪涝灾害，同时为灌溉、人畜用水提供水源。修建水平梯田，建设高效高产农田，提高农业生产力，为优化农业结构提供条件，同时营造防护林网，栽植经济林木，建立高产稳产的粮油基地。

沟头:沿塬边沟头线修建挡水埝(墙),修建沟头排水设施及径流利用工程,在重点地段树立标志碑,建立警示标志,结合开发建设项目弃土处理,进行沟头填土整治。根据实际立地条件,在塬坡营造经果林、水土保持林,或种植牧草,发展舍饲养畜。

沟坡:沟坡防治应以植物措施为主,植树种草,恢复植被,固土防蚀,措施布设因地制宜,农、林、牧结合。25°以下的缓坡耕地修建水平梯田种植经果林,或采取水平沟、鱼鳞坑整地,营造水土保持林;大于25°的坡耕地退耕还林还草,修复生态。

沟道:沟道防治应固定沟床和抬高侵蚀基点,防止沟床下切;稳定沟坡,防止崩塌、滑塌、泻溜等重力侵蚀,制止沟岸扩张;拦蓄径流泥沙,淤地造田,适度发展水产养殖和小水利。在支、毛沟自上而下修建柳谷坊、土谷坊,在支沟及干沟中上游分段布设淤地坝及骨干坝,在有条件的地方适度发展水产养殖和小水利,在沟坡、沟滩营造防冲林,建植苇地。

"固沟保塬"立体防控模式如图6-2所示。

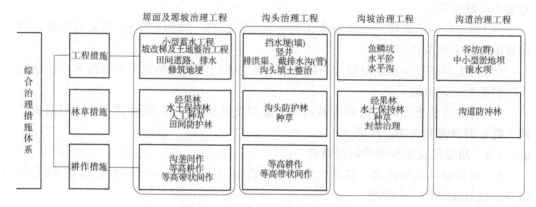

图6-2 "固沟保塬"立体防控模式

"固沟保塬"立体防控模式主要特点是以完整塬为治理单元,并首次把沟头防护体系单独列为一道防线,在控制塬面径流向沟道汇集的过程中,通过拦截或疏导塬面径流,起到关键性作用。建成塬面及塬坡、沟头、沟坡、沟道四个相对独立而又相互联系的"四道防线",合理调配水沙资源,使之形成自上而下、层层设防、节节拦蓄的立体防控体系。

6.2 "固沟保塬"立体防控模式措施配置

水土保持措施配置就是把具有不同功能和作用的防治措施整合成一个有内在联系的统一整体,各类措施经过人为的优化配置即可发挥群体防护作用,配置越合理,防治水土流失的群体作用就越强。

6.2.1 措施配置原则

(1)措施配置要以"固沟保塬"为核心,经济、社会、生态等综合效益最大化为导向,结合目前已有的水土保持治理技术,在合理利用土地资源的前提下,统筹考虑、对位配置。

(2)综合协调国土整治、城镇建设、防洪排涝、雨水资源综合利用、城镇景观建设、城乡统筹发展、村镇生态及人居环境建设、现代农业及特色农业发展等相关内容,统筹相关各部门任务与需求,以完整塬为治理单元,山、水、田、林、路综合规划,采取工程、植物、水土保持耕作措施,建立完善的防护体系。

(3)根据不同治理分区地形地貌条件、水土流失特点、经济社会条件、区域产业发展,做到因地制宜、因害设防、合理布局、重点突出,从塬面塬坡、沟头、沟坡、沟道自上而下科学配置,既要符合自然规律,也要遵循社会发展、生态需求,充分发挥各项水土保持措施的组合功效。

(4)以径流调控理论来指导实践,按照径流形成和发展的特点,建立雨水积蓄利用体系,层层聚集、节节储存、处处引用,把导致水土流失的主导因素通过径流调控和开发利用变为调整产业结构、提升土地效力、发展高效农林牧业的有效水资源。

6.2.2 措施分区配置

按照完整黄土塬的立体方位来划分,可分为塬面及塬坡、沟头、沟坡、沟道四个不同的侵蚀部位,按照塬面的侵蚀形态特征和完整性来划分,分为高塬沟壑区、台塬沟壑区、残塬沟壑区三种不同的类型。

6.2.2.1 不同立体方位的措施配置

1. 塬面及塬坡治理主要措施

(1)小型蓄水保土工程:选择村镇周边地势低洼、土质抗蚀性好、有足够集水范围的地方建设水窖、涝池等集洪、蓄水工程,与田、林、路统筹衔接,防洪排涝,调控塬面径流。

(2)坡改梯及土地整治工程:对零星缓坡梯田和条田、塄地进行整合治理,提高土地生产力,增加高标准农田,缓坡耕地修建水平梯田,田边修建地边塄,配套田间道路。

(3)经果林工程:在塬坡根据实际立地条件营造经果林,大力发展当地特色产业。

(4)人工湖工程:充分利用城镇道路、广场等硬化地面相对集中、集蓄效率高的区域,因势而为,趋利避害,采用雨污分流的方法进行城镇雨洪径流收集,建设人工湖工程。

(5)蓄水池工程:充分利用城镇建筑区、城市绿地等有雨水回用需求的区域建设蓄水池,储存雨水,削减流量峰值。

(6)下沉绿地工程:充分利用城镇居住区、城市公园和道路的绿化区域,进行下沉式绿地建设,加强城镇绿地自然下渗,补充地下水,超过绿地入渗量的通过溢水口流入城市管道之中,以减缓雨洪。

(7)透水铺装工程:充分利用居住区、公园道路、城市交通道路、停车场和广场等路面承载力要求较低的区域,选择适宜的透水铺装类型,促进道路、广场对雨水的吸收。

(8)排洪渠工程:在城镇主道路及大面积硬化场地周边结合地形修建城镇排洪渠工程,结合道路、胡同、广场和周边地形,连接集蓄设施和沟头防护措施,将多余径流安全排入沟底。

(9)植草沟工程:在建筑小区和公园绿地的道路,广场、停车场等不透水区域的周边建设植草沟,入渗、净化、收集、输送和排放地表雨水径流,削减径流量。

2. 沟头治理主要措施

(1)沟头防护工程:沿塬边沟头线修建挡水埝(墙),配套修建竖井、排洪渠、截排水沟(管)等沟头排水设施及径流利用工程,在重点地段树立标志碑,建立警示标志。可结合开发建设项目弃土处理,进行沟头填土整治及后续开发利用。

(2)沟头防护林带建设:结合沟头防护工程的建设,选择当地适生树草种,沿沟头挡水埂(墙)栽植防护林带,裸露面撒播草籽,增加沟头防护措施抗蚀能力。

3.沟坡治理主要措施

(1)经果林工程:根据沟坡实际立地条件,在25°以下的坡地进行土地整治,营造经果林。

(2)造林种草:对荒草地采取水平沟、鱼鳞坑整地,营造水土保持林;根据已有林地林分情况,采取补植补造等措施,改善林分组成,增强水土保持能力;对裸露地等采取人工林草措施。

(3)封禁治理:对幼林或成林阶段的水土保持人工乔木林、灌木林加强人工抚育和封育管护;实施封山禁牧,巩固退耕还林还草成果。

4.沟道治理主要措施

(1)谷坊工程:在支毛沟自上而下修建柳谷坊、石谷坊等,抬高侵蚀基准面,控制沟道下切。

(2)淤地坝工程:在支毛沟布设中小型淤地坝,控制泥沙下泄。

(3)沟道防冲林工程:在沟底、沟滩营造防冲林,提升沟道防冲蚀能力,改善沟道生态。

6.2.2.2 不同侵蚀形态区的措施配置

高塬沟壑区:高塬沟壑区塬面宽广平坦,连续性和完整性较好,是人口聚集和工农业发展的主要场所,保护水土、光热资源条件较好的塬面是该区水土保持工作的重点。以塬面径流调控体系、废旧胡同改造、高标准农田建设、土地整理等工程为核心,结合沟头防护工程,建立完善的径流积蓄利用及排导工程,引水下沟,可防止沟头前进,有效遏制塬面萎缩。

台塬沟壑区:台塬沟壑区为黄土覆盖平缓倾斜基岩发育形成的塬,塬面连续性较好,塬面平整度较低,该区应以坡改梯、条田埝地整理,开展以土地整治为主要任务的塬面治理,配套灌溉系统,建设高效农业生产基地。居民地、路旁、农田建立排水系统,与沟头防护体系相互衔接,控制塬面径流有序下沟,保护塬面资源。

残塬沟壑区:残塬沟壑区塬面破碎,水土资源较差,沟道侵蚀严重,加强侵蚀沟和沟坡的综合治理是该区域治理的首要任务。建立以谷坊、淤地坝为主的沟道治理工程,抬高侵蚀基准面,稳固沟床;较缓的沟坡地进行坡改梯,发展经济林果,陡坡地整地造林植草、封禁治理,增加植被覆盖,防止水土流失。

6.2.2.3 不同类型区立体防控模式措施配置

1.甘肃高塬沟壑区

治理措施主要包括:塬面治理结合废旧胡同及旧宅基地整理改造,开展高标准农田建设,配套节水灌溉系统、田间防护林、田间水保耕作技术,结合当地产业适当发展经济林果;建设塬面径流集蓄调控体系,在城镇集水区域、道路边、胡同边、庄院周边等低洼地段修建人工湖、蓄水池、小型集蓄工程、下沉绿地等措施,使雨水就地入渗、分段拦蓄。沟头治理包括:修建沟头防护工程,配置涝池、防冲林、塬边边埝及与塬面道路、胡同、集蓄工程相衔接的排水工程,防止沟头前进、沟岸扩张和沟床下切。沟坡荒草地可营造经济价值较高的灌木林,建立人工饲草基地发展畜牧业,陡坡地可采用鱼鳞坑、水平阶、水平沟整地后营造水保林。支毛沟修建谷坊、防冲林制止沟床下切,稳定沟坡;在较大支沟、主沟道打淤地坝,拦蓄径流泥沙,控制水土流失。

甘肃高塬沟壑区措施配置如表 6-1 所示。

表 6-1　甘肃高塬沟壑区措施配置

二级区	立体方位	主要措施配置
甘肃高塬 沟壑区	塬面及塬坡	水窖、涝池、人工湖、大型蓄水池 透水铺砖、下沉绿地 水平梯田(配套节水灌溉、农田防护林网) 排水管网(结合道路、胡同、积蓄工程)
	沟头	沟边埝、涝池 竖井、排水管(网) 沟头填埋 沟头防护林
	沟坡	灌木林、种草 人工整地(水平阶、鱼鳞坑、水平沟等) 经济林果、水保林
	沟道	谷坊、淤地坝 防冲林、人工湿地

2. 甘肃残塬沟壑区

治理措施主要包括:塬面适当建立丰产高效经济果园开发区,适当发展经济林果,距居民地较近立地条件较好的缓坡地带建立以水平梯田为主的粮食基地,距居民地较远的坡面、沟坡配置乔灌草植物措施,加强沟坡坡面林草植被建设和保护,优化林分,改善生态;塬边、村庄、道路布设沟头防护、水窖、涝池,沟道支毛沟布设谷坊(群)、淤地坝工程,形成小水进田、大水进池、洪水不出沟,节节拦蓄利用径流,建立全方位的水土保持防护措施配置体系。

甘肃残塬沟壑区措施配置如表 6-2 所示。

3. 陕西高塬沟壑区

治理措施主要包括:整治塬面及塬坡梯田埝地为高标准农田,发展高效农业、果业产业基地,以修筑沟边埝、大型涝池、防护林带等拦、蓄、排径流积蓄调控体系,综合利用降水资源;结合需求布设蓄水式或排水式沟头防护体系,防止沟头侵蚀;以修筑缓坡梯田、陡坡地整地造林种草、疏林地进行封育治理的沟坡防护体系;以谷坊、淤地坝、沟道防冲林为主的沟道防护体系。

陕西高塬沟壑区措施配置如表 6-3 所示。

表 6-2　甘肃残塬沟壑区措施配置

二级区	立体方位	主要措施配置
甘肃残塬沟壑区	塬面及塬坡	水窖、涝池 水平梯田(田边埂、水保耕作措施) 道路排水 经济林果
	沟头	沟边埂、涝池 竖井、排水管(网) 沟头防护林
	沟坡	乔灌草混交林、人工牧草 人工整地(水平阶、鱼鳞坑、水平沟等) 封禁措施
	沟道	谷坊群、淤地坝、滚水坝 防冲林、小型湿地

表 6-3　陕西高塬沟壑区措施配置

二级区	立体方位	主要措施配置
陕西高塬沟壑区	塬面及塬坡	涝池、大型蓄水池 透水铺砖、下沉绿地 水平梯田(配套节水灌溉、农田防护林网) 排水管网(结合道路、胡同、积蓄工程)
	沟头	沟边埂、涝池 竖井、排水管(网) 沟头防护林
	沟坡	灌木林、种草 人工整地(水平阶、鱼鳞坑、水平沟等) 经济林果、水保林
	沟道	谷坊、淤地坝 防冲林

4.陕西台塬沟壑区

治理措施主要包括:塬面及塬坡以条田垅地为主开展土地整治,配套灌溉设施,结合水保耕作措施,修筑地边埂工程,有效拦蓄和调节地表径流和泥沙;沟头塬边建设蓄水池、涝池、沟头防护等雨洪积蓄工程,调节塬面地表径流,并配设引水、排水设施,减少径流对沟头冲刷;沟坡营造水保林,采用水平沟、鱼鳞坑等整地方式,蓄水固土,稳定沟坡;沟道布设谷坊、淤地坝、沟道防冲林,抬高侵蚀基准面,防止沟岸坍塌。

陕西台塬沟壑区措施配置如表 6-4 所示。

表 6-4　陕西台塬沟壑区措施配置

二级区	立体方位	主要措施配置
陕西台塬沟壑区	塬面及塬坡	土地整治 条田埝地(配套节水灌溉、农田防护林网、地埂) 排水管网(结合道路、农田、庭院、积蓄工程)
	沟头	沟边埂、涝池 排水系统(与塬面排水衔接) 沟头防护林
	沟坡	水保林、种草 封禁治理
	沟道	谷坊、淤地坝 防冲林

5. 陕西残塬沟壑区

治理措施主要包括:塬面及塬坡进行土地整治、坡改梯和栽植经果林;村庄附近修建排水渠,将雨水引入涝池集蓄利用、合理疏导,从源头上削减冲刷压力;配套生产道路,有效拦蓄地表径流,增加基本农田和经济林面积;沟头回填加固,布设沟边蓄、挡、排设施,确保径流有序排放至沟道;坡面人工整地栽植水保林、适度发展经济林,荒山荒坡采取封禁,恢复植被,稳定沟坡,防止崩塌、滑塌、泻溜等重力侵蚀;沟道修建淤地坝或谷坊结合沟道防护栏,防止沟道下切。

陕西残塬沟壑区措施配置如表 6-5 所示。

表 6-5　陕西残塬沟壑区措施配置

二级区	立体方位	主要措施配置
陕西残塬沟壑区	塬面及塬坡	水窖、涝池 水平梯田(配套水保耕作措施、地边埂) 道路排水 经济林果
	沟头	沟边埂、涝池 排水系统(与塬面排水衔接) 沟头防护林
	沟坡	乔灌草混交林、优化林地、牧草 人工整地(水平阶、鱼鳞坑、水平沟) 封禁治理
	沟道	谷坊群、淤地坝、滚水坝 防冲林、小型湿地

6.山西残塬沟壑区

治理措施主要包括:塬面及塬坡以土地整治、梯田修筑为核心的田、林、路、村等相配套的综合防护体系;沟头修筑沟边埝、涝池、防护林带,建设以拦、蓄、排相衔接的径流疏导体系;沟坡以缓坡修筑梯田,陡坡人工整地造林种草,结合封禁治理,建设以生态修复为主的防护体系;沟道以营造谷坊群、小型淤地坝、滚水坝等工程建设为主体的沟道防护体系。

山西残塬沟壑区措施配置如表6-6所示。

表6-6　山西残塬沟壑区措施配置

二级区	立体方位	主要措施配置
山西残塬 沟壑区	塬面及塬坡	水窖、涝池 水平梯田(配套水保耕作措施、地边埝) 道路排水 经济林果
	沟头	沟边埝、涝池 排水系统(与塬面排水衔接) 沟头防护林
	沟坡	乔灌草混交林、优化林地、牧草 人工整地(水平阶、鱼鳞坑、水平沟) 封禁治理
	沟道	谷坊群、淤地坝、滚水坝 防冲林、小型湿地

第7章　措施设计

按塬面塬坡、沟头、沟坡和沟道进行措施配置,提出以条田埝地为核心的田、林、路、村等相配套的塬面塬坡综合防护体系;以修筑沟边埂、排洪渠、防护林带等为核心的拦、导、排水式沟头防护体系;以修筑缓坡梯田、陡坡地整地造林种草为核心的沟坡防护体系;以谷坊、小型淤地坝等工程建设为主,兼营沟道防冲林的沟道防护体系。

塬面和塬坡是工农业生产活动集居区,城乡居民、工矿、交通等占地相对较大,是径流的主要产区,洪水径流由岭—塬面—塬坡—崾岘—坳地汇入集流槽,再经胡同、道路输送至沟头,泻入沟谷,导致沟头前进、沟岸扩张,塬面萎缩。

沟头治理主要针对危害严重和较严重的沟道,其中危害严重的沟道沟缘线位于塬边,沟头深入塬中,无消能缓冲排洪设施,在水力侵蚀及重力侵蚀下,沟头逐年坍塌前进,塬面不断被蚕食,危及距沟头及沟沿线较近的居民点、交通道路、学校、工矿企业等重要设施,损毁农田。

沟坡地形较破碎,沟深坡陡,地面坡度多在15°~45°,主要土壤类型为黄绵土,土层深厚,以人工林草和天然草地为主,兼有少量农耕地;水土流失较为严重,以坡耕地的土壤侵蚀强度最大。

沟道断面形状多呈 U 形和 V 形,沟道比降多在3%~15%;植被以天然草地为主,有少量人工林,该区水土流失异常活跃,是泥沙主产区。

本书根据山西、陕西、甘肃三省共计33个规划单元的典型设计案例,总结归纳黄土塬综合治理措施类型,并按照塬面、塬坡—沟头—沟坡—沟道治理体系进行措施设计论述。

7.1　梯田工程

梯田是在坡地上沿等高线修筑成台阶式断面的农田,常见于山区和丘陵区,由于地块排列呈阶梯状而得名。梯田是治理坡耕地水土流失的有效措施,蓄水、保土、增产作用十分显著。现阶段黄土塬区梯田化程度已较高,由于早期老旧梯田多为人工修建,标准化程度低,田面宽度窄,无法适应现阶段机械化高标准农业耕作方式,因此需对零星缓坡梯田和条田、埝地进行整合治理,老旧梯田进行提升改造,提高土地生产力,建设成高标准基本农田。缓坡耕地修建水平梯田,田边修建地边埂,配套田间道路。巩固改造梯田、埝地,配套节水灌溉设施,发展高效农业和旱作农业,实现农业高质量发展。

7.1.1　工程级别划分

根据地形、地面组成物质等条件,全国的梯田划分为4个大区,其中:Ⅰ区包括西南岩溶区、秦巴山区及其类似区域;Ⅱ区包括北方土石山区、南方红壤区和西南紫色山区(四川盆地周边丘陵区及其类似区域);Ⅲ区包括黄土覆盖区,土层覆盖相对较厚及其类似区域;Ⅳ区主要为黑土区。

本书讨论范围为黄土高塬沟壑区,即全国水土保持区划二级区—黄土高塬沟壑区,位于崂山—白于山一线以南,汾河以西,六盘山以东,关中盆地以北,主要分布于甘肃东部、陕西延安南部和渭河以北、山西西南部等地,属于梯田分区中的Ⅲ区。梯田工程级别分为三级,根据梯田所在分区,按梯田面积、土地利用方向或水源条件等因素,确定其工程级别,分区梯田工程级别划分见表7-1。

表7-1 分区梯田工程级别划分

分区	级别	面积(hm^2)	土地利用方向	备注
Ⅲ区	1	>60	口粮田、园地	以梯田设计单元面积作为级别划分的首要条件,当交通和水源条件较好时,提高一级;当无水源条件或交通条件较差时,降低一级
	2		一般农田、经果林	
	2	30~60	口粮田、园地	
	3		一般农田、经果林	
	3	≤30		

7.1.2 设计标准

梯田工程设计标准依据所在分区及相应梯田工程级别确定,主要以梯田的净田面宽度作为确定设计标准的指标。设计标准包括梯田排水标准和灌溉设施,只有1级梯田工程需要配置灌溉设施,2、3级梯田可以不配置灌溉设施。梯田工程设计标准如表7-2所示。

表7-2 梯田工程设计标准

级别	净田面宽(m)	排水设计标准	灌溉设施
1	≥20	10年一遇至5年一遇短历时暴雨	有
2	15~20	5年一遇至3年一遇短历时暴雨	
3	10~15	3年一遇短历时暴雨	

注:该表适用于Ⅲ区梯田工程设计标准。

7.1.3 设计原则

(1)根据地形条件,大弯就势、小弯取直,便于耕作和灌溉。地面坡度平缓的区域田块布置应便于机械作业。

(2)应配套田间道路、坡面小型蓄排工程等设施,并根据拟定的梯田等级配套相应灌溉设施。

(3)为充分利用土地资源,梯田田埂通常选种具有一定经济价值,且胁地较小的植物。

(4)缓坡梯田区以道路为骨架划分耕作区,在耕作区内布置宽面(20~30 m或更宽)、低坎(1 m左右)地埂的梯田,田面长一般200~400 m,以便于大型机械耕作和自流灌溉。耕作区宜为矩形,有条件的可结合田、路、渠布设农田防护林网。

对少数地形有波状起伏的,耕作区需顺总的地势呈扇形展布,区内梯田坎线亦随之略有弧度,不要求一律成直线。

（5）陡坡地区，梯田长度一般在100~200 m。陡坡梯田区从坡脚到坡顶、从村庄到田间的道路规划，宜采用S形，盘绕而上，以减小路面比降。路面一般宽2~3 m，比降不超过15%。在地面坡度超过15°的地方，可根据耕作区的划分规划道路，耕作区宜结合四面或三面通路，路面3 m以上，并与村、乡、县公路相连。

7.1.4 梯田设计

7.1.4.1 断面设计

黄土高原区以水平梯田为主，水平梯田的断面设计包括以下3个方面内容。

（1）水平梯田断面要素如图7-1所示。

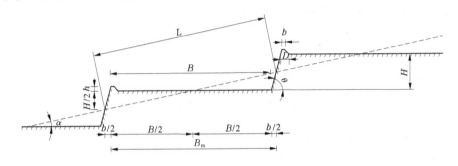

图7-1 水平梯田断面要素

（2）各要素间关系如下：

田坎高度 $\qquad H = B_x \sin\theta$ $\qquad$ (7-1)

原坡面斜宽 $\qquad B_x = H/\sin\theta$ $\qquad$ (7-2)

田坎占地宽 $\qquad b = H\cot\alpha$ $\qquad$ (7-3)

田面毛宽 $\qquad B_m = H\cot\theta$ $\qquad$ (7-4)

田坎高度 $\qquad H = B_m \tan\theta$ $\qquad$ (7-5)

田面净宽 $\qquad B = B_m - b = H(\cot\theta - \cot\alpha)$ $\qquad$ (7-6)

（3）土坎水平梯田断面主要尺寸经验参考值，见表7-3。

表7-3 土坎水平梯田断面主要尺寸经验参考值

地面坡度 θ(°)	田面净宽 B(m)	田坎高度 H(m)	田坎坡度 α(°)
1~5	30~40	1.1~2.3	85~70
5~10	20~30	1.5~4.6	75~55
10~15	15~20	2.6~4.4	70~50
15~20	10~15	2.7~4.5	70~50
20~25	8~10	2.9~4.7	70~50

注：本表中的田面净宽与田坎高度适用于土层较厚地区和土质田坎。对土层较薄地区，其田面净宽应根据土层厚度适当减小。

7.1.4.2 工程量计算方法

（1）当挖填方量相等时，挖方或填方量计算公式为

$$V = \frac{1}{2}\left[\frac{B}{2} \times \frac{H}{2} \times L\right] = \frac{1}{8}BHL \tag{7-7}$$

式中　V——梯田挖方或填方的土方量,m^3;

　　　L——梯田长度,m;

　　　H——田坎高度,m;

　　　B——田面净宽,m。

若面积以公顷计算,1 hm^2 梯田的挖、填方量为

$$V = \frac{1}{8}BHL = \frac{1}{8}H \times 10^4 = 1\,250H\,(m^3/hm^2) \tag{7-8}$$

若面积以亩计算,1 亩梯田的挖、填方量为

$$V = \frac{1}{8}BHL = \frac{1}{8}H \times 666.7 = 83.3H\,(m^3/亩) \tag{7-9}$$

(2)当挖、填方量相等时,单位面积土方移运量为

$$W = V \times \frac{2}{3}B = \frac{1}{12}B^2HL \tag{7-10}$$

式中　W——土方移运量,$m^3 \cdot m$;

　　　其他字母意义同前。

土方移运量的单位为 $m^3 \cdot m$,是一复合单位,即需将若干立方米的土方量运若干米距离。

若面积以公顷计算,1 hm^2 梯田的土方移运量为

$$W = \frac{1}{12}BH \times 10^4 = 833.3BH\,(m^3 \cdot m/hm^2) \tag{7-11}$$

若面积以亩计算,1 亩梯田的土方移运量为

$$W = \frac{1}{12}BH \times 666.7 = 55.6BH\,(m^3 \cdot m/亩) \tag{7-12}$$

此外,田边有蓄水埂,埂高 0.3~0.5 m,埂顶宽 0.3~0.5 m,内外坡比约 1:1,所需土方量根据断面尺寸计算。上述各式不包括蓄水埂。

7.1.4.3　田间道路设计

(1)设计要求。梯田道路根据所通行车辆的需要分为主干道、支道和田间道路。田间道路纵坡应控制在 8°以内,转弯半径不小于 12 m,连续坡长不能超过 20 m。主干道宽度不小于 5 m,能通行中型农用机械;支道能通行中小型农田机械,路面宽度为 3~4 m。若道路和林带结合起来,宽度可适当增加。

(2)道路布设。道路布设要以不同的地貌特点为基础进行,在不同地面坡度条件下,道路和田块相交形式应有所不同。一般地面坡度小于 8°的坡面,田间道路可垂直于等高线与田块正交,田面布设呈非字形;大于 8°而小于 12°的田片,道路应按连续的 S 形布设;对于较大的田片,要根据各田块所处具体地形条件,综合上述各类形式进行道路布设。

(3)路面排水应与梯田排水结合。

(4)结合当地条件,可采用水泥、砂石、泥结碎石、素土等路面。

7.1.4.4 灌溉与排水系统设计

梯田的灌溉与排水系统设计主要包括引洪、排洪渠系、蓄水池、涝池、水窖等。蓄水池一般布设在坡脚或坡面局部低凹处,与排水沟(或截水型截水沟)的终端相连。水窖一般布设在有一定径流汇集或有可集约高附加值利用的梯田周围。

(1)截水沟设计。当梯田区上部为坡耕地和荒坡时,在其交界处布置截水沟,截水沟设计排水标准根据确定的梯田工程设计标准,采用 10 年一遇至 3 年一遇短历时暴雨。蓄水型截水沟基本上沿等高线布设,排水型截水沟应与等高线取 1%~2% 的比降,排水一端与坡面排水沟相接,并在连接处做好防冲措施。

(2)排水沟设计。排水沟一般布设在坡面截水沟的两端或较低一端,终端连接蓄水池或天然排水道。当排水出口的位置在坡脚时,排水沟大致与坡面等高线正交布设,位置在坡面时,排水沟可基本沿等高线或与等高线斜交布设。梯田区两端的排水沟,一般与坡面等高线正交布设,大致与梯田两端的道路同向,根据地形条件,在坡度较陡段需分段设置跌水。

7.2 沟头防护及截洪排导工程

7.2.1 沟头防护工程

沟头进行沟边埂及防护林带建设,拦截塬面径流,防止雨洪下泄,通过排洪渠、竖井等排水工程疏导雨洪,防止水土流失,沿塬边沟头线修建挡水埂(墙),配套修建竖井、排洪渠、截排水沟(管)等沟头排水设施及径流利用工程,在重点地段竖立标志碑,建立警示标志。有条件的地方可结合开发建设项目弃土处理,在居民点及城镇周边沟头侵蚀危害严重的部位进行沟头填埋,阻止沟头前进,维护城镇安全。

7.2.1.1 工程类型、作用和布设原则

1. 工程类型

沟头防护工程分为蓄水型与排水型两类。根据沟头以上来水量情况和沟头附近的地形、地质等因素,因地制宜地选用。

(1)当沟头以上坡面来水量不大,沟头防护工程可以全部拦蓄时,采用蓄水型。降水量少的黄土高原多以蓄水型为主。

(2)当沟头以上坡面来水量较大,蓄水型防护工程不能完全拦蓄或由于地形、土质限制不能采用蓄水型时,采用排水型沟头防护。

(3)降水量大的地区,当沟头溯源侵蚀对村镇、交通设施构成威胁时,多采用排水型沟头防护工程。

2. 作用和布设原则

沟头防护工程,是指为了制止坡面暴雨径流由沟头进入沟道或使之有控制地进入沟道,从而制止沟头前进,保护地面不被沟壑切割破坏的工程。

(1)沟头防护工程布设一般以小流域综合治理措施总体布设为基础,与谷坊、淤地坝等沟壑治理措施互相配合,以达到全面控制沟壑发展的效果。

（2）沟头防护工程布设在沟头上方有坡面天然集流槽、暴雨径流集中泄入及引起沟头剧烈前进的位置。

（3）当坡面来水除集中沟头泄水外，还有分散径流沿沟边泄入沟道时，需在布设沟头防护工程的同时，围绕沟边布设沟边埂，共同制止坡面径流冲刷。

（4）当沟头以上集水区面积较大（10 hm² 以上）时，布设相应的治坡措施与小型蓄水工程，以减少地表径流汇集沟头。

7.2.1.2 蓄水式沟头防护

蓄水式沟头防护工程设计包括两方面内容。

1. 蓄水式沟头防护工程的型式

1）围埂式

在沟头以上 3~5 m 处，围绕沟头修筑土埂拦蓄上面来水，制止径流进入沟道。当来水量（W）大于蓄水量（V）时，如地形条件允许，可布置一道围埂至多道围埂，每一道围埂可以采用连续或断续式，若采用断续式则上下应呈"品"字形排列。

2）围埂蓄水池式

当沟头来水量（W）大于围埂蓄水量（V），单靠 1~2 道围埂不能全部拦蓄，且无布置多道围埂的条件时，在围埂以上附近低洼处修建蓄水池，拦蓄部分坡面来水，配合围埂，共同防止径流进入沟道，蓄水池位置必须距沟头 10 m 以上。此种型式适用于黄土高原沟壑区的塬边沟头或道路处。

3）围埂与其他工程结合式

在集流面积不大，沟头上部呈扇形、坡度比较均一的农田边沿，可采用围埂林带式，即在围埂与沟沿线之间的破碎地带种植灌木，围埂内侧种植 10 m 宽的乔灌混交林；在集流面积不大，沟床下切不甚严重的宽梁缓坡丘陵区，采用沟埂片林式，即在沟头筑围埂，沟坡和沟头成片栽种灌木林（沙棘、柠条、沙柳）。

2. 蓄水式沟头防护工程设计

根据现行《水土保持工程设计规范》（GB 51018）的规定，沟头防护工程设计标准按各地不同降雨情况，分别采取当地最易产生严重水土流失的短历时、高强度暴雨。参考《水土保持综合治理　技术规范　荒地治理技术》（GB/T 16453.2—2008），沟头防护工程的设计标准一般为 10 年一遇 3~6 h 最大暴雨，或采用 5~10 年一遇 24 h 最大降雨。可根据工程经验确定。

（1）来水量按下式计算：

$$W = 10KRF \tag{7-13}$$

式中　W——来水量，m³；

　　　　F——沟头以上集水面积，hm²；

　　　　R——设计标准确定的最大降雨量，mm；

　　　　K——径流系数（可查阅当地的径流系数等值线图获得）。

（2）围埂蓄水量按下式计算：

$$V = L\left[\frac{HB}{2}\right] = L\frac{H^2}{2i} \tag{7-14}$$

式中 V——围埝蓄水量,m^3;

L——围埝长度,m;

B——回水长度,m;

H——埝内蓄水深,m;

i——地面比降(%)。

围埝式蓄水池示意如图 7-2 所示。

(3)围埝断面与位置。围埝断面为土质梯形断面,尺寸根据来水量具体确定,一般埝高 0.8~1.0 m,顶宽 0.4~0.5 m,内外坡比各约 1:1。围埝位置根据沟头深度确定,一般沟头深在 10 m 以内的,围埝位置距沟头 3~5 m。

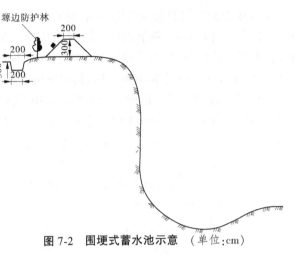

图 7-2　围埝式蓄水池示意　(单位:cm)

7.2.1.3　排水式沟头防护

1. 排水式沟头防护工程的型式

1)跌水式

当沟头陡崖(或陡坡)高差较小时,用浆砌块石修成跌水,下设消能设施,水流通过跌水进入沟道。

2)悬臂式

当沟头为垂直陡壁,陡崖高差达 3~5 m,用木制水槽(或陶瓷管、混凝土管)悬臂置于土质沟头陡坎之上,将来水挑泄下沟,沟底设消能设施。

2. 排水式沟头防护工程设计方法

1)设计流量

$$Q = 278KIF \times 10^{-6} \tag{7-15}$$

式中 Q——设计流量,m^3/s;

I——设计标准确定的最大降雨强度,mm/h;

其他字母含义同前。

2)建筑物组成

跌水式沟头防护建筑物由进水口(按宽顶堰设计)、陡坡(或多级跌水)消力池及出口海漫等组成。悬臂式沟头防护建筑物由引水渠、挑流槽、支架及消能设施组成。

跌水式排水沟头防护工程设计可参照淤地坝设计中的陡坡段设计。

7.2.2　截排水工程

7.2.2.1　排洪排水工程分类与作用

排洪工程主要分为排洪沟、排洪涵洞、排洪隧洞等。

(1)排洪沟主要指排洪明沟,按建筑材料分,一般有土质排洪沟、石质衬砌排洪沟和三合土排洪沟等。项目区一侧或周边坡面有洪水危害时,在坡面与坡脚修建排洪沟。

（2）排洪涵洞按照洞身结构不同，有管涵、拱涵、盖板涵、箱涵等几类。按建筑材料不同，一般有浆砌石涵洞、钢筋混凝土涵洞等几类。按水力流态不同，涵洞可分为无压力式涵洞、半压力式涵洞、压力式涵洞。按填土高度不同，涵洞分为明涵、暗涵，当涵洞洞顶填土高度小于0.5 m时称为明涵，当涵洞洞顶填土高度大于或等于0.5 m时称为暗涵。

（3）排洪隧洞主要为排泄上游来水而穿山开挖建成的封闭式输水道。隧洞按洞内有无自由水面，分为有压隧洞和无压隧洞；按流速大小，分为低流速隧洞和高流速隧洞；有压隧洞按内水压力大小，分为低压隧洞和高压隧洞。

（4）排水工程主要包括山坡排水工程、低洼地排水工程和道路排水工程等，沟、河道汇水采用排洪建筑物，坡面来水采用排水建筑物。

7.2.2.2 工程等级与设计标准

坡面截排水工程等别与设计标准根据现行《水土保持工程设计规范》（GB 51018）相关要求确定。坡面截排水工程等别与坡面上的保护对象如林草工程、梯田工程等别一致。排洪沟的防洪标准根据工程等别确定。坡面截排水工程设计标准如表7-4所示。

表7-4　坡面截排水工程设计标准

级别	排水标准	超高（m）
1	5年一遇至10年一遇短历时暴雨	0.3
2	3年一遇至5年一遇短历时暴雨	0.2
3	3年一遇短历时暴雨	0.2

7.2.2.3 排洪沟

1. 排洪沟形式

排洪沟有如下3种形式。

（1）土质排洪沟。可不加衬砌，结构简单，取材方便，节省投资。适用于沟道比降和水流流速较小且沟道土质较密实的沟段。

（2）衬砌排洪沟。用浆砌石或混凝土将排洪沟底部和边坡加以衬砌。适用于沟道比降和流速较大的沟段。

（3）三合土排洪沟。排洪沟的填方部分用三合土分层填筑夯实。三合土中土、砂、石灰混合比例为6:3:1。适用范围介于前两者之间的沟段。

2. 排洪沟的布置原则

排洪沟在总体布局上，需保证周边或上游洪水安全排泄，并尽可能与项目区内的排水系统结合起来。

排洪沟沟线布置宜走原有山洪沟道或河道。若天然沟道不顺直或因开发项目区规划要求，必须新辟沟线，宜选择地形平缓、地质条件较好、拆迁少的地带，并尽量保持原有沟道的引洪条件。

排洪沟道尽量设置在开发项目区一侧或周边，避免穿绕建筑群，以充分利用地形，减少护岸工程。

沟道线路宜短,减少弯道,最好将洪水引导至开发项目区下游或天然沟道或河道。

当地形坡度较大时,排洪沟一般布置在地势较低的地方,当地形平坦时宜布置在汇水区的中间,以便扩大汇流范围。

3. 洪峰流量的确定

一般洪峰流量根据各地水文手册中有关参数进行水文计算。

4. 排洪沟设计

排洪沟一般采用梯形断面,根据最大流量计算过水断面,按照明渠均匀流公式计算。

$$Q = \frac{AR^{\frac{2}{3}}}{n}\sqrt{i} \tag{7-16}$$

式中　Q——设计流量,m^3/s;

　　　R——断面水力半径,m;

　　　i——排水沟纵坡;

　　　A——过水断面面积,m^2;

　　　n——粗糙系数,可参考表7-5确定。

表7-5　排洪沟壁的粗糙系数参考值(n)

排洪沟过水表面类型	粗糙系数 n	排洪沟过水表面类型	粗糙系数 n
岩质明沟	0.035	浆砌片石明沟	0.032
植草皮明沟($v=0.6$ m/s)	0.035~0.050	水泥混凝土明沟(抹面)	0.015
植草皮明沟($v=1.8$ m/s)	0.050~0.090	水泥混凝土明沟(预制)	0.012
浆砌石明沟	0.025		

当排洪沟水流流速大于土壤最大允许流速时,需要采取防护措施防止冲刷。防护形式和防护材料,根据土壤性质和水流流速确定。排水沟排水流速需小于容许不冲刷流速,见表7-6,或参照《灌溉与排水工程设计规范》(GB 50288—2018)综合分析确定。

表7-6　明沟的最大允许流速参考值

明沟类别	允许最大流速(m/s)	明沟类别	允许最大流速(m/s)
亚砂土	0.8	黏土	1.2
亚黏土	1.0	草皮护坡	1.6
干砌片石	2.0	混凝土	4.0
浆砌片石	3.0		

注:1. 明沟的最小允许流速不小于0.4 m/s,暗沟的最小允许流速不小于0.75 m/s。

　　2. 明沟坡度较大,致使流速超过表7-7修正后的流速时,需在适当位置设置跌水及消力槽,但不能设于明沟转弯处。

最大允许流速的水深修正系数如表7-7所示。

根据沟线、地形、地质条件以及与山洪沟连接要求等因素,确定排洪沟设计纵坡。当自然纵坡大于1:20或局部高差较大时,设置陡坡式跌水。

表 7-7　最大允许流速的水深修正系数

水深 h(m)	$h<0.40$	$0.40<h\leqslant1.00$	$1.00<h<2.00$	$h\geqslant2.00$
修正系数	0.85	1.00	1.25	1.40

排洪沟断面变化时,采用渐变段衔接,其长度可取水面宽度变化之差的 5~20 倍。

排洪沟进出口平面布置,宜采用喇叭口或八字形导流翼墙。导流翼墙长度可取设计水深的 3~4 倍。出口底部需做好防冲、消能等设施。

沟堤顶高程按明沟均匀流公式算得水深后,再加安全超高。排洪沟的安全加高可参考表 7-8 确定,在弯曲段凹岸需考虑水位壅高的影响。

表 7-8　防洪(排洪,以防洪堤为例)建筑物安全超高参考值

防洪堤级别	1	2	3	4	5
安全加高(m)	1.0	0.8	0.7	0.6	0.5

排洪沟宜采用挖方沟道。填方沟道宜选用梯形断面,选用沟堤顶宽 1.5~2.5 m,内坡 1:1.5~1:1.75,外坡 1:1~1:1.5,高挖(填)方区域通过稳定计算确定合理坡比。

排洪沟弯曲段的轴线弯曲半径按照《城市防洪工程设计规范》(GB/T 50805—2012)的规定执行,不应小于按下式计算的最小允许半径及沟底宽度的 5 倍。当弯曲半径小于沟底宽度的 5 倍时,凹岸需要采取防冲措施。

$$R_{\min} = 1.1v^2\sqrt{A} + 12 \tag{7-17}$$

式中　$R_{\min}$——沟道最小允许弯曲半径,m;

　　　v——沟道中水流流速,m/s;

　　　A——过水断面面积,m^2。

7.2.2.4　排洪涵洞

(1)浆砌石拱形涵洞。其底板和侧墙用浆砌块石砌筑,顶拱用浆砌粗料石砌筑。当拱上垂直荷载较大时,采用矢跨比为 1/2 的半圆拱,当拱上荷载较小时,采用矢跨比小于 1/2 的圆弧拱。

(2)钢筋混凝土箱形涵洞。其顶板、底板及侧墙为钢筋混凝土整体框形结构,适合布置在项目区内地质条件复杂的地段,用于排除坡面和地表径流。

排洪涵洞的相关设计可参照《灌溉与排水沟系建筑物设计规范》(SL 482—2011)执行。

7.2.2.5　排洪隧洞

排洪隧洞的支护与衬砌设计可参照《水工隧洞设计规范》(SL 279—2016)执行。

隧洞的衬砌包括锚喷衬砌、混凝土衬砌、钢筋混凝土衬砌和预应力混凝土衬砌(机械式或灌浆式)。

7.2.2.6　竖井

竖井设计可参照"7.3.2.6　放水建筑物设计"相关内容。

7.2.2.7　排水暗管

1.设计要点

(1)排水暗管一般布设在局部闭流洼地和低洼水线处,消除塬面内涝。

（2）暗管间距宜取 50～100 m。在局部闭流洼地和低洼水线处，暗管可适当加密，间距宜为 10～30 m，地形平缓时其间距可适当加大。

（3）暗管坡降依地形和选定管径等因素确定，宜取 0.2%～2%。

2. 排水暗管设计

1）设计流量计算

$$Q = CqA \tag{7-18}$$

$$q = \frac{\mu\Omega(H_0 - H_t)}{t} \tag{7-19}$$

式中　Q——排水暗管设计流量，$\mathrm{m^3/d}$；

　　　C——排水流量折减系数，可从表 7-9 查得；

　　　q——地下水排水强度，$\mathrm{m/d}$；

　　　A——排水管控制面积，$\mathrm{m^2}$；

　　　μ——地下水面变动范围内的土层平均给水度；

　　　Ω——地下水面形状校正系数，取 0.7～0.9；

　　　H_0——地下水降落起始时刻排水地段的作用水头，m；

　　　H_t——地下水位降落到 t 时刻，排水暗管排水地段的作用水头，m；

　　　t——设计要求地下水位由 H_0 到 H_t 的历时，d。

表 7-9　排水流量折减系数

排水控制面积（$\mathrm{hm^2}$）	≤16	16～50	50～100	100～200
排水流量折减系数	1.00	1.00～0.85	0.85～0.75	0.75～0.65

2）暗管管径计算

排水暗管管径宜取 60～100 mm，满足设计排渍流量要求，且不应形成满管出流。排水管内径按下式计算：

$$d = 2\left(\frac{nQ}{\alpha\sqrt{i}}\right)^{\frac{3}{8}} \tag{7-20}$$

式中　Q——排水暗管设计流量，$\mathrm{m^3/d}$；

　　　d——排水管内径，m；

　　　n——管内壁糙率，可从表 7-10 查得；

　　　α——与管内水的充盈度 A 有关的系数，可从表 7-11 查得；

　　　i——管道水力比降，可采用管线的比降。

表 7-10　排水管内壁糙率

排水管类别	陶土管	混凝土管	光壁塑料管	波纹塑料管
内壁糙率	0.014	0.013	0.011	0.016

排水管线比降应满足管内最小流速不低于 0.3 m/s 的要求。管内径 $d \leqslant 100$ mm 时，i 可取 1/300～1/600；$d > 100$ mm 时，i 可取 1/1 000～1/1 500。

表 7-11　系数 α 和 β 取值

A	0.60	0.65	0.70	0.75	0.80
α	1.330	1.497	1.657	1.806	1.934
β	0.425	0.436	0.444	0.450	0.452

注:管内水的充盈度 A 为管内水深与管的内径之比值。管道设计时,可根据管的内径 d 值选取充盈度 A 值:当 $d \leqslant$ 100 mm 时,A 取 0.6;当 d 为 100~200 mm 时,A 取 0.65~0.75;当 $d > 200$ mm 时,A 取 0.8。

3)排水暗管平均流速计算

$$V = \frac{\beta}{n}\left(\frac{d}{2}\right)^{\frac{2}{3}} i^{\frac{1}{2}}$$

(7-21)

式中　V——排水暗管平均流速,m/s;

β——与管内水的充盈度 A 有关的系数,可从表 7-11 查得;

其他字母含义同前。

7.3　谷坊及淤地坝工程

谷坊及淤地坝工程是黄塬区固沟保塬的主要工程措施,两者的作用都是通过抬高侵蚀面,控制沟床下切和沟岸扩张,达到防治沟道水土流失、固沟保塬的目的。

7.3.1　谷坊工程

谷坊工程,又名闸山沟、砂土坝、垒坝阶或浮沙凼,高一般为 2~5 m,适用于有沟底下切危害的沟壑治理地区。谷坊工程自上而下修建在支毛沟,主要任务是巩固并抬高沟床,制止沟底下切。同时,也稳定沟坡、制止沟岸扩张(沟坡崩塌、滑塌、泻溜等)。

根据谷坊的建筑材料分土谷坊、石谷坊和植物谷坊 3 类。土谷坊由填土夯实而成,适宜于土质丘陵区;石谷坊由浆砌或干砌石砌筑而成,适宜于石质或土石山区;植物谷坊,通称柳谷坊,由柳桩和编柳篱内填土或石而成。

7.3.1.1　布设原则及设计内容

1.布设原则

(1)谷坊工程主要修建在沟底比降较大(5%~10%或更大)、沟底下切剧烈发展的沟段。比降特大(15%以上)或其他原因不能修建谷坊的局部沟段,应在沟底修水平阶、水平沟造林,并在两岸开挖排水沟,保护沟底造林地。

(2)沟道治理一般采取谷坊群的布设形式,层层拦挡。谷坊布设间距遵循"顶底相照"的原则,即上一谷坊底部高程与下一谷坊顶部(溢流口)高程齐平。

2.设计内容

1)坝址选择

坝址应选在:"口小肚大",工程量小,库容大;沟底与岸坡地形、地质(土质)状况良好,无孔洞或破碎地层,没有不易清除的乱石和杂物;取用建筑材料(土、石、柳桩等)比较方便的地方。

2) 谷坊间距

下一座谷坊与上一座谷坊之间的水平距离按下式计算。

$$L = \frac{H}{i - i'} \tag{7-22}$$

式中　L——谷坊间距,m;

　　　H——谷坊底到溢水口底高度,m;

　　　i——原沟床比降(%);

　　　i'——谷坊淤满后的比降(%),即不冲比降,见表7-12。

表 7-12　谷坊淤满后的比降(i')

淤积物	粗砂(夹石砾)	黏土	黏壤土	砂土
比降(%)	2.0	1.0	0.8	0.5

7.3.1.2　土谷坊

1. 坝体断面尺寸

根据谷坊所在位置的地形条件,土谷坊坝体断面尺寸按表7-13确定。

表 7-13　土谷坊坝体断面尺寸

坝高(m)	顶宽(m)	底宽(m)	迎水坡比	背水坡比
2	1.5	5.9	1:1.2	1:1.0
3	1.5	9.0	1:1.3	1:1.2
4	2.0	13.2	1:1.5	1:1.3
5	2.0	18.5	1:1.8	1:1.5

注:1. 坝顶作为交通道路时,按交通要求确定坝顶宽度。

　　2. 在谷坊能迅速淤满的地方迎水坡比可采取与背水坡比一致。

2. 溢洪口设计

设在土坝一侧的坚实土层或岩基上,上下两座谷坊的溢洪口尽可能左右交错布设。当沟深小于 3.0 m,且两岸是平地的沟道,坝端没有适宜开挖溢洪口的位置时,土坝高度应超出沟床 0.5～1.0 m,坝体在沟道两岸平地上各延伸 2～3 m,并用草皮或块石护砌,使洪水从坝的两端漫至坝下土地或转入沟谷,水流不得直接回流至坝脚处。

1) 设计洪峰流量

计算设计标准时的洪峰流量,计算方法可参见当地《水文手册》。

2) 溢洪口断面尺寸

采用明渠式溢洪口按明渠流公式,通过试算得出。

$$A = \frac{Q}{v} \tag{7-23}$$

$$A = (b + mh)h \tag{7-24}$$

式中　A——溢洪口断面面积,m²;

Q——设计洪峰流量,m^3/s;

v——相应的流速,m/s;

b——溢洪口底宽,m;

h——溢洪口水深,m;

m——溢洪口边坡系数。

7.3.1.3 石谷坊

1. 石谷坊形式

1)阶梯式石谷坊

一般坝高 2~4 m,顶宽 1.0~1.3 m,迎水坡 1:1.25~1:1.75,背水坡 1:1.0~1:1.5,过水深 0.5~1.0 m。一般不蓄水,建坝后 2~3 年蓄满。

2)重力式石谷坊

一般坝高 3~5 m,顶宽为坝高的 50%~60%(便利交通),迎水坡 1:0.1,背水坡 1:0.5~1:1。此类谷坊在巩固沟床的同时,还可蓄水利用,但需作坝体稳定分析。

2. 溢洪口尺寸

石谷坊溢洪口一般设在坝顶,采用矩形宽顶堰公式计算。

$$Q = Mbh^{\frac{3}{2}}$$

(7-25)

式中 Q——设计流量,m^3/s,计算方法同土谷坊的;

b——溢洪口底宽,m;

h——溢洪口水深,m;

M——流量系数,一般取 1.5。

7.3.1.4 柳谷坊

1. 多排密植型

在沟中已定谷坊位置,垂直于水流方向,挖沟密植柳秆(或杨秆)。沟深 0.5~1.0 m,秆长 1.5~2.0 m,埋深 0.5~1.0 m,露出地面 1.0~1.5 m。每处(谷坊)栽植柳(或杨秆)5 排以上,行距 1.0 m,株距 0.3~0.5 m。埋秆直径 5~7 cm。

2. 柳桩编篱型

在沟中已定谷坊位置,打 4~5 排柳桩,桩长 1.5~2.0 m,打入地中 0.5~1.0 m,排距 1.0 m,桩距 0.3 m;用柳梢将柳桩编织成篱;在每两排篱中填入卵石(或块石),再用捆扎柳梢盖顶;用铅丝将前后 2~3 排柳桩联系绑牢,使之成为整体,加强抗冲能力。

7.3.2 淤地坝工程

淤地坝是指在水土流失地区的沟道中兴建的以拦泥、淤地为主,兼顾滞洪的水工建筑物。主要作用是:调节径流泥沙,控制沟床下切和沟岸扩张,减少沟谷重力侵蚀,防治沟道水土流失,减轻下游河道及水库泥沙淤积,变荒沟为良田,改善生态环境。淤地坝按筑坝材料可分为土坝、石坝、土石混合坝等;按筑坝施工方式可分为碾压坝、水坠坝、定向爆破坝、浆砌石坝等。黄土高原淤地坝多数为碾压土坝和水坠坝,另有少数定向爆破坝。本书主要介绍碾压坝及其配套建筑物的设计。

淤地坝设计主要任务是选择坝址位置,论证确定建筑物布置方案,确定建筑物的级别和设计标准,拟定建筑物的结构及尺寸,提出建筑材料、劳动力等需要量,编制工程概算,进行工程效益分析和经济评价。

7.3.2.1 工程级别

淤地坝工程等级及建筑物级别划分,根据淤地坝库容确定,见表7-14。

表7-14 淤地坝工程等级及建筑物级别划分

工程等级	工程规模		总库容（万 m³）	永久性建筑物级别		临时性建筑物级别
				主要建筑物	次要建筑物	
Ⅰ	大型淤地坝	1 型	100~500	1	3	4
		2 型	50~100	2	3	4
Ⅱ	中型淤地坝		10~50	3	4	4
Ⅲ	小型淤地坝		<10	4	4	

失事后损失巨大或影响十分严重的淤地坝工程2级、3级主要永久性水工建筑物,经过论证,可提高一级。永久性水工建筑物基础的工程地质条件复杂或采用新型结构时,对2级、3级建筑物可提高一级。

7.3.2.2 工程设计标准

淤地坝工程设计标准应根据建筑物级别确定,见表7-15。

表7-15 淤地坝建筑物设计标准

建筑物级别	洪水重现期（年）	
	设计	校核
1	30~50	300~500
2	20~30	200~300
3	20~30	50~200
4	10~20	30~50

淤地坝坝坡抗滑稳定的安全系数,不应小于规定的数值,见表7-16。

表7-16 淤地坝坝坡抗滑稳定的安全系数

荷载组合或运用状况	建筑物级别	
	1~2	3~4
正常运用	1.25	1.20
非常运用	1.15	1.10

7.3.2.3 建筑物组成

淤地坝建筑物由坝体、放水工程、溢洪道组成,如图7-3所示;在经济合理、一次设计、分期建设原则指导下,合理选定淤地坝建设方案。经黄土高原多年实践表明,初期建设时可采用以下3种方案:

(1)"三大件"方案,即由坝体、放水工程、溢洪道三部分组成。该方案对洪水处理以

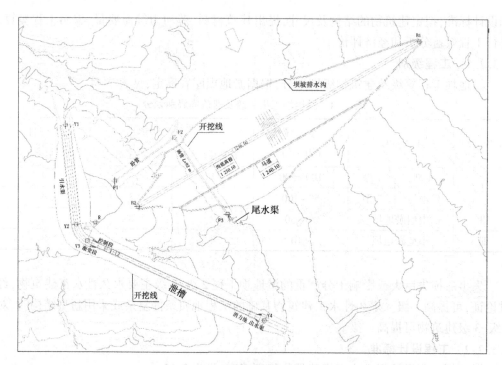

图 7-3 淤地坝建筑物组成

排为主,工程建成后运行较安全,上游淹没损失小,但工程量较大,工程建设、维修及运行费用较高。

(2)"两大件"方案,即包括坝体、放水工程。该方案对洪水泥沙处理以滞蓄为主,无溢洪道,库容大,坝较高,工程量大,上游淹没损失大,但石方和混凝土工程量小,工程总投资较小。此类工程一般有一定风险,库容和放水建筑物必须配合得当,保证在设计频率洪水条件下的安全。

(3)"一大件"方案,即仅有坝体。该方案全拦全蓄洪水和泥沙,仅适用于集水面积较小的小型淤地坝。为了增加其安全性,一般坝顶布设浆砌石溢流口。

7.3.2.4 设计要求与内容

1. 方案选择和工程规模

1)方案选择

淤地坝建筑物布设方案应根据自然条件、流域面积、暴雨特点、建筑材料、周边环境状况(如道路、村庄、工矿等)和施工等因素,考虑防洪、生产、水资源利用等要求,按有关规范合理确定。"三大件"方案适用于流域面积较大,下游有重要的交通设施、工矿或村镇等,起控制性的大型淤地坝。"两大件"方案适用于流域面积一般在 $3 \sim 5 \ km^2$,坝址下游无重要设施,或者当地无石料,以滞蓄为主的情况。具体方案的选择,必须进行技术经济比较方可确定。

2)工程规模

坝高与库容应通过水文计算确定,同时应综合考虑各方面的因素。应特别注意:对于沟深坡陡、地形破碎且局部短历时暴雨雨洪径流一般峰高量小,采用较大库容的办法,易取得较好的效果。

2. 坝型选择

坝型选择应本着因地制宜、就地取材的原则,结合当地的自然经济条件、坝址地形地质条件以及施工技术条件,进行技术经济比较,合理选择。不同坝型特点和适用范围见表 7-17。

表 7-17　不同坝型特点和适用范围

坝型		特点
均质土坝	碾压坝	就地取材,结构简单,便于维修加高和扩建;对土质条件要求较低,能适应地基变形,但造价相对水坠坝要高,坝身不能溢流,需另设溢洪道。小型的碾压均质土坝可设浆砌石溢流口
	水坠坝	就地取材,结构简单,施工技术简单,造价较低;但建坝工期较长,对土料的黏粒含量有要求(一般要低于20%),且水源充足
	定向爆破—水坠筑坝	就地取材,结构简单,建坝工期短,对施工组织和交通条件要求较低;但对地形条件和施工技术要求较高
土石混合坝		就地取材,充分利用坝址附近的土石料和弃渣,但施工技术比较复杂,坝身不能溢流,需另设溢洪道
浆砌石拱坝		坝体较薄,轻巧美观,可节省工程量;但施工工艺较难,对地形、地质条件要求较高,施工技术复杂

一般来说,当地材料是决定坝型的主要因素。当沟道两岸及河床均为岩石基础,石料丰富,相对容易采集,设计中多采用浆砌石重力坝或砌石拱坝;反之,土料丰富时,多采用均质土坝。

3. 调洪演算

淤地坝建筑物组成为"一大件",全拦全蓄,一般标准较低,不参与调洪;当为"两大件"工程时,由于放水工程的泄洪量较小,调洪演算也不予考虑,滞洪库容只计算把控流域面积内的一次暴雨洪水总量;当为"三大件"工程时,需要进行调洪演算,主要是计算溢洪道的下泄流量、洪水总量和泄洪过程线。

1)单坝调洪演算

计算公式为

$$\left.\begin{array}{l} q_P = Q_P\left(1 - \dfrac{V_z}{W_P}\right) \\[2mm] q_P = Mbh_0^{1.5} \end{array}\right\} \tag{7-26}$$

式中　q_P——频率为 P 的洪水时溢洪道最大下泄流量,m^3/s;

Q_P——频率为 P 的设计洪峰流量,m^3/s;

V_z——滞洪库容,万 m^3;

W_P——频率为 P 的设计洪水总量,万 m^3;

M——溢流堰流量系数;

b——溢流堰底宽,m;

h_0——包含行进流速的堰上水头,m。

2)淤积(拦泥)库容的确定方法

a.计算淤地坝淤积(拦泥)库容

淤地坝淤积(拦泥)库容按下式计算:

$$V_L = \frac{\overline{W}_{sb}(1 - \eta_s)N}{\gamma_d} \tag{7-27}$$

式中 $\overline{W}_{sb}$——坝址以上流域的多年平均输沙量,万 t/a;

η_s——淤地坝排沙比,可采用当地经验值;

N——设计淤积年限,a,大Ⅰ型淤地坝取 20~30 年,大Ⅱ型淤地坝取 10~20 年,中型淤地坝取 5~10 年,小型淤地坝取 5 年;

γ_d——土的干容重,t/m³。

b.输沙量计算

工程输沙量计算一般包括多年平均输沙量和某一频率输沙量及过程计算,目的是推算淤积库容和一次洪水排沙量。

输沙量计算包括悬移质沙量和推移质沙量两个部分,可按下式计算:

$$\overline{W}_{sb} = \overline{W}_s + \overline{W}_b \tag{7-28}$$

式中 $\overline{W}_{sb}$——多年平均输沙量,万 t/a;

$\overline{W}_s$——多年平均悬移质输沙量,万 t/a;

$\overline{W}_b$——多年平均推移质输沙量,万 t/a。

(1)悬移质输沙量计算。

小流域一般无泥沙观测资料,多采用间接方法进行估算。常用的方法如下。

输沙模数(侵蚀模数)图查算法,计算公式为

$$\overline{W}_s = \sum M_{si} F_i \tag{7-29}$$

式中 M_{si}——分区输沙模数,万 t/(km²·a),可根据土壤侵蚀普查数据和省、地有关水文图集、手册的输沙模数等值线图相互印证确定;

F_i——分区面积,km²。

输沙模数经验公式法,计算公式为

$$\overline{W}_s = K\overline{M}_0^b \tag{7-30}$$

式中 M_0——多年平均径流模数,万 m³/(km²·a);

b——指数,采用当地经验值;

K——系,采用当地经验值。

(2)推移质输沙量计算。目前,小流域推移质输沙量缺乏实测资料,通常采用比例系数法估算。计算公式为

$$\overline{W}_b = \beta \overline{W}_s \tag{7-31}$$

式中 β——比例系数,可采用当地调查值或采用相似流域实测值,黄土丘陵区 β 一般可

取 0.05~0.15;

其他字母含义同前。

7.3.2.5 淤地坝坝体设计

淤地坝坝体设计主要是通过稳定分析、渗流计算、固结计算等,确定淤地坝的基本体型。对于蓄水运行或坝高大于 30 m,库容大于 100 万 m^3 的淤地坝,坝体设计计算包括稳定分析、渗流分析、沉降计算。对于小型淤地坝,可参照同类工程采用类比法设计。

1. 淤地坝坝体设计

淤地坝坝体设计包括坝体基本剖面、坝体构造以及淤地坝配套建筑物设计等内容。

1) 淤地坝断面

淤地坝坝体的断面一般为梯形,应根据坝高、建筑物级别、坝基情况及施工、运行条件等,参照现有工程的经验初步拟定,然后通过稳定分析和渗流计算,最终确定合理的剖面形状。

淤地坝库容由拦泥库容、滞洪库容组成,因此习惯上坝高由拦泥坝高、滞洪坝高加上安全超高确定,即

$$H = H_L + H_Z + \Delta H \tag{7-32}$$

式中 H——坝高,m;

H_L——拦泥坝高,m;

H_Z——滞洪坝高,m;

ΔH——安全超高,m。

a. 拦泥坝高

淤地坝以拦泥淤地为主,坝前设计淤积高程以下为拦泥库容量,拦泥库容量对应的坝高(H_L)即拦泥坝高。拦泥坝高一般取决于淤地坝的淤积年限、地形条件、淹没情况等,应根据设计淤积年限和多年平均来沙量,计算出拦泥库容,再由坝高—库容曲线查出相应的拦泥坝高。

b. 滞洪坝高

滞洪坝高即滞洪库容所对应的坝高。淤地坝多修建成"两大件"形式,库容组成除考虑拦泥库容外,一般还要考虑一次校核标准情况下的洪水总量作为其滞洪库容。滞洪坝高 H_Z 的确定如下:当工程由"三大件"组成时,滞洪坝高等于校核洪水位与设计淤泥面之差,通常是溢洪道最大过水深度;当工程为"两大件"时,滞洪坝高为设计淤泥面上一次校核洪水总量所对应的水深。

c. 安全超高

为了保障淤地坝安全,校核洪水位之上应留有足够的安全超高,通常情况下淤地坝不能长期蓄水,因此不考虑波浪爬高。安全超高是根据各地淤地坝运用的经验确定的,设计时参考值见表 7-18。

表 7-18　碾压土坝安全超高参考值

坝高(m)	10~20	>20
安全超高(m)	1.0~1.5	1.5~2.0

淤地坝的设计坝高是针对坝沉降稳定以后的情况而言的,因此竣工时的坝顶高程应预留足够的沉降量,根据淤地坝建设的实际情况,碾压土坝坝体沉降量取设计坝高(三部分坝高之和)的1%~3%。

2)坝顶宽度

土坝的坝顶宽度应根据坝高、施工条件和交通等方面的要求综合考虑后确定。无交通要求时,按表7-19确定。

表7-19　碾压坝顶宽度

坝高(m)	10~20	20~30	30~40
碾压坝顶宽度(m)	3	3~4	4~5

3)坝顶、护坡与排水

a.坝顶

淤地坝一般对坝顶构造无特殊要求,可直接采用碾压土料,如兼作乡村公路,可采用碎石、粗砂铺坝面,厚度为20~30 cm。为了排除雨水,坝顶面应向两侧或一侧倾斜,做成2%~3%的坡度。

b.护坡

(1)土坝表面宜设置护坡。护坡包括植物护坡、砌石护坡、混凝土或者混凝土框格与植物相结合护坡等形式,可因地制宜选用。

(2)护坡的形式、厚度及材料粒径等应根据坝的级别、运行条件和当地材料情况,经技术经济比较后确定。

(3)护坡的覆盖范围应符合以下要求:上游面自坝顶至淤积面,下游面自坝顶至排水棱体,无排水棱体时,应护至坡脚。

c.坝坡排水

下游坝坡应设纵横向排水沟。横向排水头一般每隔50~100 m 设置1条,其总数不少于2条;纵向排水沟设置高程与马道一致并设于马道内侧,尺寸与底坡按集水面积计算确定。纵向排水沟应从中间向两端倾斜(坡度 $i=0.1\%\sim0.2\%$),以便将雨水排向横向排水沟。坝体与岸坡连接处也必须设置排水沟。排水沟一般采用浆砌石、现浇混凝土或预制件拼装等。

d.坝体排水

坝体排水主要有棱体排水、贴坡排水和褥垫排水等形式,如图7-4所示,可结合工程具体条件选定。

(1)棱体排水。棱体排水又称滤水坝趾,是在下游坝坡脚处用块石堆成的棱体,如图7-4(a)所示。坝体顶宽不小于1.0 m,排水体高度可取坝高的1/5~1/6,顶面高出下游最高水位0.5 m 以上,而且应保证浸润线位于下游坝坡面的冻层以下。棱体内坡根据施工条件确定,一般为1:1.0~1:1.5,外坡取1:1.5~1:2.0。棱体与坝体以及土质地基之间均应设置反滤层,在棱体上游坡脚处应尽量避免出现锐角。

棱体排水是一种可靠的、被广泛应用的排水设施,排水效果好,可以降低浸润线,能防止坝坡遭受渗透和冲刷破坏,且不易冻损,但用料多,费用高,施工干扰大,堵塞时检修困

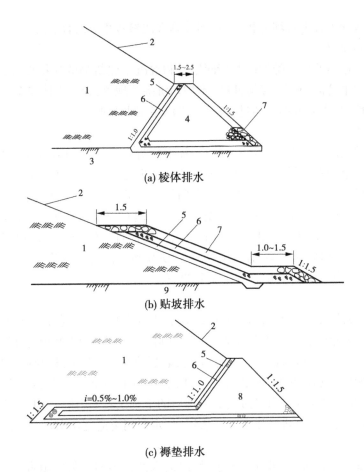

(a) 棱体排水

(b) 贴坡排水

(c) 褥垫排水

1—坝体;2—坝坡;3—透水地基;4—卵石;5—粗砂;6—小砾石;7—干砌块石;8—块石;9—非岩石地基

图 7-4 坝体排水形式 （单位:m）

难。在松软地基上棱体易发生不均沉陷而损坏。

（2）贴坡排水。贴坡排水又称表面式排水,用堆石或干砌石加反滤体直接铺设在下游坝坡表面,不伸入坝体的排水设施,如图 7-4(b)所示。排水体顶部需高出浸润线逸出点 1.5 m 以上,排水体的厚度应大于当地的冰冻深度。排水底角处应设置排水沟或排水体,并具有足够的深度,以便在水面结冰后,下部保持最后的排水断面。

这种形式的排水结构简单,用料少,施工方便,易于检修,能保护边坡土壤免遭渗透破坏,但对坝体浸润线不起降低作用,且易因冰冻而失效。

（3）褥垫排水。褥垫排水是沿坝基面平铺的水平排水层、外包反滤层,如图 7-4(c)所示。伸入坝体内的深度一般不超过坝底宽的 1/2~2/3,块石层厚为 0.4~0.5 m。这种排水倾向下游的纵坡一般为 0.005~0.1。这种形式的排水能更好地降低坝体浸润线,适用于在下游无水的情况下布设,当下游水位高于排水设备时,降低浸润线的效果将显著降低。其缺点是施工复杂,易堵塞和沉陷断裂,检修较困难。

2. 坝体抗滑稳定计算和渗流计算

最终确定的淤地坝坝型,必须满足坝体抗滑稳定和渗流要求。抗滑稳定和渗流的计算方法与水利工程土石坝的相同,具体计算方法参考相关内容。

3. 基础处理

做好淤地坝的坝基处理以及坝同岸坡和混凝土建筑物的连接设计,目的是使坝内蓄水后不会发生管涌、流土、接触冲刷、不均匀沉降等现象,确保坝体安全运行。对于有需水要求的淤地坝,渗流量不应超过允许值,以满足用水要求。

1) 基本要求

土坝的底面积较大,坝基应力较小,加之坝身具有一定的适应变形的能力,因此对坝基处理的要求相对较低。黄土高原地区的淤地坝大多为直接修建在不透水地基上的均质土坝,在坝体填筑前,一般可以不参与专门的防渗措施,只对坝基的草皮、腐殖土等进行开挖清除,深度 0.5~1.0 m 即可满足施工要求。但对坝基透水或是其他松软坝基,则应进行技术处理,处理的主要要求是:控制渗流,避免管涌等有害的渗流变形;保持坝体和坝基的稳定,不产生明显的不均匀沉陷,竣工后坝基和坝体的总沉陷量一般不宜大于坝高的3%;在保证坝体安全运行的情况下节省投资。

2) 土基处理

土坝经常修建在黏土、壤土、沙壤土、砾石土等土基上。要求岩土基的渗流量及渗流出逸比降不超过允许值,筑坝后不会产生过大沉降变形,不会因土基剪切破坏导致土坝滑坡。

要做好土基表面清理:挖出树根草皮,表层腐殖土、淤泥、粉粒砂、乱石砖瓦等,对水井、泉眼、洞穴、地道、冲沟、凹塘应进行开挖,回填上坝土料并夯实。清基厚度视需求而定,一般为 0.5~1.0 m。沿经过表面清理后的土基挖若干小槽,用土回填夯实,以利结合。经表面清理后,用碾压机具压实土基表层,加水湿润至适宜含水量,并进行刨毛后,填筑坝体第一层填土。

如土基透水性过大,可开挖截水槽,以透水性较小的土料回填夯实,槽底最好位于相对不透水层,以切断渗流,如相对不透水层埋藏较深,挖槽不经济,可改用混凝土防渗墙或高压喷射灌浆穿透地基,与相对不透水层相连;也可做成悬挂式接水槽或修建铺盖以延长渗径,减少渗流量。在土基与下游透水坝壳接触面,或在下游坝脚以外一定范围内,渗流出逸比降超过允许值的土基表面,都应铺设反滤层。均质土坝,一般要设坝体排水,以降低浸润线。

3) 沙砾石地基处理

许多土坝建在沙砾石地基上,对这类地基的处理主要解决渗流问题,控制渗流量,保证地基的稳定性。一般需同时采取防渗及排渗措施。

a. 防渗措施

防渗措施一般有水平及垂直两种方案,前者如水平铺盖,用以延长沙砾坝基渗径,适用于组成比较简单的深厚沙砾层上的中低坝;后者为截水槽、混凝土防渗墙等,完全切断沙砾层,防渗最为彻底,适用于多种地层组成的坝基或坝基渗漏量控制比较严的情况。

(1) 水平铺盖。

水平铺盖是一种水平防渗措施,其结构简单,造价较低,当采用垂直防渗设施有困难或不经济时,可采用这种形式。这种处理方式不能完整截断渗流,但可延长渗径,降低渗透比降,减少渗流量。铺盖由黏土和壤土组成,其渗透系数与地基渗透系数之比最好在

1 000倍以上。铺盖的合理长度应根据允许渗流量及渗流稳定条件,与排水设备配合起来,由计算决定,一般为4~6倍水头。铺盖的长度由允许渗透坡降决定。铺盖上游端部按构造要求不得小于0.5 m。填筑铺盖前清基,在沙砾石地基上设反滤层,铺盖上面可设保护层。

淤地坝以拦泥为主,可以利用拦蓄的泥沙作为水平铺盖防渗,但必须论证其可行性,并加强淤地坝的运行管理和渗流观测。

(2)截水槽。

在沙砾覆盖层中开挖明渠,切断沙砾层,再用筑坝土料回填压实,同坝体相连,形成可靠的垂直防渗,效果显著。

截水槽底宽应根据回填土的允许渗透比降而定。回填黏土及重壤土,底宽不小于$(1/10\sim1/8)H$,中、轻壤土不小于$(1/6\sim1/5)H(H$为上下游水头差)。为满足施工要求,槽宽不应小于3 m。截水槽上下游坡度取决于开挖时边界稳定要求,一般采用$1:1\sim1:2$。截水槽位置视工程地质和水文地质及坝型而定。均质坝常将截水槽设在坝轴上游,一般离上游坝脚不小于1/3坝底宽。

b. 排渗措施

沙砾石坝基除采取上述的防渗措施外,尚需针对不同防渗方案,采取不同的排渗措施,安全排泄渗水,以保证坝基渗流稳定。对于垂直防渗方案,沙砾层渗水被完全截断,坝基渗流得到较彻底的控制,下游排渗措施可适当简化,而水平铺盖由于沙砾覆盖层未被截断,一般在下游设水平褥垫排水、反滤排水沟、减压井或透水盖重等。

4)湿陷性黄土地基处理

天然黄土遇水后,其钙质胶结物被溶解软化,颗粒之间的黏聚力遭到破坏,强度显著降低,土体产生明显沉陷变形,作为坝基时应进行处理,否则蓄水后将由于坝基湿陷使坝体开裂甚至塌滑,引起坝体失事。处理湿陷性黄土坝基应综合考虑黄土层厚、黄土性质和湿陷特性、施工条件及运行要求。常用的处理方法有开挖回填、预先浸水及强力夯实等。

(1)开挖回填。将坝基湿陷性黄土全部或部分清除,然后以含水量接近于最优含水量的土回填压实,以消除湿陷性。回填后干密度以及填筑质量控制同坝体的一样。一般适用于需要处理的土层不太厚的情况。

(2)预先浸水。该法可用以处理强或中等湿陷而厚度又较大的黄土地基。在坝体填筑前,将待处理坝基划分条块,沿其四周筑小土埂,灌水对湿陷性黄土层进行预先浸泡,使其在坝体施工前及施工过程中消除大部分湿陷性,保证坝库蓄水后第二次湿陷变形为最小。

(3)强力夯实。可增强黄土密实度,改善其物理力学性质,减少或消除坝基黄土的湿陷性。

5)软土地基相关内容

(1)软土地基作为坝基存在的问题。

软土是指天然含水量大于液限,孔隙比大于1的黏性土。其抗剪强度低,压缩性高,透水性小,灵敏度高,工程特性恶劣。作为坝基可能产生以下问题:

①由于强度低,使坝基产生局部塑形破坏和大坝整体滑坡。

②出现较大沉降和不均匀沉陷,使坝体出现大的纵横向裂缝,破坏整体性。

③透水性小,固结缓慢,竣工后坝的沉降将持续很长时间。

④因为灵敏度高,施工期间由于扰动会使坝基软土强度迅速降低,导致剪切破坏。

(2)软土地基处理方法。

①开挖换土。如软土不厚,可全部或部分挖除,用土料回填并夯实。②打砂井。在软土中打孔,用沙石回填形成砂井,上接排水褥垫,分别通向上下游,以缩短软土层排水距离,改善排水条件,使软土中的水通过砂井和排水褥垫排除,使大部分沉降在填土过程中完成。软土深厚时,打砂井是较为有效的处理措施。

7.3.2.6 放水建筑物设计

1. 放水建筑物的组成及位置选择

1)放水建筑物的组成

淤地坝放水建筑物由取水建筑物、涵洞、消能等设施组成。取水建筑物通常采用卧管或竖井,并通过消力池(井)与之连接。涵洞位于坝下,一般与坝轴线基本垂直。涵洞出口通常与明渠相接,出口流速较小(如低于 6 m/s)时,通常采用防冲铺砌与沟床连接;出口流速较大时,应设置消能设施,通常采用底流消能。

2)放水建筑的位置选择

放水建筑物总体布局的任务是:在实地勘察的基础上,根据设计资料,选定放水建筑物的位置及取水建筑物、涵洞、出口建筑物和消能防冲设施的布置形式、尺寸和高程,总体布局需经济合理。放水建筑物位置选择应满足以下条件:

(1)放水建筑物应设置在基岩或质地均匀而坚实的土基上,以免由于地基沉陷不均匀而发生洞身断裂,引起漏水,影响工程的安全。

(2)放水卧管与涵洞的轴线夹角应不小于90°;涵洞的轴线应当与坝轴线基本垂直,并尽量使其顺直,避免转弯。

(3)涵洞有灌溉任务时,其位置应布置在靠近灌区的一侧,出口高程应能满足自流灌溉的要求。进口高程应根据地质、地形、施工、淤积运行情况等要求确定。

(4)对于分期加高的淤地坝,竖井或卧管等建筑物的布置要为改建和续建留有余地。

2. 取水建筑物的结构形式与材料

取水建筑物通常采用卧管或竖井。

1)卧管

卧管是一种斜置于库岸坡或坝坡上的台阶式取水工程,如图 7-5 所示。可以分段放水,放水孔可通过人工或机械进行启闭,一般采用方形砌石或钢筋混凝土结构。卧管上端高出最高蓄水位,习惯上每隔 0.3~0.6 m(垂直距离)设一放水孔,人工启闭时,平时用孔盖(或混凝土塞)封闭,用水时,随水面下降逐级打开。卧管下段用消力池与泄水涵洞连接。孔盖打开后,库水就由孔口流入管内,经过消力池消能后由泄水涵洞放出库外。为防止放水时卧管发生真空,其上端设有通气孔。

(1)卧管放水孔直径确定。按小孔出流公式计算。计算时,一般按开启一级或同时开启两级或三级计算,如图 7-6 所示。卧管放水孔孔口直径不应大于 0.3 m,否则按每台设置两个放水孔设计。放水孔直径可按以下公式进行计算。

开启一级孔 $$d = 0.68 \sqrt{\frac{Q}{\sqrt{H_1}}} \qquad (7\text{-}33)$$

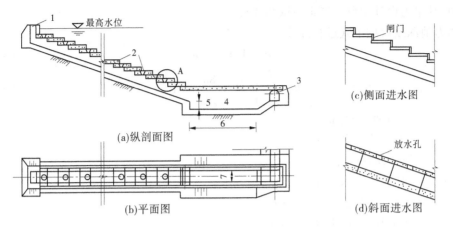

1—通气孔;2—放水孔;3—涵洞;4—消力池;5—池深;6—池长

图 7-5　卧管结构

同时开启两级孔　　　$d = 0.68\sqrt{\dfrac{Q}{\sqrt{H_1} + \sqrt{H_2}}}$　　　　　　(7-34)

同时开启三级孔　　　$d = 0.68\sqrt{\dfrac{Q}{\sqrt{H_1} + \sqrt{H_2} + \sqrt{H_3}}}$　　　(7-35)

式中　d——放水孔直径,m;

　　　Q——放水流量,m³/s;

　　　H_1、H_2、H_3——孔上水深,m。

（2）卧管断面形式。卧管有圆管和方管（正方形和长方形）两种形式,材料常用浆砌石、混凝土和钢筋混凝土。当采用方管时,盖板修成台阶状;当采用圆卧管时,则应在管上或管旁另筑台阶。

（3）卧管断面尺寸。卧管断面尺寸确定应考虑水位变化而导致的流态变化,设计流量比正常运用时加大 20%~30%,按明渠均匀流公式计算其所需过水断面。为保证卧管及涵洞内为无压流,卧管下部的消力池跃后水位应不淹没涵洞出口,卧管高度应较正常水深加高 3~4 倍。

$$A = \dfrac{Q_{加}}{C\sqrt{Ri}} \qquad\qquad (7\text{-}36)$$

式中　$Q_{加}$——通过卧管的流量,m³/s;

　　　A——卧管断面面积,m²;

　　　C——谢才系数,$C = \dfrac{1}{n}R^{1/6}$,其中 n 为糙率,对混凝土,n 取 0.014~0.017,对浆砌石,n 取 0.02~0.025;

　　　i——卧管纵坡,1:2~1:3;

　　　R——水力半径,m。

（4）卧管消力池水力计算。卧管消力池采用矩形断面,一般采用浆砌石或钢筋混凝土结构,其水力设计主要是确定池深和池长。

消力池深度可按下式进行计算:

$$d = 1.1h_2 - h \tag{7-37}$$

$$h_2 = \frac{h_0}{2}\left[\sqrt{1 + \frac{8q^2}{gh_0^3}} - 1\right] \tag{7-38}$$

式中　d——消力池深度,m;

　　　h_2——第二共轭水深,m;

　　　h——下游水深,m;

　　　h_0——卧管正常水深,m;

　　　q——卧管单宽流量,$m^3/(s \cdot m)$;

　　　g——重力加速度,取 9.81 m/s^2。

消力池长 L_2 可按下式计算:

$$L_2 = (3 \sim 5)h_2 \tag{7-39}$$

式中　L_2——消力池长度,m;

　　　其他字母含义同前。

(5)卧管与消力池结构尺寸。卧管与消力池主要承受外水压力和泥沙压力,其结构尺寸取决于它在水下的位置、跨度以及卧管使用的材料,其结构计算公式可参考本书盖板涵结构尺寸计算公式。卧管断面尺寸可参考有关规范和书籍。

2)竖井

竖井结构如图 7-6 所示。竖井一般采用浆砌石修筑,断面形状采用圆形或方形,内径取 0.8~1.5 m,井壁厚度取 0.3~0.6 m,沿井壁垂直方向每隔 0.3~0.5 m 可设一对放水孔;井底设消力井,井深为 0.5~2.0 m;上、下层放水孔应交错布置(上、下两层孔垂直中心线不在同一平面上),孔口处设门槽,下部与涵洞相连,当竖井高度较大或地基较差时,应再砌筑 1.5~3.0 m 高的井座。竖井的井壁厚度应通过结构计算确定,竖井的优点是结构简单,工程量少;缺点是闸门关闭困难,管理不便。

(1)竖井放水孔面积计算。竖井放水孔布置如图 7-7 所示,孔口面积按式(7-40)~式(7-42)进行计算。

设一层放水孔放水为

$$\omega = \frac{Q}{n\mu\sqrt{2gH_1}} \tag{7-40}$$

式中　ω——放水孔形式相同、面积相等时,一个放水孔过水断面面积,m^2;

　　　Q——放水流量,m^3/s;

　　　n——放水孔数,个;

　　　μ——流量系数,取 0.65;

　　　H_1——水面至孔口中线的距离,m。

设二层放水孔放水为

$$\omega = \frac{Q}{n\mu(\sqrt{2gH_1} + \sqrt{2gH_2})} \tag{7-41}$$

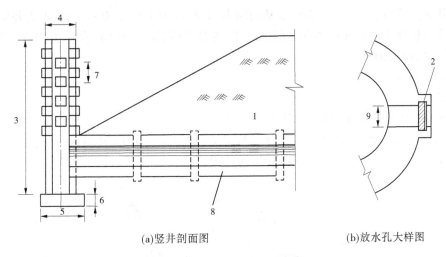

(a)竖井剖面图　　　　　　　　　　　(b)放水孔大样图

1—土坝;2—插板闸门;3—竖井高;4—竖井外径;5—井座宽;6—井座厚;7—放水孔距;8—涵洞;9—放水孔径

图 7-6　竖井结构

式中　H_2——水面至第二层孔口中线的距离,m;

其他字母含义同前。

设三层放水孔放水为

$$\omega = \frac{Q}{n\mu(\sqrt{2gH_1} + \sqrt{2gH_2} + \sqrt{2gH_3})} \quad (7-42)$$

式中　H_3——水面至第三层孔口中线的距离,m;

其他字母含义同前。

孔口可以做成圆形和方形,求出面积后再进一步确定放水孔具体尺寸。

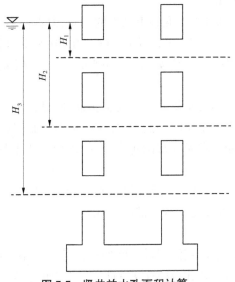

图 7-7　竖井放水孔面积计算

(2)竖井结构尺寸。竖井除应选在岩石或硬土地基上外,当竖井较高或地基较差时,还应在其底部修筑井座,以减小对地基的压力,其厚度为 1.0~3.0 m,厚度可为井壁的 2 倍。竖井结构和不同井深的各部分断面尺寸,可参考《淤地坝设计》(黄河上中游管理局,中国计划出版社,2004)。

3. 输水涵洞

1) 结构

输水涵洞主要有方涵、圆涵和拱涵 3 种结构。

(1) 方涵:由洞底、两侧边墙及顶部盖板组成,如图 7-8(a) 所示,也可做成分离式,当洞内流速不大时,也可不做洞底,仅采用简单护砌。

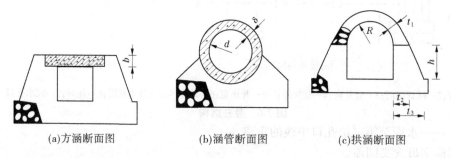

(a)方涵断面图　　　　　(b)涵管断面图　　　　　(c)拱涵断面图

b—盖板厚;R—起拱半径;h—起拱高度;t_1—拱圈厚;t_2—拱座顶宽;t_3—拱座底宽;d—涵管半径;δ—管壁厚

图 7-8　涵洞结构图

方涵的洞底、边墙多采用浆砌石或素混凝土建造。盖板则多采用钢筋混凝土板。当跨径较小时,在盛产料石地区也可采用石盖板。

(2) 圆涵:多采用钢筋混凝土预制管,目前一般采用的标准直径主要有 0.6 m、0.75 m、0.8 m、1.0 m、1.25 m,钢筋混凝土圆管可根据基础情况选择采用有底座基础或直接放在地基上,如图 7-8(b) 所示。

当涵洞直径很小时,也可以用混凝土制作的圆涵,但直径不宜超过 0.4 m。

(3) 拱涵:淤地坝中的拱涵多为平拱或半圆拱。当采用平拱和半圆拱时,可根据跨度大小和地基情况采用分离式或整体式基础,如图 7-8(c) 所示。拱涵一般采用石砌体或素混凝土建造。

2) 涵洞洞型选择

有石料的地区一般采用石砌拱涵和石砌盖板涵,在缺乏石料的地区采用圆涵或混凝土盖板涵。一条小流域内可采用同一洞型,如统一集中预制圆涵,较经济。

在寒冷地区修建拱涵要求做好基础防冻处理,以免由于不均匀冻胀或沉降使拱涵遭到破坏。

当设计流量较小时,一般宜采用预制圆涵或石砌(混凝土)盖板方涵;当设计流量较大时,宜采用钢筋混凝土盖板涵或石(混凝土)拱涵。

3) 过水能力计算

过水能力计算的目的是确定涵洞过水断面的尺寸。淤地坝的涵洞一般为无压流,其过水能力计算公式按均匀流公式($Q_c = V_c F_c$)计算。选定的涵洞尺寸应能满足设计流量和选定流态,洞内流速应不超过洞身材料允许抗冲流速,净空面积应不少于涵洞断面的 10%~30%。洞身材料不应大于允许抗冲流速,涵洞流量与涵洞尺寸、洞内的净空高度等参考《淤地坝设计》(黄河上中游管理局,中国计划出版社,2004)。

4)涵洞出口的消能防冲设计

淤地坝涵洞出口水流的流速一般不大于 6 m/s,涵洞或明渠出口可采用防冲铺砌消能;当涵洞出口接陡坡明渠时,水流流速较大,防冲措施不能满足要求时采用消能设施。

4. 放水建筑物设计流量

放水设计流量是设计放水工程断面尺寸的依据,其大小应根据下游灌溉、施工导流、排沙以及泄空库容等所需要的流量来确定。

1)灌溉流量计算

灌溉流量 Q 可根据灌溉方式按下式计算:

$$\left.\begin{array}{l} \text{连续灌溉} \qquad\qquad Q = \dfrac{q_k A}{\eta} \\[3mm] \text{轮灌流量} \qquad\qquad Q = \dfrac{q_k \overline{A}}{\eta} \end{array}\right\} \tag{7-43}$$

式中　Q——灌溉流量,m^3/s;

$\quad\quad q_k$——设计灌水率,$m^3/(s \cdot hm^2)$;

$\quad\quad A$——灌溉面积,hm^2;

$\quad\quad \overline{A}$——轮灌组平均灌溉面积或最大轮灌面积,hm^2;

$\quad\quad \eta$——灌溉水利用系数,对于小罐区 $\eta = 0.7$。

当轮灌面积相等时,轮灌组数 $N = A/\overline{A}$。

2)施工导流流量

当施工期间用涵洞导流时,放水流量应当满足施工导流要求。

3)泄空拦洪库容的放水流量

放水建筑物的设计放水流量一般应满足 7 天腾空拦洪库容,达到安全保坝的要求。同时,根据运行方式不同,还应考虑高秆作物保收要求。对某一具体工程,应根据淤地坝所负担任务(如灌溉、导流、泄空)分别计算其所需要的流量,取最大值(还要考虑加 20% ~ 30%的保证系数)。

7.3.2.7　溢洪道设计

1. 溢洪道的类型与位置选择

淤地坝多为土坝和土石混合坝,多采取岸边溢洪道形式,需在坝体以外的岸坡或天然垭口处建造溢洪道。

1)溢洪道的类型

溢洪道按其构造类型可分为开敞式和封闭式两种类型。开敞式河岸溢洪道泄洪时水流具有自由表面,泄流量随库水位的增高而增大很快,运用安全可靠,因而被广泛应用。开敞式溢洪道根据溢流堰与泄槽相对位置的不同,又分为正槽式溢洪道和侧槽式溢洪道。

淤地坝一般采用正槽式溢洪道,其优点是构造简单,水流顺畅,施工和运行都比较简便可靠,当坝址附近有天然马鞍形垭口时,修建这种形式更为有利。本书仅讨论正槽式溢洪道平面布置,如图7-9所示。

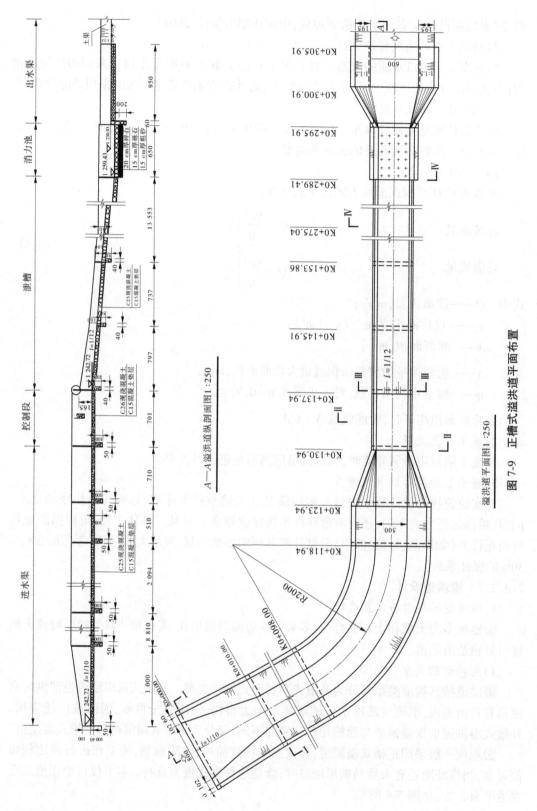

A—A溢洪道纵剖面图1:250

溢洪道平面图1:250

图7-9 正槽式溢洪道平面布置

2)溢洪道位置选择与布置

溢洪道位置应根据坝址地形、地质条件,进行技术经济比较来确定。

(1)尽量利用天然的有利地形条件,如分水鞍(或山坳)以减少开挖土石方量,缩短工期,降低造价。

(2)溢洪道位置最好选在两岸山坡比较稳定的岩石和红胶土上,以耐冲刷,降低工程造价。若为土基,应选择坚实地基,将溢洪道全部筑在挖方的地基上,并采用浆砌石或混凝土衬砌,防止泄洪时对土基的冲刷。

(3)在平面布置上,溢洪道应尽量做到直线布置,如必须设弯道,则应力求泄洪时水流顺畅。

溢洪道进口离坝端应不小于 10 m,出口应离下游坝脚至少 20 m 以上。如地形限制,进口引水渠可采用圆弧形曲线布置,弯道凹岸做好护砌,而其他部分应尽量做到直线布置。

2. 溢洪道结构布置

淤地坝溢洪道通常由进口段、泄槽和消能防冲设施三部分组成,如图 7-10 所示。

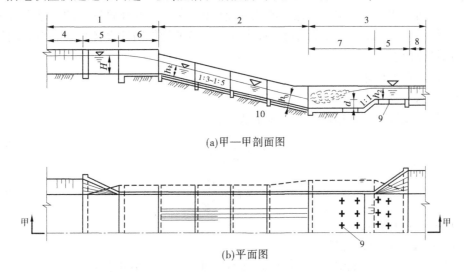

(a)甲—甲剖面图

(b)平面图

1—进口段; 2—泄槽; 3—出口段; 4—引水渠; 5—渐变段; 6—溢流堰; 7—消力池; 8—尾渠; 9—排水孔; 10—截水齿墙

图 7-10   溢洪道结构布置

1)进口段

进口段由引水渠、渐变段和溢流堰组成。

(1)引水渠长度应尽量缩短,以减少工程量和水头损失,过水断面一般采用梯形,边坡坡比根据地质条件确定,中等风化岩石可取 1:0.5~1:0.2,微风化岩石 1:0.1,新鲜岩石可直立,土质边坡设计水面以下不陡于 1:1.0,以上应不陡于 1:0.5。

(2)进口渐变段断面应为由梯形变为矩形的扭曲面。其作用是使水流平顺地流入溢流堰。若进口渐变段所处岩基和土基条件差,应进行砌护。

(3)溢流堰常用宽顶堰,由浆砌石做成,堰顶长度一般为堰上水深的 3~6 倍,堰底靠上游端应设齿墙,尺寸视具体情况而定,常用尺寸为深 1.0 m、厚 0.5 m,溢流堰两端应布设与岸坡或土坝连接的边墩,当边墩与坝肩相连时,墩顶和坝顶同高。

2)泄槽

溢流堰下游衔接一段坡度较大的急流渠道称为泄槽,泄槽在平面上宜对称布置,轴线常布置成直线。一般情况下,泄槽坡度大于临界坡度,坡度 1:3~1:5,岩基上可达 1:1。泄槽布置应根据当地的地形和地质情况,进行必要的方案比较后确定,以衬砌工程量和开挖量小,与地面坡度相适应为好。

布设在岩基上的泄槽,断面为矩形;布设在土基上的泄槽,断面通常为梯形,边坡坡比应根据地质专业提供数值确定,无地质资料时可取 1:1~1:2。黄土高原地区,因黄土直立性好,水深不大时,也可考虑矩形断面;泄槽宽度一般与溢流堰堰顶长度相同。底板衬砌厚度可取 0.3~0.5 m,顺水流方向每隔 5~8 m 设沉陷缝,土基时每隔 10~15 m 设一道齿墙,深度不小于 0.8 m。

泄槽两边边墙高度应根据水面曲线来确定。当槽内水流流速大于 10 m/s 时,水流中会产生掺气作用,边墙高度应以计算断面处的水深加掺气水深再加安全超高 0.5 m 确定。

3)消能防冲设施

溢洪道的消能一般采用消力池消能或挑流消能,在土基或破碎软弱的岩基上应采用消力池消能(见 7.3.2.6 放水建筑物设计中涵洞出口的消能防冲设计),而在较好的岩基上可采用挑流消能。

3.溢洪道水力计算

1)溢流堰长度确定

淤地坝溢流堰常用宽顶堰。堰长按下式计算:

$$B = \frac{q}{MH_0^{3/2}} \qquad (7\text{-}44)$$

$$H_0 = h + \frac{v_0^2}{2g} \qquad (7\text{-}45)$$

式中　B——溢流堰宽,m;

　　　q——溢洪道设计流量,m³/s;

　　　M——流量系数,随溢流堰进口形式而异,可参考表 7-20 取值;

　　　H_0——计入行进流速的水头,m;

　　　h——溢洪水深,m,即堰前溢流坎以上水深;

　　　v_0——堰前流速,m/s;

　　　g——重力加速度,m/s²,取 9.81 m/s²。

2)泄槽水深及墙高计算

参见其他相关手册。

3)出口段挑流式消能计算方法

a.挑流式消能计算公式

挑流消能与底流消能相比,能减少开挖方量,挑流消能水力设计主要包括确定挑距和最大冲坑深度,如图 7-11 所示。

(1)挑流水舌外缘挑距 L 可按下式计算:

表 7-20　宽顶堰不同进口出流条件时 M 取值参考

进口出流条件	进口形式示意图	M 值
堰顶入口直角形状		1.42
堰顶入口钝角形状		1.48
堰顶入口边缘做成圆形		1.55
具有较好的圆形入口和光滑的路径		1.62

$$L = \frac{1}{g}\left[v_1^2\sin\theta\cos\theta + v_1\cos\theta\sqrt{v_1^2\sin^2\theta + 2g(h_1\cos\theta + h_2)} \right] \tag{7-46}$$

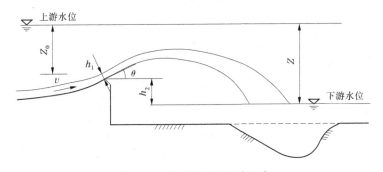

图 7-11　溢洪道挑流消能示意

式中　L——挑流水舌外援挑距,m,自挑流鼻坎末端算起至下游沟床床面的水平距离;

v_1——鼻坎坎顶水面流速,m/s,可取鼻坎末端断面平均流速 v 的 1.1 倍;

θ——挑流水舌水面出射角,(°),可近似取鼻坎挑角,挑射角度应经比较选定,可采用 15°~35°,鼻坎段反弧半径可采用反弧最低点最大水深的 6~12 倍;

h_1——挑流鼻坎末端法向水深,m;

h_2——鼻坎坎顶至下游沟床高程差,m,如计算冲刷坑最深点距鼻坎的距离,该值可采用坎顶至冲坑最深点高程差。

(2)鼻坎末端断面流速 v,可按下列两种方法计算:

①按流速公式计算,使用范围,$S<18q^{2/3}$,即

$$v = \phi \sqrt{2gZ_0} \qquad (7\text{-}47)$$

$$\phi^2 = 1 - \frac{h_f}{Z_0} - \frac{h_j}{Z_0} \qquad (7\text{-}48)$$

$$h_f = 0.014 \frac{S^{0.767} Z_0^{1.5}}{q} \qquad (7\text{-}49)$$

式中　　v——鼻坎末端断面平均流速,m/s;

　　　　g——重力加速度,m/s^2,取 9.81 m/s^2;

　　　　q——泄槽单宽流量,m^3/(s·m);

　　　　ϕ——流速系数;

　　　　Z_0——鼻坎末端断面水面以上的水头,m;

　　　　h_f——泄槽沿程损失,m;

　　　　h_j——泄槽各局部损失水头之和,m,h_j/Z_0 可取 0.05;

　　　　S——泄槽流程长度,m。

②按推算水面线方法计算,鼻坎末端水深可近似利用泄槽末端断面水深,按推算泄槽段水面线方法求出;单宽流量除以该水深,可得鼻坎断面平均流速。

b. 最大冲刷坑深度

最大冲刷坑深度可按下式计算:

$$T = kq^{\frac{1}{2}} Z^{\frac{1}{4}} \qquad (7\text{-}50)$$

式中　　T——下游水面至坑底最大水垫深度,m;

　　　　k——综合冲刷系数,见表 7-21;

　　　　q——鼻坎末端断面单宽流量,m^3/(s·m);

　　　　Z——上下游水位差,m。

表 7-21　岩基综合冲刷系数 k 值

	类别	I	II	III	IV
节理裂隙	间距(cm)	>150	50~150	20~50	<20
	发育程度	不发育,节理(裂隙)1~2组,规则	较发育,节理(裂隙)2~3组,X形,较规则	发育,节理(裂隙)3组以上,不规则,呈X形或米字形	很发育,节理(裂隙)3组以上,杂乱岩体被切割成碎石状
	完整程度	巨块状	大块状	块(石)碎(石)状	碎石状
岩基构造特征	结构类型	整体结构	砌体结构	镶嵌结构	碎裂结构
	裂隙性质	多为原生型或构造型,多密闭,延展不长	以构造型为主,多密闭,部分微张,少有充填,胶结好	以构造或风化型为主,大部分微张,部分张开,部分为黏土填充,胶结较差	以风化或构造型为主,裂隙微张或张开,部分为黏土填充,胶结很差
k	范围	0.6~0.9	0.9~1.2	1.2~1.6	1.6~2.0
	平均	0.8	1.1	1.4	1.8

7.3.2.8 淤地坝除险加固

1.病险淤地坝认定

(1)下游影响范围有村庄、学校、工矿、道路等基础设施,无配套泄洪建筑物的淤地坝。

(2)无溢洪道的大型淤地坝。

(3)坝体、坝肩出现贯通性横向裂缝或纵向滑动性裂缝,坝坡发生破坏性滑坡、塌陷、冲沟,坝体出现冲缺、管涌、流土的淤地坝。

(4)放水建筑物或溢洪道出现损毁、断裂、坍塌、基部淘刷悬空等破坏的淤地坝。

(5)淤积面超过设计淤积高程,防洪能力达不到原设计防洪标准的淤地坝。

2.坝体除险加固

(1)坝体裂缝除险加固方案应根据坝体裂缝部位、形状、宽度、长度、深度、错距、走向和观测资料确定,宜采用下列措施:

裂缝宜采用开挖回填处理,开挖坑槽宜采用梯形或台阶形断面,边坡应满足稳定、便于施工的要求。坑槽回填应分层夯实,每层填土厚度宜为 $0.15 \sim 0.2$ m。裂缝较浅时,槽的深度应超过裂缝 $0.3 \sim 0.5$ m,处理后随即铺设砂性保护层。裂缝较深时上部开挖回填,下部灌浆处理,灌浆时应先稀后稠,泥浆水土比宜为 $1:1.2 \sim 1:2.5$。纵向滑动性裂缝,不宜采用灌浆处理。

贯通性横向裂缝,应顺缝挖槽,并沿裂缝开挖不少于 3 道垂直于裂缝的截水槽,回填夯实处理。

(2)坝体滑坡除险加固方案应根据坝体滑坡和塌陷位置、形状、范围和观测资料确定,宜采取下列处理措施:

上游滑坡宜选择开挖回填、放缓坝坡或增设盖重体;下游滑坡宜选择开挖回填、放缓坝坡,并改建或新设坝体排水。

坝坡冲沟、塌陷,宜采用开挖、消除隐患、回填处理,完善坝坡排水。

(3)坝体冲缺修复方案应在防洪复核、坝体填筑质量分析的基础上确定,宜采取开挖回填、加高坝体或增设溢洪道等措施。

(4)坝体管涌、流土除险加固方案应根据管涌和流土的部位、涌水量、混浊程度和观测资料确定,宜采取改建或新设坝体排水。

(5)土坝加高可根据工程现状与运行条件,采用坝前式加高、坝后式加高或坝前坝后同时(骑马式)加高,见图 7-12。

①坝前式加高,应根据淤泥面固结情况,进行变形和稳定分析;淤积层含水量在饱和状态下、黏粒含量大于 20%时,应设置盖重体。

②坝后式加高,应延伸或新设坝体排水,延伸放水建筑物,布设坝坡排水系统。

③坝前坝后同时(骑马式)加高,应对原坝体的填筑质量、坝坡安全裕度以及坝基地质条件等情况进行论证,坝的整体安全应符合相关规范要求。

(6)淤地坝达到设计淤积高程、投入生产运行后,应配套相应排洪设施。

3.放水建筑物除险加固

(1)卧管(竖井)损毁、坍塌、断裂、基部淘刷悬空,应在分析成因的基础上,根据工程实际情况和地形条件,采用混凝土或浆砌石加固等措施。

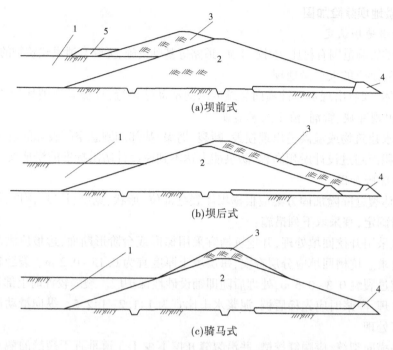

(a)坝前式

(b)坝后式

(c)骑马式

1—坝前淤积层;2—旧坝体 3—加高体;4—坝体排水;5—盖重体

图 7-12　土坝加高形式示意

(2)涵洞(涵管)发生裂缝、断裂、渗漏,应在分析成因的基础上,根据位置、形状和观测资料,采取下列处理措施:①对因不均匀沉陷导致的涵洞(涵管)裂缝、断裂及分缝止水破坏渗漏,应在空库时挖开渗漏段加固,同时对涵洞(涵管)采用凿槽嵌补法处理,里缝用沥青水泥砂浆或环氧砂浆回填,外缝用玻璃丝布粘贴。也可采用内套钢管或塑钢缠绕管,内套管与原涵管间填充高强度的砂浆。②对于结合部位出现的沿管壁渗漏,应将上游坝坡开挖一段,回填黏土夯实,并在涵洞(涵管)增设几道截水环。

(3)明渠损毁、坍塌、断裂、基部淘刷悬空,应在分析成因的基础上,根据工程实际情况和地形地质条件,在增设沙砾石垫层和透水波纹管排水的基础上,采取混凝土、浆砌石加固或采用塑钢缠绕管替代明渠,完善明渠和尾水消能设施。

4.溢洪道除险加固

(1)对溢洪道损毁、坍塌、断裂、基部悬空,应在分析成因的基础上,根据工程实际情况和地形地质条件,在增设沙砾石垫层和透水波纹管排水的基础上,采取混凝土或浆砌石加固。

(2)溢洪道裂缝宜采用凿槽嵌补法处理,用水泥砂浆或环氧砂浆回填。分缝止水破坏宜采用沥青麻丝塞填。

(3)现有溢洪道泄洪能力不足时,可采取拓宽溢洪道、降低溢洪道进口高程、加高坝体等措施。

7.4 蓄水利用工程

7.4.1 小型蓄水保土工程

选择村镇周边地势低洼、土质抗蚀性好、有足够集水范围的地方建设水窖、涝池等集洪、蓄水工程,以减少塬面径流下泄为目的,加强新农村雨水利用,整治村容村貌,与田、林、路统筹衔接,防洪排涝,调控塬面径流。

对于黄土塬保护工作来说,蓄水保土工程主要用于拦蓄雨水,通过收集坡面、路面和大范围地面等集流面上的雨水,通过输送管(沟、槽)等方式,汇聚进入蓄存构筑物。通过蓄存雨水,一方面,解决西北黄土塬面的作物灌溉和植被种植需求;另一方面,与径流排导措施相衔接,防洪排涝,调控塬面径流,减少雨水对塬面的侵蚀,起到保护塬面的作用。

7.4.1.1 蓄水利用设计计算

水量平衡分析是确定雨水利用方案、设计雨水利用系统和各构筑物的一项重要工作,是蓄水利用工程经济性与合理性的重要保证。水量平衡分析包括区域可利用水量、用水量和外排雨水量。

1. 可利用水量

1) 可利用量的计算

可利用水量通常根据区域降水总量,结合降雨季节不均匀性,以及前期影响雨量而定。区域雨水量按下式计算:

$$W_j = \sum_{i=1}^{n} \frac{F_i \varphi_i P_p}{1\ 000} \qquad (7\text{-}51)$$

式中　W_j——年可集水量,m^3;

　　　　F_i——第 i 种材料的集流面面积,m^2;

　　　　P_p——保证率为 p 时的年降水量,mm,在确定集雨灌溉供水保证率时,地面灌溉方式的供水保证率可按 50%~75% 计取,喷灌、微灌方式的供水保证率可按 85%~95% 计取;

　　　　φ_i——第 i 种材料的径流系数,可参考表 7-22 确定;

　　　　n——集流面材料种类数。

2) 屋面、绿地、硬化地面等区域雨水量计算

屋面、绿地、硬化地面等区域雨水量计算公式如下:

$$W = 10\psi HF \qquad (7\text{-}52)$$

式中　W——雨水设计径流总量,m^3;

　　　　H——设计降雨量,宜采用 1~2 年一遇的 24 h 降雨,mm;

　　　　F——汇水面积,hm^2;

　　　　ψ——雨量径流系数,可参考表 7-23 确定。

表 7-22　不同材料集流面在不同年降水量地区的径流系数

集流面材料	径流系数(mm)		
	250~500	500~1 000	1 000~1 500
混凝土	0.75~0.85	0.75~0.90	0.80~0.90
水泥瓦	0.75~0.80	0.70~0.85	0.80~0.90
机瓦	0.40~0.55	0.45~0.60	0.50~0.65
手工制瓦	0.30~0.40	0.35~0.45	0.45~0.60
浆砌石	0.70~0.80	0.70~0.85	0.75~0.85
良好的沥青路面	0.70~0.80	0.70~0.85	0.75~0.85
乡村常用的路面	0.15~0.30	0.25~0.40	0.35~0.55
水泥土	0.40~0.55	0.45~0.60	0.50~0.65
自然土坡(植被稀少)	0.08~0.15	0.15~0.30	0.30~0.50
自然土坡(林草地)	0.06~0.15	0.15~0.25	0.25~0.45

表 7-23　不同材料径流系数

集流面种类	径流系数
硬屋面、未铺石子的平屋面、沥青屋面	0.8~0.9
铺石子的平屋面	0.6~0.7
绿化屋面	0.3~0.4
混凝土和沥青路面	0.8~0.9
块石等铺砌路面	0.5~0.6
干砌砖、石及碎石路面	0.4
非铺砌的土路面	0.3
绿地和草地	0.15
水面	1.0
地下建筑覆土绿地(覆土厚度≥500 mm)	0.15
地下建筑覆土绿地(覆土厚度<500 mm)	0.3~0.4

式(7-52)中的径流系数为同一时段内流域内径流量与降雨量之比,径流系数为小于
1 的无量纲常数。具体计算时,当有多种类集流面时,可按下式计算:

$$\psi = \frac{\sum \psi_i F_i}{F} \tag{7-53}$$

式中　ψ——雨量的径流系数;

　　　F_i——各部分汇水面的面积;

　　　ψ_i——每部分汇水面的径流系数,可参考表 7-23 的经验数据确定;

F——汇水面积。

可利用水量的确定,根据计算区域降水总量、径流总量确定。计算区域雨水总量即为可收集雨量。屋面、绿地、硬化地面等区域的雨水收集,可利用水量宜按雨水径流总量的90%计算。

为确定经济合理的工程规模,考虑部分地区非雨季的降雨量很小,难以形成径流并收集利用,需考虑一定的雨水季节折减系数。另外,由于初期雨水污染程度高,处理难度大,初期雨水应当弃流。当无资料时,屋面弃流可采用 2~3 mm 径流厚度,地面弃流可采用 3~5 mm 径流厚度。

2. 用水量

水土保持工程中的蓄水利用主要服务方向为作物灌溉和植被种植、养护,设计时针对地域广、植物种类繁多,具体可根据工程所在地域不同,按照区域气候条件、降雨特点及植物生长要求,参考当地植物用水定额或植物灌溉制度以及种植情况确定用水量。

3. 外排雨水量

外排雨水量主要为设计范围内未收集利用和超过雨水蓄存设施的部分水量。蓄水利用工程设计时,通常按收集雨水区域内,既无雨水外排又无雨水入渗考虑,即按照可利用雨量全部接纳的方式,确定雨水收集与蓄存设施的规模。当建设区域内可收集雨水量超过受水对象的蓄水量时,可参照其他相关设计手册考虑增加雨水溢流外排或入渗设施。

7.4.1.2 雨水收集设施

雨水收集设施主要包括集流面、集水沟(管)槽、输水管等。考虑雨水蓄积使用目的的不同,在雨水收集设施末端应考虑设置初期雨水弃流装置、雨水沉淀和雨水过滤等常规水质处理设施。

1. 集流面

集流面主要利用计算区域内硬化的空旷地面、路面、坡面、屋面等,由于屋面收集的雨水污染程度较轻,优先考虑收集屋面雨水,当利用天然土坡、地面、局部开阔地集流时,集水面尽量采用林草措施增加植被覆盖度。

坡面、道路等有效汇水面积,通常按汇水面水平投影面积计算。屋面汇水面积计算时,对于高出屋面的侧墙,要附加侧墙的汇水面积,计算方法执行《建筑给水排水设计规范》(GB 50015—2019)的规定。若屋面为球形、抛物线形或斜坡较大的集水面,其汇水面积等于集水面水平投影面积附加其竖向投影面积的 1/2。

2. 配套集水沟(管)槽

配套集水沟(管)槽断面、底坡的拟定,根据设计流量按照明渠均匀流公式采用试算法确定,配套集水输水管等可根据《建筑给水排水设计规范》(GB 50015—2019)、《给水排水工程管道结构设计规范》(GB 50332—2002)相关规定进行计算选型及管道配套系统的设计。

屋面雨水收集可采用汇流沟或管道系统。采用汇流沟时,汇流沟可布置在建筑周围散水区域的地面上,沟内汇集雨水输送至末端蓄水池内。汇流沟结构多为混凝土宽浅式弧形断面渠,混凝土标号不低于 C15,开口尺寸 20~30 cm,渠深 20~30 cm。采用管道系统收集时,屋面径流经天沟或檐沟汇集进入管道(收集管、水落管、连接管)系统,经初期弃流后由储水设施储存。

利用天然土坡、地面、局部开阔地集流时,输水系统末端应设置沉沙设施,以减少收集及蓄水设施的泥沙淤积。天然土坡汇流需修建截排水系统,截流沟沿坡面等高线设置,输水沟设于集流沟两端或较低的一端,并在连接处做好防冲措施,排水沟的终端经沉沙设施后与蓄水构筑物连接。集流沟沿等高线每隔 20~30 m 设置,输水沟在坡面上的比降,根据蓄水建筑物的位置而定。若蓄水建筑物位于坡脚,输水沟大致与坡面等高线正交;若位于坡面,可基本沿等高线与等高线斜交。截流沟和输水沟通常为现浇、预制混凝土或砌体衬砌的矩形、U 形渠,结构设计可参考《水土保持综合治理 技术规范 小型蓄排引水工程》(GB/T 16453.4—2008)

3. 过滤、沉淀等附属设施

附属设施包括过滤、沉淀和初期弃流装置。当利用天然坡面、地面或路面等集流面收集雨水时,雨水的含沙量较大,输水末端需设沉沙设备;污染程度较大时,还应当设计过滤装置。

7.4.1.3 雨水蓄存设施构筑物

雨水蓄存设施比较常用的有蓄水池、水窖等。具体选择形式可根据区域特点,结合建筑材料和经济条件等确定。

1. 蓄存设施容积确定

计算时,推荐使用简化的容积系数法,容积系数定义为在不发生弃水又能满足供水要求的情况下,需要的蓄水容积与全年供水量的比值。蓄水设施容积计算公式为

$$V = \frac{KW_j}{1 - \alpha} \tag{7-54}$$

式中 V——蓄水设施容积,m^3;

W_j——年可集水量,m^3;

α——蓄水工程蒸发、渗漏损失系数,取 0.05~0.1;

K——容积系数,半干旱地区,灌溉供水工程取 0.6~0.9,湿润半湿润地区可取 0.25~0.4。

2. 水窖

水窖属于地埋式蓄水设置,多见于蒸发量大、降水相对集中和雨旱季比较分明的地区。塬面土质地区的水窖多为口小腔大、竖直窄深式,断面一般为圆形。

水窖通常由窖筒、窖拱、窖口、窖盖、放水设施五部分组成。窖筒、窖拱两部分位于地面以下,窖口设窖盖,即防止蒸发又避免安全事故。水窖具体结构设计详见《雨水集蓄利用工程技术规范》(GB/T 50596—2010)。水窖典型断面结构如图 7-13 所示。

水窖坐落于质地均匀的土层上,以黏性土壤最好,黄土次之。水窖的底基土必须进行翻夯处理,而且土层内修建的水窖需进行防渗,其防渗材料可采用水泥砂浆抹面、黏土或现浇混凝土。

3. 蓄水池

蓄水池分为开敞式和封闭式。开敞式蓄水池多用于山区,主要在区域地形较开阔且水质要求不高时使用,封闭式蓄水池适用于区域占地面积受限制或水质要求较高的项目区。

开敞式蓄水池池底及边墙可采用浆砌石、素混凝土或钢筋混凝土砌筑。池体形式为矩形或圆形,其中,因受力条件好,圆形池应用比较多。封闭式蓄水池池体结构为方形、矩

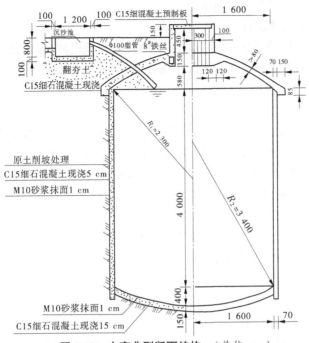

图 7-13 水窖典型断面结构 （单位:mm）

形或圆形,池体材料多采用浆砌石、素混凝土或钢筋混凝土等,池体埋设在地面以下,其防冻、防蒸发效果好,但施工难度大,费用较高。

4.沉沙池

沉沙池宽宜取 1~2 m,长宜取 2~4 m,深宜取 1.5~2.0 m。其宽度宜为相连排水沟宽度的 2 倍,长度宜为池体宽度的 2 倍。

沉沙池的进水口和出水口设计可参考蓄水池设计。

5.涝池

一般涝池深宜取 1.0~1.5 m,形状依地形而异,圆形直径宜取 10~15 m,矩形边长宜取 10~30 m,涝池边坡宜取 1:1。

大型涝池深宜取 2~3 m,圆形直径宜取 20~30 m,矩形边长宜取 30~100 m。土质边坡坡比宜取 1:1,料石(或砖、混凝土板)衬砌边坡坡比宜取 1:0.3。涝池位置不在路旁的应布设引水渠,涝池进水口前应布设退水设施。

7.4.2 人工湖工程

人工湖一般是人们有计划、有目的挖掘出来的一种湖泊,是非自然环境下产生的。

人工湖蓄水工程的建设,一方面,可将项目覆盖区内大部分地表降雨及洪水资源收集入湖,从而避免雨季洪水集中排放冲刷周边土地,对遏制日益严重的水土流失、保护黄土高原具有重要意义。同时,通过建立一定调洪库容的人工湖水系,可减缓城市度汛压力,人工湖水系形成后,还可实现雨洪水资源的综合利用,作为城市供水备用资源,有效缓解城市供水压力。另一方面,可调解区域性水平衡和小气候,改善周边生态环境,营造新型旅游休闲空间,提高居民生存环境质量。

7.4.2.1 人工湖蓄水工程设计

人工湖蓄水工程总布置包括进水设施、退水设施、连接设施、水体交换设施等,为保证人工湖体安全运行,沿人工湖岸线布置人工堤岸防护,人工湖缓坡区、浅水区和滩地区布置护砌工程。

1. 集流场

人工湖的水源主要来自周边集雨场可汇集进入的雨洪水,集雨场各集雨区的雨洪水通过建设的雨水管网和硬化地面汇集后经引水工程集雨口进入人工湖水系。

各集雨面上可产径流量主要取决于降雨量和集雨面集流效率,不同材料集流面在不同年降水量地区的年集流效率参照《雨水集蓄利用工程技术规范》(GB/T 50596—2010),可集蓄径流量计算公式如下:

$$W = F \times \varphi \times P_P \tag{7-55}$$

式中　W——集雨面年可集蓄径流量,m^3;

　　　F——集雨面积,m^2;

　　　φ——集流效率;

　　　P_P——降雨频率为 P 的年降水量,m。

集雨场设计洪水分别采用地区经验公式法、推理公式法等计算设计洪水,再通过综合比较分析论证,确定设计洪水计算方法和计算成果。地区经验公式法采用当地水文手册提供经验公式,推理公式根据《水利水电工程设计洪水计算规范》(SL 44—2006):

$$Q_{m,P} = 0.278 \left(\frac{S_P}{\tau^n} - \mu \right) F \tag{7-56}$$

$$\tau = 0.278 \left(\frac{L}{m J^{1/3} Q_{m,P}^{1/4}} \right) \tag{7-57}$$

$$\mu = (1 - n) n^{\frac{n}{1-n}} \left(\frac{S_P}{h_{R,P}{}^n} \right)^{\frac{1}{1-n}} \tag{7-58}$$

$$h_{R,P} = h_{24,P} = \alpha H_{24,P} \tag{7-59}$$

式中　$Q_{m,P}$——设计洪峰流量,m^3/s;

　　　F——流域面积,km^2;

　　　S_P——最大 1 h 雨量;

　　　τ——流域汇流历时,h;

　　　μ——产流参数;

　　　m——汇流参数;

　　　L——沿主河从出口断面至分水岭的最长距离,km;

　　　J——沿流程 L 的平均比降(以小数计);

　　　n——暴雨衰减指数;

　　　$h_{R,P}$——主雨峰产生的净雨量,mm;

　　　α——径流系数;

$H_{24,P}$——设计频率为 P 的 24 h 暴雨量，mm。

2. 人工湖湖区

湖区由人工水体水域以及沿湖岸线布置的环湖人行道和集流滩区等组成，为人工湖水系工程的核心。人工湖区开挖可采用常规基坑开挖施工方式，主湖区湖底形态按照水深和设计功能的不同，在平面上分为深水区、浅水区、缓坡区和滩地区四大类型。

(1)深水区：主要功能是形成蓄水库容，构造主湖区主要湖体，除满足护坡护砌结构要求条件外，还应考虑湖体防渗层结构的稳定布置。

(2)浅水区：可供游人活动，是营造人工水系水景观的主要部位，浅水区除满足护坡护砌结构要求条件外，更多地应考虑充分利用浅水植物、湿生植物、浅水型大缓坡构造生态型水景观空间。

(3)缓坡区：重要的游人亲水活动区域与滨水休闲区域，除满足一定的护坡要求以及湖体防渗层结构的稳定布置条件外，为构造方便人们舒适活动的滨水空间，边坡应尽量缓。

(4)滩地区：重要的旅游活动区域与近水休闲活动区域，可不考虑护坡护砌要求，但要便于周边雨水较平稳地汇集、下渗流入主湖区。

3. 堤岸防护工程

湖区堤防工程主要沿人工湖岸线布置，人工防护堤岸顶部可设置人行道路，可采用梯形断面的浆砌块石墙式堤岸。

堤防结构设计应按《堤防工程设计规范》(GB 50286—2013)规定计算，确定堤防标准、堤顶高程、堤顶宽度、堤身结构等。按照湖区区域划分，人工堤防内侧为主湖区，外侧为人工湖滩地区，属于可供游人活动的滨水休闲区域。

4. 护砌工程

1)人工湖体护砌

在人工湖湖底岸脚设浆砌石固脚基础；深水区湖底岸脚至浅水区平台或马道间的缓坡区设预制混凝土护坡，下设防渗层；浅水区平台顶部设浆砌石纵向格埂，平台上采用种植浅水植物、堆毛石护坡形成浅水区湖底护砌结构，下设防渗层，浅水植物以浅水挺水及浮叶和沉水植物群落为主。

2)岸线及岸边景观设计

岸线及岸边景观设计主要包括缓坡区、滩地区以及湖周岸线等区域，设计原则如下：

(1)人工湖设计岸线以平顺流畅的圆弧段结合非正规曲线段为主，展现城区人工水体的流线型柔美。

(2)充分考虑与整体景观设计的关系，创造有特色的开阔滨水空间。

(3)生态型、节能型设计，尽量减少大型水工建筑物对人工湖岸线景观造成不和谐。

岸线除必要的人工堤岸防护工程外，多结合湿地基质的浅水植物、土壤、沙砾、自然置石等代替人工砌筑，使水面与岸呈现一种生态的交接，形成自然、和谐、富有生机的景观。

岸边环境应突出水体和自然风格，树立水景为设计的中心，创造多样水景与亲水体验，可设计为滨水滩地景观区，用草坪混合乡土乔木小树丛，营造自然风格景观，建立以人工湖泊、起伏草坪、田园缓坡为基本设计元素的视野开阔、景观和谐的生态滩地区。

5. 引水工程(进水设施)

引水工程由集雨口、引水明渠、消力池和调节沉沙池组成。

1) 集雨口

集雨口由出口雨水管、集水池和闸室段组成。出口雨水管与集雨区的雨水管道连接，多采用钢筋混凝土管，后接集水池和闸室段，均采用钢筋混凝土结构。

2) 引水明渠

引水明渠位于集雨口闸室段下游，由明渠渐变段和棱柱形明渠段组成，可采用明渠均匀流公式进行水力计算：

$$Q = AC\sqrt{Ri} \tag{7-60}$$

$$C = \frac{1}{n}R^{1/6} \tag{7-61}$$

式中 Q——流量，m^3/s；

A——过水断面面积，m^2；

C——谢才系数，按曼宁公式计算；

R——水力半径，m；

n——糙率系数；

i——河道比降。

3) 消力池

引水明渠下游接消力池，由陡坡段、消力池和海漫组成，按下式进行水力计算：

$$l_d = 4.30D^{0.27}P \tag{7-62}$$

$$h_c = 0.54D^{0.425}P \tag{7-63}$$

$$h_p = D^{0.22}P \tag{7-64}$$

$$h_c'' = 1.66D^{0.27}P \tag{7-65}$$

$$l_j = 6.9(h_c'' - h_c) \tag{7-66}$$

$$d = 1.1h_c'' - h_t \tag{7-67}$$

$$l_s = l_d + 0.8l_j \tag{7-68}$$

$$D = \frac{q^2}{gP^3} \tag{7-69}$$

$$t = 0.2\sqrt{q\sqrt{\Delta H}} \tag{7-70}$$

式中 l_d——跌落水舌长度，m；

h_c——水舌后水深，m；

h_p——水跃长度，m；

d——消力池深度，m；

h_c''——跃后水深，m；

D——跌落指数；

L_j——自由水跃跃长，m；

l_s——消力池池长，m；

q——单宽流量，$m^3/(s \cdot m)$；

P——跌水跌差，m；

ΔH——上、下游水位，m；

h_t——下游水深，m；

t——消力池厚度，m。

4）调节沉沙池

调节沉沙池兼具水量调节与沉沙功能，可采用开敞式结构、非冲洗式条渠沉沙池型式，主要由进口段、池身工作段、出口段组成。

6. 溢流堰及泄洪明渠（退水设施）

1）溢流堰

溢流堰为超标准洪水泄洪通道，下游接泄洪明渠，主要包括溢流堰、陡坡、消力池等，溢流堰可采用钢筋混凝土宽顶堰形式。根据调洪演算结果，核算闸孔是否满足泄流能力的要求，分别按闸孔出流和宽顶堰过流验算过闸流量公式。

闸孔出流运用条件时：

$$Q = \sigma_s \left(0.60 - 0.18 \frac{e}{H}\right) e B_0 \sqrt{2gH_0} \tag{7-71}$$

宽顶堰过流运用条件时：

$$Q = \sigma_s \sigma_c m_d B_0 \sqrt{2gH_0} \tag{7-72}$$

式中 B_0——闸孔总净宽，m；

H——水深，m；

e——闸门开启高度，m；

σ_s——淹没系数；

σ_c——侧收缩系数；

m_d——流量系数；

H_0——计入行近流速的堰上水深，m。

消力池深度计算按《水闸设计规范》（SL 265—2016）附录公式：

$$d = \sigma_0 h_c'' - h_s' - \Delta Z \tag{7-73}$$

$$h_c'' = \frac{h_c}{2}\left(\sqrt{1 + \frac{8\alpha q^2}{gh_c^3}} - 1\right)\left(\frac{b_1}{b_2}\right)^{0.25} \tag{7-74}$$

$$h_c^3 - T_0 h_c^2 + \frac{\alpha q^2}{2g\varphi^2} = 0 \tag{7-75}$$

$$\Delta Z = \frac{\alpha q^2}{2g\varphi^2 h_s'^2} - \frac{\alpha q^2}{2g h_c''^2} \tag{7-76}$$

式中 d——消力池深度，m；

σ_0——水跃淹没系数，取 1.1；

h_c''——跃后水深，m；

h_c——收缩水深，m；

α——水流动能校正系数；

q——过堰单宽流量,$m^3/(s \cdot m)$;

φ——孔流流速系数,可取 $0.95 \sim 1.0$;

b_1——消力池首端宽度,m;

b_2——消力池末端宽度,m;

T_0——由消力池底板顶面算起的总势能,m;

ΔZ——出池落差,m;

h'_s——出池渠道水深,m。

消力池长度计算公式为

$$L_{sj} = \beta L_j \tag{7-77}$$
$$L_j = 6.5 h''_c \tag{7-78}$$

式中　L_{sj}——消力池长度,m;

β——水跃长度校正系数;

L_j——水跃长度,m。

消力池底板厚度按抗冲要求计算:

$$t = K_t \sqrt{q \sqrt{\Delta H'}} \tag{7-79}$$

式中　K_t——消力池底板计算系数;

$\Delta H'$——泄水时的上、下游水位差,m。

2)泄洪明渠

泄洪明渠布置于溢流堰下游,将超标准洪水通过泄洪明渠排到自然沟道内,可采用明渠均匀流公式进行水力计算。

7. 涵洞(管)工程(连接设施)

人工湖体之间通过暗涵连接,主要由进水口、控制设施、涵洞洞身和出口消力池组成。进水口可采用浆砌块石八字形或圆弧形翼墙,涵洞洞身采用钢筋混凝土箱型涵洞,涵洞出口接陡坡段和消力池,控制设施包括控制闸门、启闭机、交通栈桥及工作桥。

水力计算应首先根据闸门开度的不同,判别涵洞内水流的流态,然后根据相对应的流态公式计算涵洞过流能力、校核涵洞设计尺寸,连通暗涵过流能力计算公式如下:

涵洞流态为无压流或半有压流:

$$Q = \sigma_s \sigma_c \mu Be\sqrt{2g(H - \varepsilon e)} \tag{7-80}$$

涵洞流态为有压流:

$$Q = \sigma_s \sigma_c \mu Be\sqrt{2g(H + iL - \varepsilon e)} \tag{7-81}$$

式中　H——以涵洞进口断面底板高程起算的上游水深,m;

e——控制闸门开启高度,m;

B——水流收缩断面处底宽,m;

i——涵洞洞身坡降;

L——涵洞长度,m;

ε——控制闸门垂向收缩系数;

σ_s——淹没系数;

σ_c——侧收缩系数;

μ——流量系数,按以下公式计算:

$$\mu = \frac{\varepsilon}{\sqrt{1 + \sum \zeta_i \left(\frac{\omega_c}{\omega_i}\right)^2 + \frac{2g}{C_a^2}\frac{l_a}{R_a}\left(\frac{\omega_c}{\omega_i}\right)^2}} \qquad (7\text{-}82)$$

式中 ω_c——收缩断面面积,m^2,$\omega_c = \varepsilon Be$;

ζ_i——上游进口段局部能量损失;

ω_i——与 ζ_i 相应的过水断面面积,m^2;

l_a——上游进口有压流段长度,m;

R_a——上游进口有压流段平均水力半径,m;

C_a——上游进口有压流段谢才系数。

下游出口消能段的水力计算按式(7-62)~式(7-70)分别计算消力池深度、长度和厚度。

8. 泵站工程(水体交换设施)

人工湖水系工程需建设水体循环泵站,由泵房、引水管道、出口连接段组成。泵房分进水口、泵室、主副厂房及护岸等部分。引水管道沿人工湖体间布置,多采用钢筋混凝土管,管径选择与经济流速、水头损失、水锤压力、水泵选型等诸多因素有关,在满足供水流量的条件下,输水管线管径的选择取决于管道经济流速。引水管出口设消力池,然后接跌水式出水池,出水池经台阶跌水消力后进入湖体。

7.4.2.2 案例分析——人工庆阳湖

1. 工程总体布局

项目以庆阳新区城市地面作为集雨场,在庆阳市新城南区南部新建庆阳湖,与已建成的天湖(日、月、星湖)共同构建庆阳湖水系。

进水设施:岐黄大道集雨口上游集雨场的雨洪水从庆阳新区城市雨水管网以及城市规划路网路面汇入引水明渠,至庆阳湖北部湖湾的开敞式调节沉淀池,庆阳新城南区集雨场雨洪水经汇集、调节、沉沙后直接引入庆阳湖。

退水设施:将天湖下游、星湖东南部的现状星湖溢流堰以及董陈公路泄洪涵洞加以改扩建,应满足庆阳湖水系超标准洪水正常下泄。庆阳湖水系的超标准洪水通过星湖溢流堰下泄,排入泄洪明渠,经由董陈公路泄洪涵洞和泄洪涵管,排到崆峒西沟,最终汇入马莲河。

连接设施:庆阳湖至天湖间布置连通暗涵,不仅作为人工湖体间的水系通道,还可作为庆阳湖超标准洪水向下游泄水的主要通道。

水体交换设施:为保证人工湖水系的水体循环,维系良好的湖体水质,星湖西南部岸边设水体循环泵站,泵站出水池与庆阳湖西南部间埋设引水管道,尾水设跌水台阶,使天湖水体回流至庆阳湖。

庆阳湖水系总体布局如图7-14所示。

2. 人工水系总体布局

1)集雨场

庆阳湖水系的总集雨面积为 7.03 km^2,包括庆阳新城南区集雨场和庆阳湖水系项目

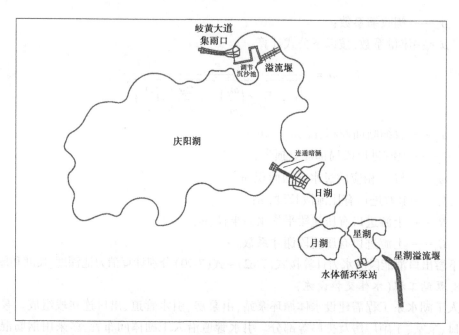

图 7-14 庆阳湖水系总体布局

区当地集雨场。庆阳新城南区集雨场通过雨水管网引(汇)入庆阳湖水系的集雨面积为
6.29 km²,包括集雨东区和集雨西区,庆阳新城南区规划城区周边预留四个雨洪水集雨
口,用于集蓄承接庆阳新城南区集雨场收集的雨洪水径流,包括庆化大道集雨口、岐黄大
道集雨口、陇东大道集雨口、北京大道集雨口。庆阳湖水系项目区当地集雨场通过地面径
流汇入庆阳湖水系的集雨面积为 0.74 km²,包括新建庆阳湖所在的规划建设项目园区当
地集雨场和已建天湖所在的规划建设项目园区当地集雨场。

2)水系进水

新建庆阳湖引水工程位于石油路与岐黄大道交叉路口的东南侧,为庆阳新城南区岐
黄大道以西规划城区雨水管网出水点,同时也是岐黄大道以西区域地面的最低洼区域;引
水工程首部为规划预留岐黄大道集雨口,共计 4.43 km² 集雨面积。集雨场的雨洪水汇集
进入引水工程,包括以下三部分:

(1)由世纪广场及其周边街区和岐黄大道构成的 1.22 km² 现状天湖集流场经由岐黄
大道集雨口改建为自流直接引入庆阳湖。

(2)岐黄大道至马莲河大道之间集雨东区的 1.37 km² 集雨面积雨洪水经汇集后可经
由岐黄大道集雨口自流进入庆阳湖。

(3)集雨西区朔州路至石油路之间集雨面积 1.84 km² 雨洪水经汇集后将并入岐黄大
道集雨口,最后自流进入庆阳湖。

3)水系连通

已建成天湖位于本项目拟建庆阳湖东南侧下游,在庆阳湖东南和天湖的日湖西北,庆
阳湖与天湖人工湖体之间距离最短,人工湖之间岸线拟布置庆阳湖至天湖连通暗涵,作为
人工湖体间的水系通道,还作为庆阳湖超标准洪水向下游泄水的通道。

4）水体循环

在星湖西南部岸边设水体循环泵站,泵站出水池与庆阳湖西南部湖湾之间自东向西埋设预应力钢筋混凝土引水管道,尾水设跌水台阶,使天湖水体能回流到庆阳湖西部湖区的上游远端,从而实现整个人工水系运行期间的整体水体循环。

5）水系退水

庆阳湖水系的超标准洪水通过位于天湖下游、星湖东南部的星湖溢流堰下泄,排入泄洪明渠,经由董陈大道路涵和泄洪涵管,排到崆峒西沟,该沟壑将下泄洪水并入崆峒东沟后,汇入马莲河。

7.4.3 节水灌溉措施

节水灌溉是指以较少的灌溉水量取得较好的生产效益和经济效益。节水灌溉的基本要求,就是要采取最有效的技术措施,使有限的灌溉水量创造最佳的生产效益和经济效益。节水灌溉工程应根据当地自然和社会经济条件、水资源承载能力、农业发展要求和节水灌溉发展水平,因地制宜合理选择节水灌溉工程的类型和规模。节水灌溉工程类型选择应符合下列规定:

（1）对输水损失大、输水效率低的骨干渠道宜采用防渗措施。

（2）对自压条件的灌区或提水灌区宜采用管道输水,地下水灌区应采用管道输水。

（3）经济作物种植区、设施农业区、高效农业区、集中连片规模经营区以及受土壤质地或地形限制难以实施地面灌溉的地区宜采用喷灌、微灌技术,山丘区宜利用地面自然坡度发展自压喷灌、微灌技术。

（4）以雨水集蓄工程为水源的地区宜采用微灌技术。

7.4.3.1 微灌工程

微灌工程是农田水利或园林绿地工程的一个组成部分,必须建立在当地水资源开发利用、农村水利、农业发展及园林绿地等规划的基础上,并与灌排设施、道路、林带、供电等系统建设和土地整理规划、农业结构调整及环境保护等规划相协调。

灌溉工程设计主要包括水源工程、系统选型、首部枢纽和管网规划等内容。

7.4.3.2 水量平衡计算

在进行微灌工程的总体设计时,必须对水源供水能力进行分析计算,以使整个工程落实在可靠的基础上,避免因水量不足而使工程建成后其效益不能充分发挥。

（1）水源供水能力计算应符合下列规定:①微灌工程以水量丰富的江、河、水库和湖泊为水源时,可不做供水量计算,但必须进行年内水位变化和水质分析。②微灌工程以小河、山溪和塘坝为水源时,应根据调查资料并参考地区水文手册或图集,分析计算设计水文年的径流量和年内分配。③微灌工程以井、泉为水源时,应根据已有资料分析确定供水能力。无资料时,应进行试验或调查,并应分析、计算确定供水能力。④微灌工程以水窖等雨水集蓄利用工程为水源时,应根据当地降雨和径流资料、水窖蓄水容积及复蓄状况等,分析确定供水能力。

（2）用水量计算应符合下列规定:①微灌用水量应根据设计水文年的降雨、蒸发、植物种类及种植面积等因素计算确定。②当有微灌试验资料时,应由试验资料计算确定微灌用水量。缺少资料的地区可参考条件相近地区试验资料或根据气象资料分析计算确定。

（3）水量平衡与调蓄计算：

①在水源供水流量稳定且无调蓄时，微灌面积可按下式确定：

$$A = \frac{\eta Q_s t_d}{10 I_a} \qquad (7\text{-}83)$$

无淋洗要求时，

$$I_a = E_a \qquad (7\text{-}84)$$

有淋洗要求时，

$$I_a = E_a + I_L \qquad (7\text{-}85)$$

式中　A——灌溉面积，hm^2；

　　　Q_s——水源可供流量，m^3/h；

　　　I_a——设计供水强度，mm/d；

　　　E_a——设计耗水强度，mm/d；

　　　I_L——设计淋洗强度，mm/d；

　　　t_d——水泵日供水小时数，h/d；

　　　η——灌溉水利用系数。

②在水源有调蓄能力且调蓄容积已定时，微灌面积可按下式确定：

$$A = \frac{\eta_0 K V}{10 \sum I_i T_i} \qquad (7\text{-}86)$$

式中　K——复蓄系数，取 $1.0 \sim 1.4$；

　　　η_0——蓄水利用系数，取 $0.6 \sim 0.7$；

　　　V——蓄水工程容积，m^3；

　　　I_i——灌溉季节各月的毛供水强度，mm/d；

　　　T_i——灌溉季节各月的供水天数，d。

③在灌溉面积已定，需要确定系统需水流量时，可参照式（7-83）计算；需要修建调蓄工程时，调蓄容积可参照式（7-86）确定。

7.4.3.3　微灌水质

微灌水质应符合现行《农田灌溉水质标准》（GB 5084）的有关规定。当使用微咸水、再生水等特殊水质进行微灌时，应有论证。

灌水器水质评价宜按表7-24分析，并应根据分析结果做相应的水质处理。

7.4.3.4　灌水方式选择

灌溉方式应根据水源、气象、地形、土壤、植物、社会经济、生产管理水平、劳动力等条件，因地制宜选择滴灌、微喷灌、涌泉灌等。

系统类型应按经济性、实用性和可靠性等原则，通过技术经济比较，优化选择。

7.4.3.5　管网布置

微灌管网布置应符合微灌工程总体要求，综合分析地形、植物、管理、维护等因素，通过方案比较确定。

表 7-24　灌水器水质评价指标

水质分析指标	单位	堵塞的可能性		
		低	中	高
悬浮固体物	mg/L	<50	50~100	>100
硬度	mg/L	<150	150~300	>300
不溶固体	mg/L	<500	500~2 000	>2 000
pH	—	5.5~7.0	7.0~8.0	>8.0
Fe 含量	mg/L	<0.1	0.1~1.5	>1.5
Mn 含量	mg/L	<0.1	0.1~1.5	>1.5
H_2S 含量	mg/L	<0.1	0.1~1.5	—
油	—	不能含有油		

注:进入微灌管网的水不应有大粒径泥沙、杂草、鱼卵、藻类等物质。

管道应避免穿越障碍物,并应避开地下电力、通信等设施。

输配水管道宜沿地势较高位置布置;支管宜垂直于植物种植行布置,毛管宜顺植物种植行布置。

7.4.3.6　微灌工程设计技术参数

1. 设计保证率

微灌工程设计保证率应根据自然条件和经济条件确定,不应低于85%。

2. 土壤湿润比

微灌设计土壤湿润比应根据自然条件、植物种类、种植方法及微灌的形式,并结合当地试验资料确定。在无实测资料时,可按表7-25选取。

3. 设计耗水强度

设计耗水强度应由当地试验资料确定。无实测资料时,可通过计算或按表7-26选取。

表 7-25　微灌设计土壤湿润比(%)

作物	滴灌、涌泉罐	微喷灌
果树、乔木	25~40	40~60
葡萄、瓜类	30~50	40~70
草、灌木	—	100
蔬菜	60~90	70~100
粮、棉、油等植物	60~90	

注:干旱地区宜取上限值。

4. 灌溉水利用系数

滴灌不应低于0.9,微喷灌、涌泉灌不应低于0.85。

作物	滴灌	微喷灌	作物	滴灌	微喷灌
葡萄、树、瓜类	3~7	4~8	蔬菜(露地)	4~7	5~8
粮、棉、油等植物	4~7	—	冷季型草	—	5~8
蔬菜(保护地)	2~4	—	暖季型草	—	3~5

注:1.干旱地区宜取上限值;

2.对于在灌溉季节敞开棚膜的保护地,应按露地选取设计耗水强度值。

5. 设计工作日小时数

微灌系统设计工作日工作小时数不应大于 22 h。

6. 设计允许流量偏差率

微灌系统灌水小区灌水器设计允许流量偏差率应满足下式要求:

$$[q_v] \leqslant 20\% \tag{7-87}$$

式中 $[q_v]$——灌水器设计允许流量偏差值(%)。

灌溉小区内灌水器流量和水头偏差率应按下列公式计算:

$$q_v = \frac{q_{max} - q_{min}}{q_d} \times 100\% \tag{7-88}$$

$$h_v = \frac{h_{max} - h_{min}}{h_d} \times 100\% \tag{7-89}$$

式中 q_v——灌水器流量偏差率(%);

q_{max}——灌水器最大流量,L/h;

q_{min}——灌水器最小流量,L/h;

q_d——灌水器设计流量,L/h;

h_v——灌水器水头偏差率(%);

h_{max}——灌水器最大工作水头,m;

h_{min}——灌水器最小工作水头,m;

h_d——灌水器设计工作水头,m。

灌水器工作水头偏差率与流量偏差率可按下式确定:

$$h_v = \frac{q_v}{x}\left(1 + 0.15\frac{1-x}{x}q_v\right) \tag{7-90}$$

式中 x——灌水器流量偏差率(%)。

7. 灌水均匀系数

已建成的微灌系统应采用灌水均匀系数进行灌水均匀性评价,灌水均匀系数应按下列公式计算:

$$C_Q = \frac{1 - \overline{\Delta q}}{\bar{q}} \tag{7-91}$$

$$\overline{\Delta q} = \frac{1}{n}\sum_{i=1}^{n}|q_i - \bar{q}| \tag{7-92}$$

· 162 ·

式中 C_Q——灌水均匀系数；

$\overline{\Delta q}$——灌水器流量的平均偏差，L/h；

q_i——田间实测的各灌水器流量，L/h；

$\overline{q}$——灌水器平均流量，L/h；

n——所测的灌水器个数。

8. 最大净灌水定额

最大净灌水定额宜按下列公式计算：

$$m_{max} = 0.001\gamma z p(\theta_{max} - \theta_{min}) \tag{7-93}$$

$$m_{max} = 0.001\gamma z p(\theta'_{max} - \theta'_{min}) \tag{7-94}$$

式中 m_{max}——最大净灌水定额，mm；

γ——土壤容重，g/cm³；

z——土壤计划湿润土层厚度，cm；

p——设计土壤湿润比(%)；

θ_{max}——适宜土壤含水量上限(质量百分比)(%)；

θ_{min}——适宜土壤含水量下限(质量百分比)(%)；

θ'_{max}——适宜土壤含水量上限(体积百分比)(%)；

θ'_{min}——适宜土壤含水量下限(体积百分比)(%)。

9. 设计灌水周期

设计灌水周期宜按下列公式确定：

$$T \leqslant T_{max} \tag{7-95}$$

$$T_{max} = \frac{m_{max}}{I_a} \tag{7-96}$$

式中 T——设计灌水周期，d；

T_{max}——最大灌水周期，d。

10. 设计灌水定额

设计灌水定额宜按下列公式确定：

$$m_d = T \cdot I_a \tag{7-97}$$

$$m' = \frac{m_d}{\eta} \tag{7-98}$$

式中 m_d——设计净灌水定额，mm；

m'——设计毛灌水定额，mm。

11. 一次灌水延续时间

一次灌水延续时间应按下列公式确定：

$$t = \frac{m'S_e S_l}{q_d} \tag{7-99}$$

对于 n_s 个灌水器绕植物布置时，

$$t = \frac{m' S_r S_t}{n_s q_d} \qquad (7\text{-}100)$$

式中　t——一次灌水延续时间,h;

　　　S_e——灌水器间距,m;

　　　S_l——毛管间距,m;

　　　S_r——植物的行距,m;

　　　S_t——植物的株距,m;

　　　n_s——每株植物的灌水器个数。

7.4.3.7　微灌系统水力设计

1. 水头损失计算

管道沿程水头损失应按下式计算:

$$h_f = f \frac{Q_g^m}{D^b} L \qquad (7\text{-}101)$$

式中　h_f——管道沿程水头损失,m;

　　　f——摩阻系数;

　　　Q_g——管道流量,L/h;

　　　D——管道内径,mm;

　　　L——管道长度,m;

　　　m——流量指数;

　　　b——管径指数。

各种管材的摩阻系数、流量指数和管径指数,可按表 7-27 选用。

表 7-27　各种管材的摩阻系数、流量指数和管径指数

管材			摩阻系数	流量指数	管径指数
硬塑料管			0.464	1.770	4.770
微灌用聚乙烯管	$D>8$ mm		0.505	1.750	4.750
	$D \leqslant 8$ mm	$Re>2\,320$	0.595	1.690	4.690
		$Re \leqslant 2\,320$	1.750	1.000	4.000

注:1. D 为管道内径,Re 为雷诺数;

　　2. 微灌用聚乙烯管的摩阻系数值相当于水温 10 ℃,其他温度时应修正。

微灌系统的支、毛管为等距、等量分流多孔管时,其沿程水头损失可按下式计算:

$$h_f' = h_f \times F \qquad (7\text{-}102)$$

式中　h_f'——等距、等量分流多孔管沿程水头损失,m;

　　　F——多口系数。

管道局部水头损失应按下式计算,当参数缺乏时,局部水头损失也可按沿程水头损失的一定比例估算,支管宜为 0.05~0.1,毛管宜为 0.1~0.2。

$$h_j = \zeta \frac{v^2}{2g} \qquad (7\text{-}103)$$

式中 h_j——局部水头损失,m;

$\quad\quad$ ζ——局部阻力系数;

$\quad\quad$ v——管道流速,m/s;

$\quad\quad$ g——重力加速度,m/s^2。

2. 灌水小区水力设计

微灌系统灌水小区内灌水器流量的平均值,应等于灌水器设计流量。

灌水小区进口宜设有压力(流量)控制(调节)设备。灌水小区进口未设压力(流量)控制(调节)设备时,应将一个轮灌组视为一个灌水小区。

灌水小区的流量偏差率应满足下式要求:

$$q_v \leqslant [q_v] \tag{7-104}$$

式中 q_v——灌水器流量偏差值(%);

$\quad\quad$ $[q_v]$——灌水器设计允许流量偏差率(%)。

采用压力补偿灌水器时,灌水小区内灌水器工作水头应在该灌水器允许的工作水头范围内。

在毛管进口设置流量调节器(或压力调节器)使各毛管进口流量(压力)相等时,小区内灌水器设计允许的水头差应全部分配给毛管。

灌水小区内灌水器设计允许的水头差在支、毛管间的分配,应通过技术经济比较确定;初估时,可各按50%分配。

灌水小区进口水头应根据灌水小区支、毛管的实际水头差计算确定。

3. 设计流量与设计水头

微灌系统设计流量应按下式计算:

$$Q = \frac{n_0 q_d}{1\,000} \tag{7-105}$$

式中 Q——系统设计流量,m^3/h;

$\quad\quad$ q_d——灌水器设计流量,L/h;

$\quad\quad$ n_0——同时工作的灌水器个数。

微灌系统设计水头,应在最不利轮灌组条件下按下式计算:

$$H = Z_p - Z_b + h_0 + \sum h_f + \sum h_j \tag{7-106}$$

式中 H——微灌系统设计水头,m;

$\quad\quad$ Z_p——典型灌水小区管网进口的高程,m;

$\quad\quad$ Z_b——水源的设计水位,m;

$\quad\quad$ h_0——典型灌水小区进口设计水头,m;

$\quad\quad$ $\sum h_f$——系统进口至典型灌水小区进口的管道沿程水头损失(含首部枢纽沿程水头损失),m;

$\quad\quad$ $\sum h_j$——系统进口至典型灌水小区进口的管道局部水头损失(含首部枢纽局部水头损失),m。

4. 节点的压力均衡

微灌管网应进行节点压力均衡计算,从同一节点取水的各条管线同时工作时,应比较各条管线对该节点的水头要求。通过调整部分管段直径,应使各管线对该节点的水头要求一致,也可按该节点最大水头要求作为该节点的设计水头,其余管线进口应根据节点设计水头与该管线要求的水头之差设置调节装置。

从同一节点取水的各条管线分为若干轮灌组时,各组运行时节点的压力状况均应计算,同一组内各管线对节点水头要求不一致时,应按照各节点的压力均衡进行计算。

5. 水锤压力验算与防护

采用聚乙烯管材时,可以不进行水锤压力验算。其他管材当关阀历时大于水锤相长的20倍时,也可不验算关阀水锤。

直接水锤的压力水头增加值应按下列公式计算:

$$\Delta H = C \frac{\Delta V}{g} \qquad (7\text{-}107)$$

$$C = \frac{1\,435}{\sqrt{1 + \frac{2\,100(D_0 - e)}{E_s e}}} \qquad (7\text{-}108)$$

式中 ΔH——直接水锤的压力水头增加值,m;

C——水锤波传播速度,m/s;

ΔV——管中流速变化值,为初流速减去末流速,m/s;

D_0——管道外径,mm;

e——管壁厚度,mm;

E_s——管材的弹性模量,MPa,聚氯乙烯管取 2 500~3 000 MPa,钢管取 206 000 MPa。

当计入水锤后的管道工作压力大于塑料管允许压力的 1.5 倍或超过其他管材的试验压力时,应采取水锤防护措施。

7.5 降水入渗工程

入渗工程是为了解决城镇建设规模日益增加,建筑物逐渐增多,区域硬化地面过多,使得区域雨水无法回到地下而采取的一种增加雨水入渗、削减区域外排径流量和洪峰流量的工程措施。入渗工程主要作用在于控制初期径流污染,减少雨水流失,增加雨水下渗。

入渗工程初步分为两大类:与区域景观和雨水净化功能相结合入渗工程,及强化雨水就地入渗的工程设施。与区域景观和雨水净化功能相结合入渗工程主要有雨水花园、湿塘、植物沟等;强化雨水就地入渗的工程设施主要有绿地入渗、透水铺装地面入渗、渗透洼地、入渗井等。根据黄土塬区特点,本书主要介绍强化雨水就地入渗的工程中应用较为广泛的下沉式绿地及透水铺装工程。

7.5.1 下沉式绿地

充分利用城镇居住区、城市公园和道路的绿化区域,进行下沉式绿地建设,加强城镇绿地自然下渗,补充地下水;超过绿地入渗量的通过溢水口流入城市管道之中,以减缓雨洪。

7.5.1.1　概念与构造

下沉式绿地具有狭义和广义之分,狭义的下沉式绿地指低于周边铺砌地面或道路在200 mm以内的绿地;广义的下沉式绿地泛指具有一定的调蓄容积(在以径流总量控制为目标进行目标分解或设计计算时,不包括调节容积),且可用于调蓄和净化径流雨水的绿地,包括生物滞留设施、渗透塘、湿塘、雨水湿地、调节塘等。狭义的下沉式绿地应满足以下要求:

(1)下沉式绿地的下凹深度应根据植物耐淹性能和土壤渗透性能确定,一般为100~200 mm。

(2)下沉式绿地内一般应设置溢流口(如雨水口),保证暴雨时径流的溢流排放,溢流口顶部标高一般应高于绿地50~100 mm。狭义的下沉式绿地典型构造示意如图7-15所示。

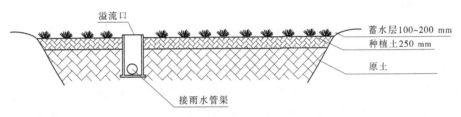

溢流口　蓄水层100~200 mm　种植土250 mm　原土　接雨水管渠

图7-15　狭义的下沉式绿地典型构造示意

7.5.1.2　适用性

下沉式绿地可广泛应用于城市建筑与小区、道路、绿地和广场内。对于径流污染严重、设施底部渗透面距离季节性最高地下水位或岩石层小于1 m及距离建筑物基础小于3 m(水平距离)的区域,应采取必要的措施防止次生灾害的发生。

7.5.1.3　优缺点

狭义的下沉式绿地适用区域广,其建设费用和维护费用均较低,但大面积应用时,易受地形等条件的影响,实际调蓄容积较小。

7.5.2　透水铺装工程

充分利用居住区、公园道路、城市交通道路、停车场和广场等路面承载力要求较低的区域,选择适宜的透水铺装类型,促进道路、广场对雨水的吸收。

7.5.2.1　概念与构造

透水铺装按照面层材料不同可分为透水砖铺装、透水水泥混凝土铺装和透水沥青混凝土铺装,嵌草砖、园林铺装中的鹅卵石、碎石铺装等也属于渗透铺装。透水铺装结构应符合现行《透水砖路面技术规程》(CJJ/T 188)、《透水沥青路面技术规程》(CJJ/T 190)和《透水水泥混凝土路面技术规程》(CJJ/T 135)的规定。透水铺装还应满足以下要求:

(1)透水铺装对道路路基强度和稳定性的潜在风险较大时,可采用半透水铺装结构。

(2)土地透水能力有限时,应在透水铺装的透水基层内设置排水管或排水板。

(3)当透水铺装设置在地下室顶板上时,顶板覆土厚度不应小于600 mm,并应设置排水层。

透水砖铺装典型结构示意如图 7-16 所示。

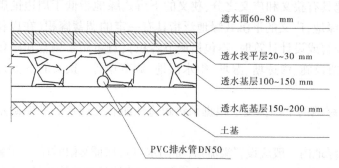

透水面60~80 mm

透水找平层20~30 mm

透水基层100~150 mm

透水底基层150~200 mm

土基

PVC排水管DN50

图 7-16　透水砖铺装典型结构示意

7.5.2.2　适用性

透水砖铺装和透水水泥混凝土铺装主要适用于广场、停车场、人行道以及车流量和荷载较小的道路,如建筑与小区道路、市政道路的非机动车道等,透水沥青混凝土路面还可用于机动车道。

透水铺装应用于以下区域时,还应采取必要的措施防止次生灾害或地下水污染的发生:

(1)可能造成陡坡坍塌、滑坡灾害的区域,湿陷性黄土、膨胀土和高含盐土等特殊土壤地质区域。

(2)使用频率较高的商业停车场、汽车回收及维修点、加油站及码头等径流污染严重的区域。

7.5.2.3　优缺点

透水铺装适用区域广、施工方便,可补充地下水并具有一定的峰值流量削减和雨水净化作用,但易堵塞,寒冷地区有被冻融破坏的风险。

7.6　林草工程

7.6.1　造林种草

林草工程主要包括沟头防护林带、经果林、沟道防冲林、水土保持林、补植补造等。

(1)沟头防护林带建设。结合沟头防护工程的建设,选择当地适生树草种,沿沟头挡水埂(墙)栽植防护林带,裸露面撒播草籽,增加沟头防护措施抗蚀能力。

(2)经果林工程。根据沟坡实际立地条件,在 25°以下的坡地进行土地整治,营造经果林。

(3)沟道防冲林工程。在沟底、沟滩营造防冲林,提高沟道防冲蚀能力,改善沟道生态。

(4)水土保持林。对荒草地及裸露地采取水平沟、鱼鳞坑整地等方式营造水土保持林,辅以排水(洪)设施和防护及拦挡工程,减少水土流失。

(5)补植补造。根据已有林地林分情况,采取补植补造等措施,改善林分组成,增强水土保持能力。

7.6.1.1 林草工程分类

1. 林种与林种划分

1）林种

森林按起源分为天然林和人工林。森林按其不同的效益或功能可划分为不同的种类,简称林种。对于人工林来说,不同林种反映不同的森林培育目的;对于天然林来说,不同林种反映不同的经营管理性质。林种实际就是发挥不同生态或社会经济功能的森林类型。林种划分只是相对的,实际上每一个树种都起着多种作用。如防护林也能生产木材,而用材林也有防护作用,这两个林种同时也可以供人休憩。但每一林种都有一个主要作用,在培育和经营上是有区别的。

2）林种划分

根据《中华人民共和国森林法》,一级林种划分有五大类,二级林种若干(可再分三级、四级)。

a. 防护林

以防护为主要目的的森林、林木和灌丛,包括水源涵养林,水土保持林,防风固沙林,农田、牧场防护林,护岸林及护路林等。其山区、丘陵区水土保持林可进一步划分为分水岭防护林、护坡林、梯田地坎防护林、侵蚀沟道防冲林、护岸护滩林、石质山地沟道防护林、山地护牧林、池塘水库防护林、山地渠道防护林、坡地水土保持经济林。

b. 用材林

以生产木材为主要目的的森林和林木,包括以生产竹材为主要目的的竹林。

c. 经济林

以生产果品、食用油料、饮料、调料、工业原料和药材为主要目的的林木。

d. 薪炭林

以生产燃料为主要目的的林木。

e. 特种用途林

以国防、环境保护、科学试验等为主要目的的森林和林木,包括国防林、试验林、母树林、环境保护林、风景林、名胜古迹和革命纪念地的林木及自然保护区的森林。

3）生态公益林林种划分

生态公益林是为维护和改善生态环境,保持生态平衡,保护生物多样性等满足人类社会的生态、社会需求和可持续发展为主体功能,主要提供公益性、社会性产品或服务的森林、林木、林地。

根据生态公益林的有关标准规定,将生态公益林按森林的主导功能分为防护林和特种用途林(特用林)两大类,13个亚类。

a. 防护林

防护林包括:①水源涵养林,含水源地保护林、河流和源头保护林、湖库保护林、冰川雪线维护林、绿洲水源林等。②水土保持林,含护坡林、侵蚀沟防护林、林缘缓冲林、山帽林(山脊林)等。③防风固沙林,含防风林、固沙林、挡沙林、海岸防护林、红树林、珊瑚岛常绿林等。④农田牧场防护林,含农田防护林(林带、片林)、农林复合经营林、草牧场防护林等。⑤护岸护路林,含路旁林、渠旁林、护堤林、固岸林、护滩林、减波防浪林等。⑥其他防护林,含防火林、防雪林、防雾林、防烟林、护渔林等。

b. 特用林

特用林包括:①国防林,含国境线保护林、国防设施屏蔽林等。②试验林,含科研试验林、教学实习林、科普教育林、定位观测林等。③种子林(种质资源林),含良种繁育林、种子园、母树林、子代测定林、采穗圃、采根圃、树木园、基因保存林等。④环境保护林,含城市及城郊接合部森林,工矿附近卫生防护林,厂矿、居民区与村镇绿化美化林等。⑤风景林,含风景名胜区、森林公园、度假区、滑雪场、狩猎场、城市公园、乡村公园及游览场所森林等。⑥文化纪念林,含历史与革命遗址保护林、自然与文化遗产地森林、纪念林、文化林、古树名木等森林、林木。⑦自然保存林,含自然保护区森林、自然保护小区森林、地带性顶极群落,以及珍稀、濒危动物栖息地与繁殖区,珍稀植物原生地和具有特殊价值森林等。

4)树种特性

a. 树种生物学特性

树种在整个生命过程中,在形态和生长发育上所表现出的特点与需要的综合,称为树种生物学特性,如树木的外形、寿命长短、生长快慢、繁殖方式、萌芽及开花结实的特点等,都属其生物学特性。树种同外界环境条件相互作用中所表现出的不同要求和适应能力,称为树种的生态学特性,是树种特性的重要方面。如耐阴性、抗寒性、抗风性、耐烟性、耐淹性、耐盐性以及对土壤条件的要求等。林学上常把树种生物学特性中与生产有密切关系的部分称为林学特性。所有树种特性的形成,是以树种的遗传性质为内在基础,同时又深受外界环境影响的结果,树种特性具有一定的稳定性(但不是固定不变的)。树种的生物学特性和生态学特性是选择树种、实现适地适树的重要基础。

b. 树种形态学特征

(1)树种生长类型。可分为以下4类:

①乔木。树体高大(通常>6 m),具有明显的主干,依其高度分为乔木(>30 m)、大乔木(21~30 m)、中乔木(11~20 m)、小乔木(6~10 m);依其生长速度,则可分为速生树种、中生树种和慢生树种。

②灌木。树体矮小(<6 m),主干低矮或不明显。主干不明显者常称为灌丛。

③藤本。也称攀缘木本,是能缠绕或攀附他物而向上生长的木本植物,依生长特点可分为:绞杀类(具有发达的吸附根,可缠绕和绞杀被绕的树木)、吸附类(如爬山虎利用吸盘、凌霄利用吸附根向上攀登)、卷须类(如葡萄等)和蔓条类(枝上有钩刺,如蔓生蔷薇)。

④匍地类。干枝均匍地生长,与地面接触部分生长不定根以扩大占地面积,如铺地柏。

(2)其他形态学特征:包括树形、树干、枝叶、花果、根系形态等特征。根据树木形态可分为针叶树种、阔叶树种、常绿树种、落叶树种。

c. 树种生长发育特性

(1)树种根系分布深度。根据树种根系的分布深度,可将树种分为深根性树种和浅根性树种。

(2)树种寿命与生长发育规律。不同树种寿命相差很大,侧柏寿命可达2 500年以上,而有些树种寿命只有几十年。生长发育规律包括整个生命周期和某一时间段、一年的生长规律,主要包括平均生长速度(可分为慢生、中生和速生)、不同龄级(幼龄期、壮龄期、中龄期、成熟龄期、过熟龄期)生长发育情况(生长速度、开花、挂果、盛果等)和一年中生长发展情况(发芽、展叶、开花、结果、落叶等)。

d. 树种生态学特性

对于树种选择极为重要,主要包括以下特性:

(1)树种对光的适应性。通常用树木的耐阴性,即树木忍耐庇荫和适应弱光的能力。一般分为5级,即极阴性、阴性、中性、阳性、极阳性。阴性树种或称耐阴性树种,如云杉、冷杉、紫杉、黄杨;阳性树种,如落叶松、油松、侧柏等;中性树种,如华山松、五角槭及红松等,它们能耐一定程度侧方庇荫。

(2)树种对温度的抵抗性能。树种对温度的抵抗性能主要采用树种的抗寒性,即树种抗低温环境而继续生存的能力。根据发生机制和原理不同,树木在 $0 \sim 15$ ℃下的生存能力称为树种的抗冷性,树木在 0 ℃以下的生存能力则称为抗冻性。抗寒力强的树种称为抗寒性树种,如落叶松、樟子松、云杉、冷杉及山杨等;抗寒力差、喜温暖气候条件的树种称为喜温树种,如油松、槲栎、鹅耳枥及刺槐等。

(3)树种对水分的适应性。树种在干旱环境下的生存和生长能力称为树种的抗旱性;对水淹的适应能力称为耐涝性(或耐水淹性)。一般划分为旱生树种,如樟子松、侧柏、赤松、山杏、梭梭及木麻黄等;中生树种(大多数树种属此类型),如云杉、山杨、槭、红松、水曲柳、黄菠萝及胡桃楸等;湿生树种,如水松、落羽松及大青杨等;耐水淹树种,如柳、池杉等。

(4)树种对风的抵抗和适应性。此性能称为树种的抗风性,主要就抗风倒的能力而言。主根发达,木材坚韧,强风下不易发生风倒的树种称为抗风树种,如松、杨、国槐及乌桕等;而云杉、雪松及水青冈等多为浅根性,属容易风倒的树种。

(5)树种对土壤的适应性能和要求。包括很多方面,如对土壤的肥力、土壤通透性、土壤质地及土壤 pH 等。有些树种很耐土壤瘠薄,如侧柏、臭椿及油松等;有些树种对土壤通透性要求严格,如樟子松及一些沙生植物;有些树种喜偏酸性的土壤,如油松、马尾松等;有些树种耐盐碱,如柽柳、胡杨等。

e. 树种的自然分布

树种的自然分布是判定和选择树种的基础依据。树种的自然分布区反映了树种的生态结构,即环境和竞争中诸多因素的综合影响效果,同时也反映出树种的生态适应能力。应查清树种中心分布区、最大分布区及临界分布区等。一般来说,距中心分布区越近,树木生长越好。

2. 草种

1)分类

草种有如下五种分类。

a. 依种植目的不同分类

依种植目的不同,可分为牧草、绿肥草、水土保持草及草坪草等类型。水土保持草种(兼牧草功能的草种)绝大部分是禾本科和豆科的植物,还有少量的菊科、十字花科、莎草科、紫草科及蔷薇科等植物;绿肥草基本上是豆科,草坪草大部分是禾本科植物,有少量的非禾本科草。同一草种可以有不同的种植目的,如沙打旺、小冠花既可为牧草,又可为绿肥草,也是优良的水土保持草种;羊茅、紫羊茅等可为牧草,也可作为草坪草。

b. 依生长习性不同分类

依生长习性不同,可分为一年生草种,如苏丹草、栽培山黧豆;二年生草种,如白花草木樨、黄花草木樨;多年生草种,如平均寿命3~4年的黑麦草、披碱草;还有平均寿命5~6年的大部分禾本科、豆科草,如苇状羊茅、猫尾草、鸭茅、紫花苜蓿及白三叶等;平均寿命10年或更长,一般可利用6~8年,如无芒雀麦、草地早熟禾、紫羊茅、小糠草及野豌豆等。

c. 依植株高矮及叶量分布不同分类

按植株高矮及叶量分布不同可分为三大类:①上繁草,植株高40~100 cm以上,生殖枝及长营养枝占优势,叶片分布均匀。如无芒雀麦、苇状羊茅、老芒麦、披碱草、羊草、紫花苜蓿、红豆草及草木樨等。②下繁草,植株矮小,高40 cm以下,短营养枝占优势,生殖枝不多,叶量少,不宜刈割,适于放牧用。如草地早熟禾、紫羊茅、狗牙根、白云叶、草莓三叶草及地下三叶草等。③莲座状草,根出叶形成叶簇状,没有茎生叶或很少。由于株体矮,产草量较低。如生长第一年的串叶松香草、蒲公英及车前草等。

d. 依茎枝形成(分蘖、分枝)特点不同分类

依茎枝形成(分蘖、分枝)特点不同,可分为以下七大类:

(1)根茎型草类。此类草无性繁殖能力和生存能力强,根茎每年可向外延伸1~1.5 m,具有极强的保水保土能力,耐践踏,适于放牧。如无芒雀麦、草地早熟禾、羊草、芦苇、鹰嘴紫云英及蒙古岩黄芪等。

(2)疏丛型草类。此类草形成较疏松的株丛,丛与丛间多无联系,草地易碎裂。如黑麦草、鸭茅、猫尾草、老芒麦及苇状羊茅等。

(3)根茎—疏丛型草类。此类草形成的草地平坦,富有弹性,不易碎裂,产草量高,适于放牧,保水保土能力很强。如早熟禾、紫羊茅及看麦娘等。

(4)密丛型草类。此类草种根较粗,侧根少,分蘖节常被死去的茎、鞘所包围而处于湿润状态,可增强抗冻能力。如芨芨草、针茅属及甘肃蒿草等。

(5)匍匐茎草类。此类草种株型较矮,草皮坚实,耐践踏,产草量不高,保持水土的功能强,也适宜放牧。其中有些草种可作草坪草,如狗牙根(草坪草种)、白三叶草(草坪草种)等。

(6)根蘖型草类。此类草种除用种子繁殖外,还可用根蘖繁殖,寿命长,喜疏松土壤,是极好的水土保持草种和放牧草种。如多变小冠花、黄花苜蓿、蓟、紫菀及蒙古岩黄芪等。

(7)根茎丛生型草类。此类草种再生能力强,生物产量高,覆盖度高,水土保持功能很强,其中少数草种也可用作草坪草。主要靠种子繁殖,也可无性繁殖。如紫花苜蓿、红三叶(可作草坪草)及沙打旺等。

e. 草坪草种的分类

草坪草种一般根据植株高矮分低矮草坪草(<20 cm,如狗牙根、结缕草等)和高型草坪草(30~100 cm,如早熟禾、剪股颖及黑麦草等);根据叶的宽度分为宽叶草坪草和细叶草坪草。

2) 草种的一般特性

草种的一般特性包括以下 5 个方面：

(1)生长迅速,见效快。草种生长迅速,分蘖、分枝能力强,茎叶繁茂,根系发达,穿透力强,生命力强,能够迅速覆盖地面,有效防止地表的面蚀和细沟侵蚀。与造林相比,由于其寿命短,根系分布浅,防止沟蚀和重力侵蚀的效益差。因此,对于荒山丘陵、地多人少的水土流失地区,种草或林草结合,生态与经济效益兼顾,效果好。草坪草生长迅速,绿化覆盖快,对于城市、工矿区、风景区等美化环境具有重要意义。

(2)籽粒小,收获多,繁殖系数高。牧草种子细小,收获量多,每公顷可收种子 150~1 500 kg,千粒重 1~2 kg,1 kg 种子 50 万~100 万粒。繁殖力很高,收获 1 个单位面积的草籽可种 20~50 个单位面积。

(3)耐刈割、耐啃食、耐践踏。大部分草种刈割后可迅速生长,继续利用。有的一年可刈割利用 3~5 次。多年生草可利用 4~5 年,甚至 10 年以上。既可用种子有性繁殖,也可用枝条、根、茎无性繁殖,能做到一次播种数年利用。耐刈割,适宜于打草养畜和草坪修剪;耐啃食,适于放牧;耐践踏,适于作运动场草坪。

(4)牧草对光热条件的适应性很强。阳性草种叶片小而厚,叶面光滑;阴性草种叶片大而薄,常与光照成直角,有利于多接受阳光。草坪草中冷季型草耐阴性强,如细羊茅、三叶草等;暖季型草耐阴性弱,如狗牙根等。一般草种适宜生长的温度是 20~35 ℃,不同草种对温度(热量)的适应性不同,如结缕草、狗牙根及象草等为喜温草种,耐热性强;羊茅、紫羊茅、黑麦草及披碱草等,则耐寒性强。

(5)对土壤的适应性分为以下四大类:

①水分:不同的草种,需水量不同,耐旱耐湿性不同。耐旱牧草,如冰草、鹅冠草及沙蒿等;介于耐旱与喜水之间,如多年生黑麦草、鸭茅、紫花苜蓿和红三叶等;喜水牧草,如藕草、意大利黑麦草、杂三叶、白三叶、田菁及芦苇等。另外,还有水生草类,如水浮莲、茭白等。对牧草需水量没有严格界限,许多牧草适应性很广,难以严格归类。

②土壤硬度:对草的生长影响较大,禾本科草对硬度的适应性比豆科的要强。在禾本科草中,对硬度的适应性也有差别。根据对草坪草的试验研究,狗牙根类、苇状羊茅类对硬度的适应性最强,剪股颖类适应性较差。

③土壤养分:豆科类草耐瘠薄;禾本科草类也有一定的耐瘠薄性,如结缕草类、羊茅类就有较强的耐瘠薄性。

④土壤 pH:在酸性土壤上能良好生长的有结缕草类、假俭草、近缘地毯草、百喜草和糖蜜草等;狗牙根类和小糠草等有一定适应性;草地早熟禾耐酸性最差。耐碱性最强的草类有野牛草、黑麦草等;耐碱性一般的有假俭草、芨芨草、芦苇等;狗牙根则较弱,近缘地毯草耐碱性最差。牧草和水土保持草种,以沙打旺、披碱草、草木樨及苜蓿等耐碱性强;紫花苜蓿、苇状羊茅、红三叶及苕子等则对酸性土壤适应性强。此外,还有耐沙草类,如沙蒿、沙打旺等。耐盐量草类,如芦苇(耐盐量可达 1%~2%)。

7.6.1.2　立地条件与适地适树(草)

树种草种选择是水土保持林草措施设计的一项极为重要的工作,是工程建设成功与否的关键之一。树种草种选择的原则是定向培育和适地适树(草)。定向培育是根据社会、经济和环境的需求确定的;适地适树(草)则是林草的生物学和生态学特性与立地(生境)条件相适应。适地适树(草)是树种草种选择的最基本原则。

1. 适地适树

立地类型(生境)划分包括以下4个方面。

1)概念

a. 立地条件与立地类型

立地是指有林(草)和宜林(草)的地段,在农业和草业上常称为生境,在水土流失、植被稀少的地区,实际就是造林(种草)地。在某一立地上,凡是与林草生长发育有关的自然环境因子的综合都称为立地条件。为便于指导生产,必须对立地条件进行分析与评价,同时按一定的方法把具有相同立地条件的地段归并成类。同一类立地条件上所采取的林草培育措施及生长效果基本相近,把这种归并的类型称为立地条件类型,简称立地类型。立地类型划分有狭义与广义之分,狭义来讲,就是造林地的立地类型划分;广义上包括对一个区域立地的系统划分,包括立地区、立地亚区、立地小区、立地组、立地小组及立地类型等,在这个系统中立地类型是最基本的划分单元。

b. 立地因子与立地质量

(1)立地因子:立地条件中的各种环境因子叫作立地因子。造林(草)地的立地因子是多样而复杂的,影响林草生长的立地因子也是多种多样的,大概为三大类,即物理环境因子,含气候、地形和土壤(光、热、水、气、土壤、养分条件因子);植被因子,含植物的类型、组成、覆盖度及其生长状况等;人为活动因子。

(2)立地质量:在某一立地上既定林草植被类型的生产潜力称为立地质量(生境质量),它是评价立地条件好坏的重要指标。立地质量包括气候因素、土壤因素及生物因素等。立地质量评价可对立地的宜林宜草性或潜在生产力进行判断或预测,是划分立地类型的重要依据。

2)立地因子分析

立地条件是众多立地因子的综合反映,立地因子对立地质量评价、立地类型划分具有十分重要的作用。

a. 物理环境因子

物理环境因子包括以下4个方面:

气候:是影响植被类型及其生产力的控制性因子。大气候主要取决于大范围或区域性植被的分布;小气候明显地影响种群的局部分布,是广义立地类型划分,即立地分类中大尺度划分的依据或基础。在狭义立地类型划分中不考虑气候因子。

地形:包括海拔、坡向、坡度、坡位、坡型及小地形等,其直接影响林草生长有关的水热因子和土壤条件,是立地类型划分的主要依据。地形因子稳定、直观,易于调查和测定,能良好地反映一些直接生态因子(小气候、土壤、植被等)的组合特征,比其他生态因子更容易反映林草生长的状况。如北方阳坡植被比阴坡植被生长差;低洼地植被比梁峁顶植被生长好等。

土壤:包括土壤种类、土层厚度、土壤质地、土壤结构、土壤养分、土壤腐殖质、土壤酸碱度、土壤侵蚀度、各土壤层次的石砾含量、土壤含盐量、成土母岩和母质的种类等。土壤因子对林草生长所需的水、肥、气、热具有控制作用,它较容易测定,综合反映性强,但土壤的直观性差,绘制立地图较困难。在我国,除平原地区外,一般不采用土壤单因子评价立地质量,而是结合地形因子联合评价立地质量,进行立地分类。

水文:包括地下水深度及季节变化、地下水的矿化度及其盐分组成,有无季节性积水及其持续期等。对于平原地区的一些造林地,水文因子起着很重要的作用,而在山地的立地分类则一般不考虑地下水位问题。

b. 植被因子

植被类型及其分布综合,反映着大尺度的区域地貌和气候条件,在立地分类系统中,主要作为大区域立地划分(立地区、立地亚区)的依据。在植被未受严重破坏的地区,植被状况特别是某些生态适应幅度窄的指示植物,可以较清楚地揭示立地小气候和土壤水肥状况,对立地指标具有指示作用。例如蕨菜生长茂盛指示立地生产力高;马尾松、茶树、映山红、油茶指示酸性土壤;披碱草、碱蓬、甘草、芦根等指示碱性土壤;碱蓬、白刺、獐毛、柽柳指示土壤呈碱性且含盐量高;黄连木、杜松、野花椒等指示土坡中钙的含量高;青檀、侧柏天然林生长地方母岩多为石灰岩;仙人掌群落指示土壤贫瘠和气候干旱等,但在我国多数地方天然植被受破坏比较严重,用指示植物评价立地相对受限制。

c. 人为活动因子

人为活动因子是指人类活动影响土地利用历史与现状,从而影响立地因子。不合理的人为活动,例如超采地下水、陡坡耕种、放火烧荒及长期种植一种作物(草或树)等导致土壤侵蚀、土地退化,立地质量下降。但因人为活动因子的多变性和不易确定性,在立地分类中,只作为其他立地因子形成或变化的原因进行分析,不作为立地类型划分的因子。

3)立地质量评价

立地质量评价的方法很多,大致归纳为三类:第一类是通过植被的调查和研究来评价立地质量,包括生长指标(如蓄积量、产草量等)、立地指数法和指示植物法;第二类是通过和研究环境因子来评价立地质量,主要应用于无林区;第三类是用数量分析的方法评价立地质量,也就是将外业调查的各种资料用数量化方法进行处理,从而分析环境因子与林木(或草)之间的关系,然后对立地质量作出评价。最常用的评价方法是立地指数法,即以该树种在一定基准年龄时的优势木平均高或几株最高树木的平均高(也称上层高)作为评价指标。草地质量评价时,多用产草量作为评价指标。

4)立地类型划分方法

就是把具有相近或相同生产力的立地划为一类,不同的则划为另一类;按立地类型选用树种草种,设计造林种草措施。通过自然条件的地域分异规律及立地与林草生长关系的研究,正确划分立地类型,对林草工程建设具有重要意义。

立地类型划分一般采用主导因子法,即在复杂的立地因子中,分析确定起决定性作用的因子——主导因子。根据主导因子分级组合来划分立地类型,一般均可满足树种草种选择和制定造林种草技术措施的需要。常用的方法有按主导环境因子的分级组合分类、生活因子分级组合和用立地指数来代替立地类型。对于林草植被稀少的水土流失地区,大多采用主导环境因子分级组合分类,后两者适用于有林区、草原区和草地。以下以造林地立地划分为例说明,草地生境划分可参照。

a. 主导因子确定方法

可以从两个方面着手。一方面,是逐次分析各环境因子与植物必需的生活因子(光、热、气、水、养)之间的关系,找出对植物生长影响大的环境因子,作为主导因子;另一方面,找出植物生长的限制性因子,即处于极端状态时,有可能成为植物生长的环境因子,限制性因子一般大多是主导因子,如干旱、严寒、强风、土壤 pH 过高或过低及土壤含盐量过大等。把这两方面结合起来,综合考虑造林地对林木生长所需的光、热、水、气、养等生活因子的作用,采用定性分析与定量分析相结合的方法确定主导因子。

b. 按主导环境因子分级组合分类划分立地类型

特点是简单明了,易于掌握,因而在水土保持林草工程建设中广为应用。具体的划分方法是选择若干主导环境因子,对各因子进行分级,按因子水平组合编制成立地条件类型表。以晋西黄土残塬沟壑地区立地条件类型为例,分级组合为 10 个立地类型,见表 7-28。

2. 适地适草

1)概念

适地适草就是使种植草种的特性,主要是生态学特性与立地(生境条件)相适应,以充分发挥生态、经济或生产潜力,达到该立地(生境条件)在当前技术经济条件下可能达到的最佳水平,是造林种草工作的一项基本原则。随着草业生产的发展,适地适草概念中的草,不仅仅是指草种,也指品种、无性系、地理种源和生态类型。

表 7-28　晋西黄土残塬沟壑地区立地条件类型

序号	土壤母质	地形部位及坡向	立地类型名称	1 m 土层内含水量估算值(mm)	14 龄刺槐上层高(m)
1	黄土	塬面	黄土塬面	162.1	12.0
2		宽梁顶	黄土宽梁顶	—	11.9
3		(梁峁)阴坡	黄土阴坡	168.69~182.76	11.9
4		(梁峁)阳坡	黄土阳坡	119.80~133.97	10.5
5		侵蚀沟阴坡	黄土阴沟坡	151.21	10.96
6		侵蚀沟阳坡	黄土阳沟坡	102.42	9.8
7		沟底塌积坡	沟底黄土塌积坡	209.31~218.75	—
8		沟坝川滩坡	黄土沟坝川滩坡	319.41	15.2
9		梁顶冲风口	黄土梁顶冲风口	—	丛枝状
10		崖坡	红黏土崖坡		7.9

适地适草是相对的和动态的。不同草种有不同的特性,同一草种在不同地区,其特性表现也有差异。在同一地区,同一草种不同的发育时期对环境的适应性也不同。适地适草不仅要体现在选择草种上,而且要贯彻在草地培育的全过程。在其生长发育过程中要不断地加以调整,以改善环境条件。而这些措施又受一定社会经济条件的制约。

2)适地适草的途径和方法

适地适草的途径有三条:一是选地适草和选草适地,这是适地适草的主要途径;二是改地适草;三是改草适地。

选地适草,就是根据当地的气候土壤条件确定主要种植草种或拟发展的草种后,选择适合的种草地;而选草适地是在种草地确定以后,根据其立地条件选择适合的草种。

改地适草,就是通过整地、施肥、灌溉、草种混交及土壤管理等措施,改变种草地的生长环境,使之适合于原来不太适应的草种生长。如通过排灌洗盐,降低土壤的盐碱度,使一些不太抗盐的草品种在盐碱地上顺利生长;通过高台整地减少积水,或排除土壤中过多的水分,使一些不太耐水湿的草种可以在水湿地上顺利生长。

改草适地,就是在地和草某些方面不太相适应的情况下,通过选种、引种驯化和育种等手段,改变草种的某些特性使之能够相适应。如通过育种的方法,增强草种的耐寒性、耐旱性或抗盐碱的性能,以适应在高寒、干旱或盐渍化的种草地上生长。

3)适地适草的评价标准

适地适草评价指标主要是产草量、生长状况、退化情况等。

7.6.1.3 林草工程设计要素

1. 树种或草种选择

树种、草种选择涉及内容很多,本书仅进行概括叙述,有关树种、草种选择详细内容,可参考《生态公益建设 技术规程》(GB/T 18337.3—2001)、《水土保持综合治理 技术规范 荒地治理技术》(GB/T 16453.2—2008)、《中国主要树种造林技术》、《林业生态工程学——林草植被建设的理论与实践》等。

1)树种选择的原则、要求和方法

a. 树种选择的原则

树种选择的原则有四条:第一,定向的原则,即造林树种的各项性状(经济与效益性状)必须定向地符合既定的培育目标要求,达到人工造林的目的,能够获得预期的经济或生态效益。第二,适地适树的原则,即造林树种的生态习性必须与造林地的立地条件相适应,造林地的环境条件能保障树种的正常生长发育。第三,稳定性的原则,即树种形成的林分应长期稳定,能够形成稳定的林分,不会因为一些自然因子或林分生长对环境的需求增加而导致林分衰败。第四,可行性原则,即经济有利、现实可行,在种苗来源、栽培技术、经营条件及经济效益等方面都是合理可行的。

b. 树种选择要求

不同的林草工程(或林种)对树种的要求不同,以下就水土保持林要求做出说明。

(1)适应性强,能适应不同类型水土保持林的特殊环境,如护坡林的树种要耐干旱瘠薄(如柠条、山桃、山杏、杜梨及臭椿等),沟底防护林及护岸林的树种要能耐水湿(如柳树、柽柳及沙棘等)、抗冲淘等。

(2)生长迅速,枝叶发达,树冠浓密,能形成良好的枯枝落叶层,以截拦雨滴,避免其直接冲打地面,保护地表,减少冲刷。

(3)根系发达,特别是须根发达,能笼络土壤。在表土疏松、侵蚀作用强烈的地方,应选择根蘖性强的树种(如刺槐、卫矛、火炬树等)或蔓生树种(如葛藤等)。

(4)树冠浓密,落叶丰富且易分解,具有土壤改良性能(如刺槐、沙棘、紫穗槐、胡枝子、胡颓子等),能提高土壤的保水保肥能力。

c.树种选择方法

选择树种的程序和方法可概括为:首先按林草工程类型的培育目标,初步选择树种;据此,调查研究林草工程建设区或造林地段的立地性能,以及初选树种的生物学和生态学性状;然后按树种选择的四条原则选择树种,提出树种选择。为了得出更可靠的有关树种选择的结论,可进行树种选择的对比试验研究,在生产上需凭借树种的天然分布及生长状况、人工林的调查研究、林木培育经验等确定树种选择方案,如图7-17所示。

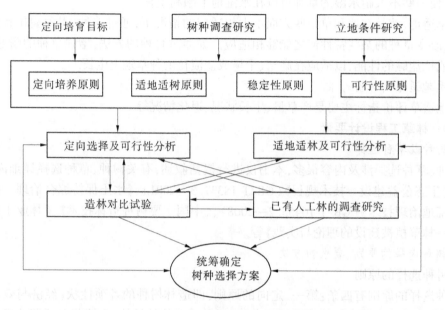

图7-17 树种草种选择的理想决策模式

在确定树种选择方案时,往往在同一立地类型上可能有几个适用树种,同一树种也可能适用于几种立地类型,应通过分析比较,将最适生、防护性能最高和经济价值最大的树种,列为主要造林树种,其他树种列为次要树种。同时,要注意将针叶和阔叶、常绿和落叶及豆科和非豆科树种结合起来,以充分利用和发挥多种立地的生产潜力,并能满足生态经济方面的需要。在最后确定树种选择方案时,应把立地条件较好的造林地,优先留给经济价值高、对立地要求严的树种;把立地条件较差的造林地,留给适应性较强而经济价值较低的树种。同一树种若有不同的培育目的,应分配给不同的地段。如培育大径材或培育经济林,应分配较好的造林地;若是培育薪炭林、小径材,可落实在较差的立地上;若立地贫瘠、水土流失严重,则应首先考虑水土保持灌木树种,条件稍好的才能考虑水土保持乔木树种,营造农田防护林或纤维用材林,对造林地的条件可以适当放宽。

2)草种选择

草种选择与树种选择相似,必须根据种草地的生境条件,主要是气候条件和土壤条件,选择适宜的草种,同时应做到生态与经济兼顾,就是说选择草种必须做到能发芽,生长、发育正常,且经济合理。如有些草种,种植初期表现好,但很快就出现退化;一些草种虽生长很好,但管理技术要求高,投入太大,这都不能算正确的草种选择。当然草种选择也要注意其定向目标,培育牧草应选用较好的立地,培育水土保持草地时可选用较差的立地。乔灌草结合时,应选择耐阴的草种。

草种选择的方法,一是调查现有草地(特别是人工草地)、草坪,获得草种生长状况的有关资料,如生物量、生长量和覆盖度等,比较分析,选择适宜的草种;二是通过试验研究,即在发展种草的地区,选择有代表性的地块,引进种植不同的草种,观察其生长情况,筛选出适宜的草种。由于草种生长周期短(树种引种周期很长),第二种方法也是经常采用的方法。

2. 人工林(草)组成及配置

1) 树种组成

树种组成是指构成森林的树种成分及其所占的比例。通常把由一种树种组成的林分叫作纯林,而把由两种或两种以上的树种组成的林分称为混交林。树种在混交林中所占比例的大小为混交比例。

混交林中的树种,依其所起的作用不同,可分为主要树种、伴生树种和灌木树种。其中主要树种是人们培育的目的树种,伴生树种和灌木树种是在一定时期与主要树种生长在一起,并为其生长创造有利条件的树种。一般在造林初期,主要树种所占比例应保持在50%以上,伴生树种或灌木应占全林分株数的25%~50%。但个别混交方法或特殊的立地条件,可以根据实际需要对混交树种所占比例适当增减。

混交类型是将主要树种、伴生树种和灌木树种人为搭配而成的不同组合,通常把混交类型划分为主要树种与主要树种混交、主要树种与伴生树种混交、主要树种与灌木树种混交,以及主要树种、伴生树种与灌木的混交。

混交方法是指参加混交的各树种在造林地上的排列形式。常用的混交方法有星状混交、株间混交、行间混交、带状混交、块状混交、不规则混交和植生组混交。

北方混交效果较好的有:红松与水曲柳、胡桃楸、赤杨、紫椴、黄菠萝、色木及柞树等;落叶松与云杉、冷杉、红松、樟子松、桦树、山杨、水曲柳、赤杨及胡枝子等;油松与侧柏、栎类(栓皮栎、辽东栎和麻栎等)、刺槐、元宝枫、椴树、桦树、胡枝子、黄栌、紫穗槐、沙棘及荆条等;侧柏与元宝枫、黄连木、臭椿、刺槐、黄栌、沙棘、紫穗槐及荆条等;杨树与刺槐、紫穗槐、沙棘、柠条及胡枝子等。

2) 造林密度

造林密度也叫初植密度,是指单位面积造林地上栽植点或播种穴的数量(株或穴/hm^2)。事实上,林木在不同生长发育时期都有相应的密度,如幼龄密度、成林密度等。林分在某一时段达到某一密度后发生自然稀疏,这一密度为林分的最大密度或饱和密度。抚育间伐中保留株数占最大密度株数的百分数为经营密度。林分生长量达到最大时的密度即适宜的经营密度。在水土保持林草工程设计中所说的密度一般是指造林密度。

造林密度是根据选定树种,在一定的培育目标、一定的立地条件和栽培条件下测算确定的。确定造林密度的方法主要有经验法、试验法、调查法、林分密度管理图(表)法等。

经验法是根据过去不同密度的林分,在满足其经营目的方面所取得的成效,来分析判断其合理性及需要调整的方向和范围,从而确定在新的条件下应采用的初始密度和经营密度;试验法是通过不同密度的造林试验结果来确定合适的造林密度及经营密度;调查法是对现有的森林处于不同密度状况下的林分生长指标进行调查,然后采用统计分析的方法,得出类似于密度试验林可提供的密度效应规律和有关参数;林分密度管理图(表)法是对于某些主要造林树种(如落叶松、杉木及油松等),已进行大量的密度规律的研究,并在制定各种地区性的密度管理图(表)的基础上,通过查图表来确定造林密度。

通常情况下,水土保持防蚀林、薪炭林、灌木林及沟道森林工程等造林密度可大些;干旱且没有灌溉条件的地区、水土保持经济林及小片速生丰产林等密度应小些。

3)种植点的配置

种植点的配置是指一定的植株在造林地上分布的形式。种植点的配置是确定造林密度的重要基础。种植点的配置与林木的生长、树冠的发育、幼林的抚育和施工等有着密切的关系。在城市绿化与园林设计中,种植点的配置也是实现艺术效果的一种手段。

对于防护林来说,通过配置能使林木更好地发挥其防护效能。种植点的配置方式,一般分为行列状配置(长方形或正方形)和群状配置(簇状或植生组)两大类。对于纯林行列状配置,单位面积(A)上种植点的数量(N)取决于株距(a)、行距(b)的大小和带间距(d)。即

长方形
$$N = \frac{A}{ab}$$
(7-109)

正方形
$$N = \frac{A}{a^2}$$
(7-110)

双行一带
$$N = \frac{A}{a \times \frac{1}{2}(d + b)}$$
(7-111)

3.造林整地

1)造林整地方式与方法

a.造林整地的方式

整地,就是在植树造林(种草)之前,清除地块上影响植树造林(种草)效果的残余物质,包括非目的植被、采伐剩余物等,并以翻耕土壤为重要内容的技术措施。植树造林(种草)整地的方式可划分为全面整地和局部整地两种。

b.造林整地的方法

全面整地,是翻垦造林的整地方法,主要应用于草原、草地、盐碱地及无风蚀危险的固定沙地。平坦植树造林地的全面整地应杜绝集中连片,面积过大。

北方草原、草地可实行雨季前全面翻耕,雨季复耕,当年秋季或翌春耙平的休闲整地方法。生产建设项目绿化时,经土地整治及覆土处理的工程扰动平缓地,宜采取全面整地。一般平缓土地的园林式绿化美化植树造林设计,也宜采用全面整地。

局部整地,有带状整地和块状整地方法。

山地的带状整地带一般沿等高线走向,其断面形式有水平阶、水平沟、反坡梯田、撩壕及山边沟等形式。

由于研究区域的水土保持林草工程建设的主要问题是干旱,因此以下介绍如何利用地表径流进行集水整地。

(1)集水整地。是水土保持径流调控技术在造林中的具体应用,国际上也称为径流林业技术。集水整地系统由微集水区系统组成,是根据地形条件,以林木为对象,在造林

地上形成由集水区(径流的集水面)与栽植区(渗蓄径流的植树穴)组成的完整的集水、蓄水和水分利用系统。在树木的栽植区,自然降雨不能满足树木正常生长发育的需求,在不同的时间里土壤水分有一定的亏缺量,通过集水面积、径流系数来调节产流量,以弥补土壤水分的不足,保持水分供需的基本平衡。因此,集水面积大小、集水面上的产流率将直接影响径流林业技术的综合效率。

在确定植树区面积时,主要从三个方面考虑:一是林木的生物学特性和生态学特性,即林木个体大小、根系分布及其对水分的需求等;二是汇集径流的赋存、下渗需求,即所收集的径流能有效地储存在林木根系周围,不产生较大的渗漏损失;三是施工的难易程度与费用,即整地的规格、投入的劳动力和费用。

集水区面积的大小主要由植树区面积、降雨量与降雨性质、地表产流率、植树区水分消耗需求、林木需水量及土壤水分短缺量等因素来确定,其目标是使所产生的径流量能弥补土壤水分的短缺。

在干旱、半干旱地区,提高集水区小雨强降雨的产流率是增加旱季林木水分供应量的重要手段之一,也是提高降水利用率的重要措施。一般防渗处理的方法有压紧密实表层土壤的物理方法和用防渗剂进行处理的方法两种,应用中要根据降水特性、林木水分需求量和林种而定,依据当地经济条件做出合理的选择。

(2)不同整地断面形式蓄水量。从林木的水分需求与防止坡面径流冲刷安全方面考虑,不同整地断面形式对径流的拦蓄容积在保障林木水分需求的同时,在一定的暴雨标准下,应当保障坡面整地工程的安全。

2)整地技术规格

整地技术规格主要包括断面形式、深度、宽度、长度、间距及蓄水容积。

(1)断面形式。是指整地时的翻垦部分与原地面所构成的断面形式。断面形式依据当地的气候条件、立地条件而定;在水分缺乏的干旱地区,为了收集较多的水分,减少土壤蒸发,翻垦面要低于原地面;在水分过剩的地区,为了排除多余的水分,翻垦面要高于原地面。

(2)深度。是指翻垦土壤的深度。在条件许可时,应适当增加整地深度;在干旱地区,整地深度要适当大一些,以蓄积更多的水分;在阳坡、低海拔地区,整地深度应大一些;土层薄的石质山地视情况而定;土壤有间层、钙积层和犁底层时,整地深度应使其通透,整地深度还应考虑苗木根系的大小和经济条件。

(3)宽度。整地宽度应考虑树种所需要的营养面积大小。坡度缓时,可适当加大整地的宽度;坡度大时,若整地宽度太大工程量也大,容易使坡面不稳定,因此不宜太大。植被生长较高影响苗木的光照时,可以适当加大整地的宽度;否则,可以窄一些。整地宽度越大,工程量越多,整地成本越高。

(4)长度。一般情况下,应尽量延长整地的长度,以使种植点能均匀配置;地形破碎,影响施工时可适当小一些,依据地形条件灵活掌握;使用机械整地时,应尽量延长整地的长度。

(5)间距。主要依据造林密度和种植点来确定;山地的带间距主要依据行距确定,要考虑林木发育、水土流失等因素;翻垦与未翻垦的比例一般不高于1:1。

(6)蓄水容积。如果是采用径流林业的集水整地方法,保障坡面工程安全的蓄水容积是一个重要的质量指标,应当依据设计标准确保有效容积能满足拦蓄坡面径流的需求。

3)整地时间

提前整地(预整地)即整地时间比造林季节提早 1~2 个季节。半干旱地区整地与造林之间应当有一个降水季节,以蓄积更多的水分;选择在雨季整地,土壤紧实度降低,作业省力,工效高。

一般在风蚀较严重的风沙地、草原、退耕地上,整地与造林同时进行。

4.种草整地设计

1)牧草种植整地

农田、退耕地上种植牧草整地与农业耕作基本相同,但在山区不具备耕作条件,采取与造林相同的整地方法,在田面或穴面上翻耕播种。种植牧草整地,土壤耕作措施分为基本耕作和辅助耕作丘陵区的荒草地上种草,基本耕作为犁地。深翻 18~25 cm,应做到适时耕作,适当早耕,不误农时,保证质量。春播牧草应在解冻时浅耕,夏播牧草结合灭茬、施肥浅耕。

辅助耕作是犁地的辅助作业,主要在土壤表层进行,包括耙地、浅耕灭茬、糖地、镇压和中耕(锄地)。

2)草坪建植整地

草坪建植整地,即坪床准备或整理,是草坪建植的基础。坪床的质量好坏,直接关系到草坪的功能。建坪前,应对欲建植草坪的场地进行必要的调查和测量,制订可行的方案,尽量避免和纠正如底地处理、机械施工引起的土壤压实等问题。坪床准备包括清理、翻耕、平整、土壤改良、排水灌溉系统的设置及施肥等内容。详细内容请参考园林设计有关规范。

5.造林方法

造林的方法有播种造林、植苗造林和分殖造林,大多采用植苗造林;在直播容易成活的地方,也可采用人工播种造林,在偏远、交通不便、劳力不足而荒山荒地面积大的地方,可采用飞机播种;对一些萌芽力强的树种,可根据情况采用分殖造林。目前生产上除少数树种(如柠条),有时尚采用播种造林外,一般都采用植苗造林,分殖造林基本不用。以下简单介绍播种造林、植苗造林,其他方法请参照有关标准、规范。

1)播种造林

播种造林,又称直播造林,是以种子为造林材料,直接播种到造林地的造林方法。播种造林可分为人工播种和飞机播种。

a.人工播种造林

适用于核桃、栎类、文冠果、山杏及华山松等大粒种子的树种,也适用于油松、柠条及花棒等小粒种子的树种。播种之前要进行种子检验(种子纯度、千粒重及发芽率等),有些树种还需要进行种子处理。

(1)常用的播种方法有撒播、穴播和条播、块播等。

①撒播:适用于大面积宜林荒地造林(飞机播种实际上是撒播的一种)。

②穴播和条播:在生产中应用广泛,是我国当前播种造林应用最多的方法。在我国西北黄土高原地区,柠条、沙棘灌木种常采用穴播或条播。

③块播:是在面积较大的块状地上,密集或分散播种大量种子,在沙地造林中应用较多。

(2)播种量。取决于种子品质和单位面积要求的成苗数,也与树种、播种方法和立地条件有一定的关系。

(3)播种造林覆土厚度。覆土厚度直接影响播种造林的质量。通常覆土不宜太厚,厚则导致幼芽出土困难,一般穴播、条播造林时覆土厚度为种子直径的3~5倍。沙性土可厚些,黏性土则薄些;秋季播种宜厚,春季播种宜薄。覆土后要略加镇压。

(4)播种前的处理与播种季节。播种前,种子应进行检验,包括消毒、浸种和催芽等。北方大部分地区可在雨季(6~7月)播种。

b.飞机播种造林

在我国,飞机播种造林主要应用于大面积荒山造林。

2)植苗造林

植苗造林是将苗木直接栽到造林地的造林方法,与播种造林相比,节省种子,幼林郁闭早,生长快,成林迅速,林相整齐,林分也较稳定。苗木从圃地到造林地栽植后,有一段缓苗期,即苗木生根成活阶段。植苗造林的关键是:栽植时,造林地有较高土壤含水量,并采取一系列的苗木保护措施,保持苗木体内的水分平衡,使根系有较高的含水量,保持其活力,以促进造林成活和生长。植苗造林几乎适用于所有树种(包括无性繁殖树种)及各种立地条件,在水土流失地区、植被茂密及鸟兽危害的地区,植苗造林比播种造林稳妥。

a.苗木的种类、年龄和规格

植苗造林的苗木种类主要有播种苗、营养繁殖苗及两者的移植苗和容器苗等。按苗木根系是否带土坨,分为裸根苗和带土坨苗。裸根苗起苗容易,质量小,运输轻便,栽植省工,造林成本低,生产上应用最广泛。带土坨苗包括容器苗和一般带土坨苗,栽植易活,造林效果好,但搬运费工,造林成本较高,适用于劣质地造林和园林建植。

苗木规格,应根据国家和地方的苗木标准确定。苗木一般分为三级,分级以地径为主要指标,苗高为次要指标,选择苗木应以地径为准。一般应采用Ⅰ级、Ⅱ级苗造林。有关苗木分级标准参见国家苗木分级标准。

b.苗木栽植前的保护和处理

植苗造林苗木成活的关键在于保持体内的水分平衡,特别是裸根苗造林,苗木要经过起苗、分级、包装、运输、造林地假植和栽植等工序,各项工序必须衔接好,加强保护,以减少苗木失水变干,才能保证有较高的成活率。

(1)起苗时的保护与处理。选择苗木失水最少的时间起苗为佳,裸根苗一般应在春、晚秋的早晨、晚上、阴雨天气湿度大的时候起苗;起苗前,应灌足水;起苗时,要多留须根,减少伤根,并做好苗木分级工作;苗木起运包装前,应对苗木地下部分进行修根处理,阔叶树还应对苗木地上部分进行截干、修枝及剪叶等处理。容器苗则直接起运,一般不进行上述处理。起苗后,如不能及时运走,则应假植。

(2)苗木运输时的苗木保护与处理。苗木由苗圃往造林地运输时,应做好苗木的包装工作,防止苗木失水。常用的包装材料有塑料袋、草袋和能分解的纱布袋。应做到运苗有包装、苗根不离水、途中防发霉。

(3)栽植过程中的苗木保护。凡苗木运到当天不能栽植的苗木,应在阴凉背风处开沟假植,假植时要埋实、灌水。栽植过程中做好苗根保水工作,以防止苗木根系暴晒,这对针叶树苗尤其重要。常绿阔叶树种,或大苗造林时,应修枝、剪叶,减少蒸腾;萌蘖能力强的树种,用截干造林,维持苗木体内水分平衡,以提高成活率。栽植前,将苗木根在水中浸泡一段时间,或对苗木做蘸根处理,如蘸 25~50 mg/kg 的萘乙酸、生根粉及根宝等,以加速生根,缩短成活时间。

c. 苗木栽植方法

苗木栽植方法按植穴的形状可分为穴植、缝植和沟植等方法。按苗木根系是否带土可分为裸根栽植和带土栽植。按同一植穴栽植的苗木数量多少可分为单植和丛植造林。按使用工具不同,可分为手工栽植和机械栽植。山区、丘陵区一般均采用人工栽植,机械栽植仅适用于集中连片的大面积平坦地造林。

(1)穴植。就是种植田面开穴栽植,在我国南北方应用普遍,每穴植苗单株或多株。

(2)缝植。又叫窄缝栽植,即用植树锹或锄开成窄缝,将苗根置于缝内,再从侧方挤压,使苗根与土壤密接。适用于较疏松、湿润的地方栽植针叶树小苗,以及其他直根性树种的苗木。

(3)靠壁栽植。也称靠边栽植,即穴的一壁垂直,将苗根紧贴垂直壁,从一侧覆土埋苗根。适用于水分不稳定地区栽植针叶树小苗。

(4)沟植。以植树机或畜力拉犁开沟,将苗木按一定株、行距摆放在沟底,再覆土、扶正苗木和压实。适用于地势平坦区造林。

(5)丛植。是指在一个栽植点上 3~5 株苗木成丛栽植的方法。适用于耐阴或幼年耐阴的树种,如油松、侧柏等。

d. 栽植技术

栽植技术是指栽植深度、栽植位置和施工整体要求等。植苗时,要将苗木扶正,苗根舒展,分层填土、踏实,使苗根与土壤紧密结合,严防窝根栽植。

根据立地条件、土壤水分和树种等确定栽植深度,一般应超过苗木根茎 3~5 cm。干旱地区、沙质土壤和能产生不定根的树种可适当深栽。栽植施工时,首先把苗木放入植穴,埋好根系,使根系均匀舒展、不窝根;然后分层填土,把肥沃湿土壤填于根际四周,填土至坑深一半时,把苗木向上略提一下,使根系舒展后踏实;最后填余土,分层踏实土壤与根系密接。穴面可依地区不同,整修成小丘状(排水),或下凹状(蓄水)。干旱条件下,踏实后穴面再覆一层虚土,或撒一层枯枝落叶,或盖地膜、石块等,以减少土壤水分蒸发。

带土坨大苗造林和容器苗造林时,要注意防止散坨。容器苗栽植时,凡苗根不易穿透的容器(如塑料容器)在栽植时应将容器取掉,根系能穿过的容器,如泥炭容器、纸容器等,可连容器一起栽植。栽植时,注意踩实容器与土壤间的空隙。

e. 造林季节

我国地域辽阔,造林的适宜季节,从南方到北方自然条件相差悬殊,必须因地制宜确定造林季节和具体时间。春季造林适宜我国大部分地区;夏季造林也称雨季造林,适用于夏季降水集中的地区,如华北、西北及西南等地区,雨季造林主要适用于针叶树种、某些常绿树种的栽植造林及一些树种的播种造林;秋季造林,适用于鸟兽害和冻害不严重的地区,在北方地区,秋播应以种后当年不发芽出土为准;冬季造林适用于土壤不结冻的华南和西南地区。

6. 种草和草坪建植

广义上种草的材料包括种子或果实、枝条、根系、块茎、块根及植株(苗或秧)播种是牧草生产中重要环节之一,普通种草以播种(种子或果实)为主。草坪建植中除播种外,还有其他方法如植生带、营养繁殖。无论是种草还是草坪建植材料,播种都是最主要的方法。播种包括以下几个方面的内容。

1)种子处理

大部分种子有后熟过程,种胚休眠,播种前必须进行种子处理,以打破休眠,促进发芽。

种子处理包括:机械处理、选种晒种;浸种;去壳去芒;射线照射、生物处理和根瘤菌接种等其他处理。

2)播种期

(1)牧草。一年生牧草宜春播;多年生牧草春、夏、秋均可,以雨季播种最好;个别草种也可冬季播种。

(2)草坪草。寒地型禾草最适宜的播种时间是夏末,暖地型草坪草则宜在春末和初夏播种。

3)播种量

根据种子质量、大小、利用情况、土壤肥力、播种方法、气候条件及种子价值而定。播种量大小取决于种子的大小,以及单位面积上拥有的额定苗数,见种草量计算章节相关内容。

4)播种方法

(1)一般牧草或水土保持种草,条播、撒播、点播或育苗移栽均可。山区、丘陵区及草原区有条件的,可采用飞机撒播。播种深度2~4 cm。播后覆土镇压,以提高造林成活率。

(2)草坪草种播种。首先要求种子均匀地覆盖在坪床上,然后是使种子掺和至1~1.5 cm的土层中去。大面积播种可利用播种机,小面积则常采用手播。此外,也可采用水力播种,即借助水力播种机将种子喷洒到坪床上,是远距离播种和陡坡绿化的有效手段。

(3)营养繁殖法。营养繁殖法的材料包括草皮块、塞植材料、幼枝和匍匐茎等,营养繁殖法是依靠草坪草营养繁殖材料繁殖。

(4)草坪植生带(纸)建植法。草坪植生带(纸)建植法是将草种或营养繁殖材料和定量肥料夹在"无纺布""纸+纱布"或"两种特种纸"间,经过复合定位工序后,形成一定规格的人造草坪植生带(纸),种植时,就像铺地毯一样,将植生带(纸)覆盖于坪床面上,上面再撒上一层薄土,若干天后,作为载体的无纺布(纸)逐渐腐烂,草籽在土壤里发芽生长,形成草坪。草坪植生带(纸)建坪,具有简便易行、省工、省时、省钱、建成快及效果好的特点。

铺设草坪植生带(纸)时,应选择土质好、肥力高、杂草少、光照充分、灌溉与保护方便的地段,除去石块、杂草根茎及各种垃圾,并施足底肥;坪床应精心翻整,适当浇水并轻度镇压,当日均温度大于10 ℃时,将植生带(纸)铺于坪床上,然后覆盖0.2 cm左右的肥土;铺植后出苗前,每天至少早、晚各浇一次,要求地表始终保持湿润,有条件的,可浇水后在植生带(纸)上覆盖塑料薄膜,一般经7~10天后小苗即可出土。

7. 种苗量计算

林草工程的种苗量是根据造林的密度和种植点的配置计算的。植苗造林时,苗木用量=种植点数量×每穴株数。

播种造林时，其播种量主要由树种、种子大小(千粒重)、发芽率和单位面积上要求的最低幼苗数量来决定，与播种方法有关。一般大粒种子2~3粒/穴，例如核桃、胡桃楸及板栗等;次大粒种子3~5粒/穴，如油茶、山杏及文冠果等;中粒种子4~7粒/穴，如红松、华山松等;小粒种子10~20粒/穴，如油松、马尾松及云南松等;特小粒种子20~30粒/穴，如柠条、花棒等。播种造林生产上已经很少用。

牧草播种量是由种子大小(千粒重)、发芽率及单位面积上拥有的额定苗数决定的。

一般情况下，若知道某植物种子的千粒重和单位面积播种子数或计划有苗数，就可以算出理论播种量，即

$$W_L = \frac{MG}{100} \tag{7-112}$$

式中　W_L——理论播种量，kg/hm^2;

　　　M——单位面积播种子数，粒$/m^2$，或计划有苗数，株$/m^2$;

　　　G——种子千粒重，g。

而设计播种量还要考虑种子的纯净度(%)、种子的发芽率(%)和成苗率(%)等因素，在播种时可能还要考虑鸟鼠虫造成的损耗或施工损耗，一般的处理是增加设计播种量2%，也可以采用经验修正值(小数，经验值)的办法，即

$$设计播种量 = \frac{理论播种量 \times 经验修正值}{种子纯净度 \times 种子发芽率 \times 成苗率} \tag{7-113}$$

或

$$设计播种量 = \frac{理论播种量 \times (1 + 2\%)}{种子纯净度 \times 种子发芽率 \times 成苗率} \tag{7-114}$$

实际设计时，若播区成苗率和经验修正值不能确定，也可以简化为

$$设计播种量 = \frac{理论播种量}{种子纯净度 \times 种子发芽率} \tag{7-115}$$

常见牧草播种量见表7-29。

7.6.2　植草沟工程

在建筑小区和公园绿地的道路,广场、停车场等不透水区域的周边建设植草沟，入渗、净化、收集、输送和排放地表雨水径流，削减径流量。

7.6.2.1　概念与构造

植草沟指种有植被的地表沟渠，可收集、输送和排放径流雨水，并具有一定的雨水净化作用，可用于衔接其他各单项设施、城市雨水管渠系统和超标雨水径流排放系统。除转输型植草沟外，还包括渗透型的干式植草沟及常有水的湿式植草沟，可分别提高径流总量和径流污染控制效果。

植草沟应满足以下要求:

(1)浅沟断面形式宜采用倒抛物线形、三角形或梯形。

(2)植草沟的边坡坡度不宜大于1:3，纵坡不应大于4%。纵坡较大时，宜设置为阶梯形植草沟或在中途设置消能台坎。

表7-29　常见牧草播种量

名称	播种量(kg/hm²)	名称	播种量(kg/hm²)
紫花苜蓿	11.5~15	春箭舌豌豆	75~112.5
沙打旺	7.35~7.5	无芒麦草	22.5~30
白花草木樨	11.25~18.75	扁穗冰草	15~22.5
黄花草木樨	11.25~18.75	沙生冰草	15~22.5
红豆草	45~60	苇状羊茅	15~22.5
多变小冠花	7.5~15	老芒麦	22.5~30
鹰嘴紫云英	7.5~15	鸭脚草	11.25~15
百脉根	7.5~12	俄罗斯新麦草	7.5~15
红三叶	11.25~12	苏丹草	22.5~30
山野豌豆	45~60	串叶松香草	4.5~7.5
白三叶	7.5~11.25	鲁梅克斯	0.75~1.5
籽粒苋	0.75~1.5	猫尾草	3.75
黄芪	11.25	甘草	15~75
披碱草	52.5~60	羊草	37.5~60

（3）植草沟最大流速应小于0.8 m/s,曼宁系数宜为0.2~0.3。

（4）转输型植草沟内植被高度宜控制在100~200 mm。转输型三角形断面植草沟典型构造示意如图7-18所示。

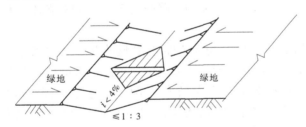

图7-18　转输型三角形断面植草沟典型构造示意

7.6.2.2　适用性

植草沟适用于建筑与小区内道路,广场、停车场等不透水面的周边,城市道路及城市绿地等区域,也可作为生物滞留设施、湿塘等低影响开发设施的预处理设施。植草沟也可与雨水管渠联合应用,场地竖向允许且不影响安全的情况下也可代替雨水管渠。

7.6.2.3　优缺点

植草沟具有建设及维护费用低,易与景观结合的优点,但已建城区及开发强度较大的新建城区等区域易受场地条件制约。

7.6.3　村镇绿化工程

村镇绿化主要是指乡镇、村庄群众聚居生活区域的绿化和经营活动集中场所的绿化。

村镇绿化是村镇建设的一个重要部分,具有防止水土流失、维护生态环境等多方面的作用。

7.6.3.1　村镇绿化原则

绿化为主,兼顾美化的原则。以易活、易管、中低成本的乡土树种为主栽树种,公共场所要注重乔、灌、草、花搭配,体现观赏性。乡土树种具有地方特色,经历了长期自然的选择,对本地的自然气候条件适应性强,是村庄绿化的基调树种,也是首选树种,外来树种应选用土壤适应性强、抗逆性强、管理简易、树干通直、树形优美的树种。

7.6.3.2　内容与分类

村镇绿化内容包含五方面,即村道绿化、街巷绿化、村周绿化、公共场地绿化、农家庭院绿化。村镇绿化树种选择应与村镇绿化内容相适应,不同的村镇绿化内容是通过不同的植物群落组成和配置来实现的。村镇绿化分为三大类,园林型:指经济状况较好,处于城市周边或交通干线上,要达到村内有园,村外有林,村在林中,人在景中的绿化效果;林果型:指经济状况一般,适应种植林果的村庄,要体现街道大树成行,庭院花果飘香,村周林果满山的效果;生态型:指经济状况较差,地理偏僻的山区、丘陵区,以营造生态林、防护林为重点,体现村内随处有绿,村周林木遍地的效果。

7.6.3.3　树种选择

1. 主干道路绿化

道路绿化应选择抗性强,分枝少,树形美,耐修剪,适应性强,易管理的高大乡土树种,一条路最好选择同一树种,保持树、形、色等基本一致。目前,使用较多的行道树种有毛白杨、柳树、国槐、梧桐等。不同等级的道路上,可选择列植的方式;在道路两侧可种植修剪整齐的绿篱,以增强入户的导向形。行道树要选择分枝支点高、树冠繁茂的树种,枝条下垂及常绿树种不宜作为行道树。道路为一路两侧 5 m 3 行树,苗木株距一般都为 4~6 m。

2. 街巷绿化

街道上的行道树要求主干直、树大浓郁、生长慢的乔木,如国槐、元宝枫、梧桐等,行道树的株距要根据所造植物成年冠幅大小来确定。道路两旁的植物配置,要达到优美的景观效果。中央隔离带选择常绿冬青、黄杨等,搭配多年生花卉,美观造型。

小巷里沿墙栽植蔷薇、爬山虎等,条件好、宽的小巷,栽植月季、芍药等花卉,达到垂直挂绿,绿中有花的效果。房前屋后,栽植一些经济品种,如桃、杏、梨等。

3. 环村林带

村庄外围绿化,要求消除噪声,吸附烟尘,形成居住区安静、幽雅、卫生的环境,林网规格大小一般为 300 m×400 m,林带宽度一般为 4~6 m,主要栽植树种为杨树、柳树、泡桐、臭椿等。

4. 公共建筑地带绿化

公共建筑地带绿化树种应常绿与落叶结合、乔木和灌木结合,除栽植一些庭荫树种外,可选用多种观花、观果类的小乔木和灌木,如毛白杨、青桐、合欢、银杏等;为装饰建筑物可选用爬山虎、紫藤等藤本植物进行垂直绿化;办公地点周围,宜选用生长迅速、健壮、挺拔、树冠整齐的乔木树种。

5. 庭院绿化

庭院绿化是村镇绿化的最基本单位,应尽量选用集观赏与经济效益于一身的优良绿化树种,根据庭院的大小,选择适宜绿化美化的植物(如月季、九月菊、百日红等)和一些经济树种(如石榴、无花果、樱桃、矮化枣等),突出庭院特色和建筑风格。

7.6.3.4 技术指标

(1)苗木指标:进出村路、村街道绿化苗木不小于2.5 cm,针叶乔木要求树高1.0 m、冠幅0.4 m以上并带好母土,核桃、枣、杏树等经济树苗木为两年生的嫁接苗,灌木树种为两年生,株高0.5 m以上或头数为五头左右。树冠完整、匀称,根系完好,无损伤。

(2)整地栽植标准:乔木树坑规格为0.7 m×0.7 m×0.7 m,灌木树坑规格为0.5 m×0.5 m×0.5 m,村内街道、进出村路、单位绿化乔木换土要求为1.0 m×1.0 m×1.0 m,花灌木换土为0.6 m×0.6 m×0.6 m,草坪换土要求为0.6 m厚,并对土壤进行改良。在保证不窝根的前提下,做到栽植整齐,苗木要扶正踩实。

(3)管护要求:及时松土、除草、浇水,修理树盘,防治病虫害,促进其快速生长,使其早日成景出效。

7.6.3.5 布局与目标

村庄主要进出村道路全部绿化,村内主要街巷绿化框架基本形成,公共绿地及休闲活动场所初具规模,村民院落绿荫覆盖,村委、学校等公共场所整体实现绿化,努力达到以下目标要求。

(1)庭院绿化是园林村镇绿化的最基本单位,应选择适宜绿化美化的树种和一些经济树种,尽量选择长寿高大的乔木树种和经济林树种。

(2)进出村道路两侧宜配置一行以上高大乔木,常青树种可营造小景点,或在乔木内侧点缀栽植。

(3)村中街巷绿化要在两侧或者单侧栽植行道树,树种主要以长寿高大乔木为主,并适当配置花灌木。

(4)村内学校、村委、街心等公共场所绿化可以栽植长寿高大乔木片林,也可以配置以花灌木为主的小景点或绿化小品,提高绿化档次。

(5)环村林带绿化原则上沿路渠、河滩地、边缘地、空隙地营造林带或片林。平川区限定在200 m范围内,山区、丘陵区为第一层山脊线内。

(6)村外村内所有空闲地全部绿化,面积较大的营造片林,面积较小的可岛状栽植高大乔木,也可营造小景点。

(7)平川区村庄绿化率和新村林木绿化率要求达到30%以上,山区、丘陵区和旧村林木绿化率要求达到25%以上。

7.6.4 封育治理

对幼林或成林阶段的水土保持人工乔木林、灌木林加强人工抚育和封育管护。实施封山禁牧,巩固退耕还林还草成果。

7.6.4.1 定义、特点与作用

1.定义

封育治理是以封禁为基本手段,封禁、抚育与管理结合,促进森林和草地恢复的林草培育措施。主要包括在有水土流失现象的荒地、残林疏林地采取的封山(沙)育林措施和在草场退化导致水土流失的天然草地采取的封坡(山)育草措施。

2. 特点

1）封育治理见效快

一般来说,具有封育条件的地方,经过封禁培育,北方地区 10~15 年,林草覆盖度就能达到 50% 以上,乔木林的郁闭度可达到 0.5。

2）能形成混交林,发挥多种生态效益

通过封禁培育起来的森林,多为乔灌草结合的混交复层林分,保持水土、涵养水源的作用明显。

3）封育治理具有投资成本低、成林成草效果突出、生态效益显著的优点

在我国江河上游和水库上游地区,大都分布着天然林、天然残次林、疏林、灌木林及天然草地,这些地区往往交通不便,人口相对较少,人工造林种草的投资和劳力都显得不足。因此,封育治理是保护水源地生态修复工程中最为重要的措施。

3. 作用

（1）改善区域土壤的水热条件,改良土壤结构,增加土壤养分含量,提高土壤抗蚀性,减轻水力侵蚀和风力侵蚀,遏制区域内水土流失。

（2）促进区域内的植被恢复,增加植被覆盖度,促进区域生物资源的恢复,提高退化草场、林地或其他退化区域的生物多样性水平。

（3）有效遏制草原的退化、沙化,为各种牧草创造休养生息的条件,促使草原植被较快恢复,实现草原资源的可持续利用和自然生态系统的良性循环,促进农牧民增收、农业及畜牧业增效和农村发展,可加快调整和优化产业结构。

7.6.4.2 适用范围、封育条件与类型

1. 适用范围

（1）具有母树、天然下种条件或萌蘖条件的荒地、残林疏林地及退化天然草地。

（2）不适宜人工造林的高山、陡坡及水土流失严重地段。

（3）沙丘、沙地、海岛、沿海泥质滩涂等经过封育有望成林(灌)或增加植被覆盖度的地块。

2. 封育条件

1）封山(沙)育林

a. 宜林地、无立木林地和疏林地封育条件

符合下列条件之一的宜林地、无立木林地和疏林地,均可实施封育:

（1）有天然下种能力且分布较均匀的针叶母树 30 株/hm² 以上或阔叶母树 60 株/hm² 以上;如同时有针叶母树和阔叶母树,则按针叶母树数量除以 30 加上阔叶母树数量除以 60 之和,若不小于 1 则符合封育条件。

（2）有分布较均匀的针叶树幼苗 900 株/hm² 以上或阔叶树幼苗 600 株/hm² 以上;如同时有针阔幼苗或者母树与幼苗,则按比例计算确定是否达到标准,计算方式同(1)项。幼苗是指种子发芽后生长初期的幼小植物体,一般森林中一年生的树木的总称,慢生树种 2~3 年生者也列入其内。

（3）有分布较均匀的针叶树幼树 600 株/hm² 以上或阔叶树幼树 450 株/hm² 以上;如同时有针阔幼树或者母树与幼树,则按比例计算确定是否达到标准,计算方式同(1)项。幼树是指树龄不大,生长比较低小的树木。一般从 2~3 年生算起到成年。

(4)有分布较均匀的萌蘖能力强的乔木根株 600 个/hm² 以上或灌木丛 750 个/hm²（沙区 150 个/hm²）以上。

(5)分布有国家重点保护Ⅰ级、Ⅱ级树种和省级重点保护树种的地块。

b. 有林地和灌木林地封育条件

(1)郁闭度小于 0.5 的低质、低效林地,或有望培育成乔木林的有林地和灌木林地均可进行封育。

(2)有望培育成乔木林的有林地和灌木林地均可进行封育。

2)封坡(山)育草

(1)由于过度放牧导致草场退化,载畜量下降,水土流失和风蚀加剧;但地面有草类残留根茬与种子,当地的水热条件能满足草类自然恢复的草地。

(2)由于人为破坏和采樵使植被严重破坏沦为流动沙地,但按气候条件可生长草类和灌木的沙区。

(3)有天然更新能力的退化草地,具有优势建群种且植被覆盖率为 15%~30% 的草地。

(4)具有植物生长条件,但失去天然更新能力,物种多样性极低,无优势建群种,植被覆盖率低于 15%,需辅以一定人工抚育措施(撒播或补植)的草地。

3. 封育类型

封育类型是指通过封育措施,封育区预期形成的植被类型。按照培育目标和目的、树(草)种比例,分为乔木型、乔灌型、灌木型、灌草型、竹林型、草地型等 6 个封育类型。

1)封山(沙)育林

a. 宜林地、无立木林地和疏林地封育类型

在小班调查的基础上,根据立地条件以及母树、幼苗、幼树、萌蘖根株等情况,分为以下 5 种封育类型:

(1)乔木型。对于因人为干扰而形成的疏林地,以及达到封育条件且乔木树种的母树、幼树、幼苗、根株占优势的无立木林地及宜林地,应封育为乔木型。

(2)乔灌型。对于其他疏林地,以及符合封育条件但乔木树种的母树、幼树、幼苗、根株不占优势的无立木林地及宜林地,应封育为乔灌型。

(3)灌木型。对于符合封育条件但不利于乔木生长的无立木林地及宜林地,应封育为灌木型。

(4)灌草型。对于立地条件恶劣,如高山、陡坡、岩石裸露、沙地或干旱地区的宜林地块,应封育为灌草型。

b. 有林地和灌木林地封育条件

对于水热条件较好的区域,应将有林地和灌木林地经过封育培育成乔木型。

2)封坡(山)育草

风沙区或水蚀区以草本植物为主要建群种,植被覆盖度小于 30% 的退化草地和坡地,宜封育为草地型,一般特指北方干旱及半干旱区草原及退化草场的封育。

7.6.4.3 封育方式与封育年限

1. 封育方式

根据项目区水土流失情况、原有植被状况及当地群众生产生活实际,主要分为全封、半封和轮封 3 种封育方式。

1）全封

边远山区、江河上游、水库集水区、水土流失严重地区、风沙危害特别严重地区，以及恢复植被较困难的封育区，宜实行全封。封育初期禁止不利于林草生长繁育的一切人为活动，如开垦、放牧、砍柴、割草等。封禁期限可根据成林年限和沙地土壤改良的标准确定，一般为3~5年，有的可达8~10年。

2）半封

有一定目的树种和优势草种且生长较好、林木林草覆盖度较大的封育区，可采用半封。半封又分为按季节封育和按植物种封育两类。按季节封育，就是在禁封期内，在不影响林草植被恢复的前提下，可在一定季节（一般为植物停止生长的休眠期内）开封，组织群众有计划地放牧、割草、打柴和开展多种经营。按植物种封育，就是把有发展前途的植物种区域都留下来，并进行严格保护，其他区域常年允许人们割草、打柴。

3）轮封

当地群众生产、生活和燃料等有实际困难的非生态脆弱区的封育区，可采用轮封。将整个封育区划片分段，实行轮流封育。在不影响育林育草固沙的前提下，划出一定范围，阶段性允许群众樵采、放牧，其余地区实行封禁。通过轮封，使整个封育区都达到植被恢复的目的。这种办法能较好地照顾和解决生产和生活上的实际需要，尤其适于草场轮牧。

2.封育年限

根据封育区所在地域的封育条件和封育目的确定封育年限，一般封育年限见表7-30。生态公益林封育年限执行现行《生态公益林建设导则》（GB/T 18337.1）中的规定。

表7-30　封育年限

封育类型			封育年限（a）	
			南方	北方
封山（沙）育林	无林地和疏林地封育	乔木型	6~8	8~10
		乔灌型	5~7	6~8
		灌木型	4~5	5~6
		灌草型	2~4	4~6
	草地封育	草地型	1~2	3~5
	有林地和灌木林地封育		3~5	4~7
封坡（山）育草	草地封育	草地型	1~2	3~5

7.6.4.4　封育治理配套措施

1.封育政策措施

各级地方政府应明确封育与生态恢复的范围和重点区域，落实实施与之相关的水源涵养林保护、天然林防护、退耕还林、退耕还草、退牧还草、退耕还湿等政策。大力推行禁牧、休牧、舍饲圈养等制度，恢复自然植被。

2.封育技术措施

1）警示与界桩

封育单位应正式建立封育制度并采取适当措施进行公示。同时，在封育区边界明显处,如主要山口、沟口、交通路口等竖立坚固的标牌,标明工程名称和封禁区的四至范围、面积、年限、方式、措施、责任人等内容。封育面积 100 hm² 以上的至少设立 1 块固定标牌,人烟稀少的区域可相对减少。封禁固定标牌设计如下:

(1)设计要求:明确封禁区的公告及标识。

(2)使用材料:砖、块石、水泥砂浆、石灰、红漆等。

(3)主要材料规格:参考当地水土保持工程材料规格及标准。

(4)建筑规格:标牌建筑规格多结合区域周边环境设置,形式可多样。在此仅举一例加以说明,如图 7-19 所示。

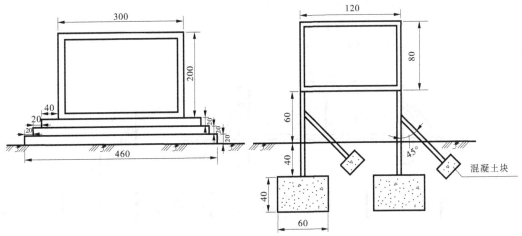

图 7-19　封禁固定标牌设计示意　(单位:cm)

封育区无明显边界或无区分标志物时,可设置界桩以示界限。

2)围栏封禁

在牲畜活动频繁地区,可设置机械围栏、围壕(沟),或栽植乔灌木设置生物围栏,进行围封。

a.围栏的类型

根据围栏建设时所采用的材料,主要分为工程铁丝围栏、生态防护墙、活体植物篱等类型。

(1)工程铁丝围栏:以混凝土柱、树桩或其他材料为骨架,以铁丝刺线为防护面,围绕封育区形成的完整封闭铁丝网。工程铁丝围栏是目前封育治理最常用也是最有效的防护围栏。

(2)生态防护墙:为保护防护区内的森林、植被、动物及生物多样性,建立的隔离人类和牲畜进入封育区的墙体,一般为封闭式。按筑墙所用材料可分为砌石墙、砌砖墙和石砖混合墙。

(3)活体植物篱:利用植物作为隔离材料,在封育区外围进行密植,形成防护区与外围人为活动和牲畜活动区域的生态隔离带。活体植物篱一般选择具有茎刺、枝刺或具有特殊气味的植物,如沙棘、花椒树、酸枣树、石榴、火棘等。通常选择一些具有经济价值的树种,在防护隔离的同时,具有一定的经济价值。

b.工程铁丝围栏设计

(1)设计原则:能有效地控制人畜进入封育区,投资少,效果好,充分保护水土保持自然修复成果。

（2）设计标准：坚固、耐性强、拦挡效果显著。

（3）结构设计：围栏多采用 12 cm×12 cm×195 cm（长×宽×高）的混凝土柱，上挂铁丝刺线，每 400 cm 距离钉一根混凝土柱，地下埋 65 cm，地上留 130 cm，从地面开始每 20 cm 高度挂一行铁丝刺线，柱与柱之间的对角线斜向拉两根铁丝刺线，横向的刺线相连处用铁丝固定。

（4）使用材料：混凝土桩、刺线、铁丝、砾石、防腐沥青等。

（5）主要材料规格：8 号铁丝，混凝土桩直径在 10 cm 以上。

（6）建筑规格：混凝土桩间距 400 cm，地下埋 65 cm，地上留 130 cm，每隔 2 根混凝土桩用砾石加固。水平刺线 4 道，间距 30 cm，对角线共 2 道。

（7）使用时注意事项：加强保护与维修。

工程刺线围栏设计示意如图 7-20 所示。

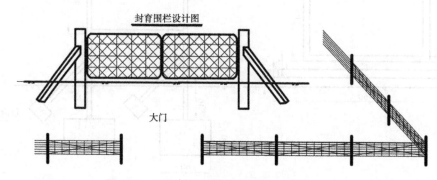

图 7-20　工程刺丝围栏设计示意（单位：cm）

3）补植补栽

对植被稀疏的坡地进行人工补植或补栽，以加速林草修复速度。其中，覆盖率在 70%以上且均匀分布的疏幼林地，不需补植，直接封育；覆盖率在 30%~70%的，需进行补植，根据立地条件确定补植的技术方法及树种，因地制宜，适当引进先进的造林技术，优先选择适生的乡土树种，提高土地利用率和造林成活率；覆盖率不足 30%的，重新恢复植被，以灌木为主，配以抗逆性强、生长快的草本，适当补植乔木。

4）幼林抚育

幼林抚育是为提高造林成活率和保存率，促进幼树生长和加速幼林郁闭而在幼林时期采取的各种技术。

幼林抚育的内容主要是除草、松土、施肥、扶正、补植等。

抚育幼林要做到三不伤、二净、一培土。三不伤是不伤根、不伤皮、不伤梢；二净是杂草除净、石块拣净；一培土是把锄松的土壤培到植株根部。

抚育时，把锄下的杂草覆盖在种植点上，在减少表面水分蒸发的同时，增加土壤有机质含量和抑制杂草生长。

幼林抚育连续三年五次进行。第一年两次，第一次为全面割草，在 5 月中旬至 6 月上旬进行；第二次为除草松土，在 6 月中旬至 7 月中旬进行。第二年两次，第一次为除草松土，在 5 月中旬至 6 月上旬进行；第二次为全面割草，在 6 月中旬至 7 月中旬进行。第三年一次，为全面割草，在 6 月中旬至 7 月中旬进行。

附　表

附表1　塬区现状调查结果分县统计

省	涉及市	涉及县 （区）	塬区总面积 （hm²）	塬面面积 （hm²）	塬坡面积 （hm²）	侵蚀沟面积 （hm²）	侵蚀沟 （条）
甘肃	庆阳市	西峰区	96 325	47 679	1 596	47 050	2 176
		正宁县	86 335	22 452	28 139	35 744	1 130
		宁县	210 127	68 935	13 491	127 701	8 400
		镇原县	99 786	54 080	15 276	30 431	1 787
		合水县	108 014	19 419	54 520	34 075	549
	平凉市	泾川县	118 999	42 088	63 250	13 661	3 278
	小计		719 586	254 653	176 272	288 662	17 320
	平凉市	崆峒区	116 599	25 235	62 341	29 024	1 033
		灵台县	95 535	28 191	32 684	34 661	2 218
		崇信县	37 735	9 358	16 810	11 567	3 556
	小计		249 869	62 784	111 835	75 252	6 807
	合计		969 455	317 437	288 107	363 913	24 127
陕西	延安市	黄陵县	50 321	13 423	8 248	28 651	1 182
		洛川县	93 744	55 568	422	37 754	6 913
	咸阳市	彬县	90 777	40 991		49 786	6 724
		长武县	36 715	21 909	10 442	4 364	562
		旬邑县	79 489	36 159	2 048	41 282	1 655
	小计		351 046	168 050	21 160	161 837	17 036
	铜川市	王益区	16 540	5 844	2 299	8 398	580
		印台区	16 560	7 326	203	9 031	404
		耀州区	87 226	40 358		46 868	656
	咸阳市	永寿县	59 452	34 554	816	24 082	402
		淳化县	97 138	52 105	1 468	43 564	1 848

省	涉及市	涉及县（区）	塬区总面积（hm²）	塬面面积（hm²）	塬坡面积（hm²）	侵蚀沟面积（hm²）	侵蚀沟（条）
陕西	渭南市	合阳县	105 704	86 026	144	19 534	610
		澄城县	105 503	70 886	2 739	31 877	957
		白水县	93 069	54 854	330	37 886	3 732
	韩城市		35 174	25 086	2 455	7 633	810
	小计		616 366	377 039	10 454	228 873	9 999
	铜川市	宜君县	30 177	10 468	63	19 646	1 034
	延安市	甘泉县	3 611	2 779	106	726	166
		富县	246 842	15 887	200 932	30 023	1 187
		宜川县	48 814	22 132	5 921	20 761	12 830
		黄龙县	54 836	15 226		39 610	1 657
	小计		384 280	66 492	207 021	110 766	16 874
	合计		1 351 692	611 581	238 636	501 478	43 910
山西	临汾市	隰县	81 670	15 616	41 001	25 054	2 886
		大宁县	68 326	11 738	47 632	8 956	9 189
		蒲县	53 215	10 052	2 554	40 609	3 395
		吉县	181 629	30 554	29 121	121 954	1 211
		乡宁县	102 190	16 161	3 535	82 494	753
		汾西县	13 627	2 962	4 496	6 169	133
	合计		500 657	87 083	128 339	285 236	17 567
	总计		2 821 806	1 016 101	655 078	1 150 628	85 603

附表 2 塬区侵蚀沟情况分县统计

省	涉及市	涉及县（区）	条数（条）				
			合计	等级 I（0.05~0.5 km）	等级 II（0.5~1 km）	等级 III（1~3 km）	等级 IV（>3 km）
甘肃	庆阳市	西峰区	2 176	889	733	486	68
		正宁县	1 130	124	172	286	548
		宁县	8 400	5 803	1 649	801	147
		镇原县	1 787	1 055	569	158	5
		合水县	549	222	97	153	77
	平凉市	泾川县	3 278	1 892	845	458	83
	小计		17 321	9 985	4 065	2 342	928
	平凉市	崆峒区	1 033	254	348	399	32
		灵台县	2 218	1 111	702	371	34
		崇信县	3 556	2 970	374	180	32
	小计		6 807	4 335	1 424	950	97
	合计		24 127	14 321	5 489	3 292	1 025
陕西	延安市	黄陵县	1 182	715	295	164	9
		洛川县	6 913	6 153	686	74	
	咸阳市	彬县	6 724	5 661	651	394	19
		长武县	562	331	197	33	1
		旬邑县	1 655	1 017	414	188	37
	小计		17 036	13 876	2 242	853	66
	铜川市	王益区	580	446	90	38	6
		印台区	404	271	94	36	3
		耀州区	656	597	45	12	2

省	涉及市	涉及县（区）	条数（条）				
			合计	等级 I (0.05~0.5 km)	等级 II (0.5~1 km)	等级 III (1~3 km)	等级 IV (>3 km)
陕西	咸阳市	永寿县	402	185	91	62	65
		淳化县	1 848	1 238	379	134	97
	渭南市	合阳县	610	457	102	48	3
		澄城县	957	536	254	166	
		白水县	3 732	3 060	448	198	26
	韩城市		810	649	96	24	41
	小计		9 999	7 439	1 600	718	242
	铜川市	宜君县	1 034	506	387	137	4
	延安市	甘泉县	166	113	52	1	
		富县	1 187	613	284	186	104
		宜川县	12 830	12 577	251	2	
		黄龙县	1 657	1 121	384	150	2
	小计		16 875	14 931	1 358	476	110
	合计		43 910	36 246	5 200	2 047	418
山西	临汾市	隰县	2 886	2 231	331	300	24
		大宁县	9 189	7 405	1 354	364	66
		蒲县	3 395	2 556	668	145	26
		吉县	1 211	1 050	120	40	
		乡宁县	753	655	70	28	
		汾西县	133	77	29	19	8
	合计		17 566	13 974	2 572	897	123
	总计		85 603	64 540	13 261	6 236	1 566

省	涉及市	涉及县(区)	各级危害沟道数量(条)			
			合计	1 级沟道	2 级沟道	3 级沟道
甘肃	庆阳市	西峰区	2 176	244	526	1 406
		正宁县	1 130	18	20	1 092
		宁县	8 400	592	3 159	4 649
		镇原县	1 787	145	605	1 037
		合水县	549	213	169	167
	平凉市	泾川县	3 278	418	694	2 166
	小计		17 321	1 630	5 173	10 517
	平凉市	崆峒区	1 033	839	162	32
		灵台县	2 218	866	699	653
		崇信县	3 556	1 895	934	727
	小计		6 807	3 600	1 795	1 412
	合计		24 127	5 230	6 968	11 929
陕西	延安市	黄陵县	1 182	715	295	173
		洛川县	6 913	6 153	686	74
	咸阳市	彬县	6 724	413	651	5 661
		长武县	562	318	186	58
		旬邑县	1 655	947	458	250
	小计		17 036	8 546	2 275	6 216
	铜川市	王益区	580	175	108	297
		印台区	404	80	116	208
		耀州区	656	581	60	15
	咸阳市	永寿县	402	175	81	147
		淳化县	1 848	1 238	379	231

续附表 3

省	涉及市	涉及县(区)	各级危害沟道数量(条)			
			合计	1 级沟道	2 级沟道	3 级沟道
陕西	渭南市	合阳县	610	456	103	51
		澄城县	957	326	211	420
		白水县	3 732	333	633	2 766
	韩城市		810	527	228	55
	小计		9 999	3 889	1 919	4 190
	铜川市	宜君县	1 034	207	360	467
	延安市	甘泉县	166	113	52	1
		富县	1 187	613	284	290
		宜川县	12 830	7 156	5 652	22
		黄龙县	1 657	369	500	788
	小计		16 875	8 563	6 813	1 499
	合计		43 910	20 998	11 007	11 905
山西	临汾市	隰县	2 886	578	857	1 450
		大宁县	9 189	2 758	4 601	1 830
		蒲县	3 395	1 057	1 325	1 013
		吉县	1 211	1 050	118	42
		乡宁县	753	655	69	29
		汾西县	133	45	53	35
	合计		17 566	6 143	7 024	4 400
总计			85 603	32 371	24 999	28 233

附表4 塬区土地坡度组成结构分县统计

省	涉及市	涉及县(区)	总面积(hm²)	<5° 面积(hm²)	<5° 占比例(%)	5°~15° 面积(hm²)	5°~15° 占比例(%)	15°~25° 面积(hm²)	15°~25° 占比例(%)	25°~35° 面积(hm²)	25°~35° 占比例(%)	>35° 面积(hm²)	>35° 占比例(%)	小计 面积(hm²)	小计 占比例(%)
甘肃	庆阳市	西峰区	96 325	41 217	42.79	8 058	8.37	27 686	28.74	12 804	13.29	6 560	6.81	96 325	100
		正宁县	86 335	25 683	29.75	24 128	27.95	18 016	20.87	12 260	14.20	6 248	7.24	86 335	100
		宁县	210 127	78 386	37.30	6 655	3.17	17 123	8.15	104 579	49.77	3 383	1.61	210 127	100
		镇原县	99 786	35 180	35.26	28 582	28.64	19 355	19.40	10 393	10.42	6 276	6.29	99 786	100
		合水县	108 014	21 084	19.52	23 340	21.61	31 116	28.81	21 003	19.44	11 471	10.62	108 014	100
		泾川县	118 999	39 805	33.45	44 594	37.47	27 412	23.04	6 168	5.18	1 020	0.86	118 999	100
		小计	719 585	241 354	33.54	135 358	18.81	140 708	19.55	167 207	23.24	34 959	4.86	719 585	100
	平凉市	崆峒区	116 599	23 220	19.91	23 592	20.23	28 556	24.49	27 119	23.26	14 112	12.10	116 599	100
		灵台县	95 535	27 547	28.83	22 252	23.29	15 251	15.96	25 377	26.56	5 108	5.35	95 535	100
		崇信县	37 735	7 380	19.56	11 349	30.08	9 215	24.42	6 646	17.61	3 144	8.33	37 735	100
		小计	249 870	58 148	23.27	57 193	22.89	53 022	21.22	59 142	23.67	22 365	8.95	249 870	100
		合计	969 455	299 502	30.89	192 551	19.86	193 729	19.98	226 349	23.35	57 324	5.91	969 455	100
陕西	延安市	黄陵县	50 321	16 829	33.44	8 736	17.36	9 802	19.48	8 663	17.22	6 291	12.50	50 321	100
		洛川县	93 744	47 727	50.91	17 151	18.30	12 529	13.37	10 348	11.04	5 988	6.39	93 744	100
	咸阳市	彬县	90 777	19 192	21.14	23 998	26.44	44 839	49.39	2 748	3.03			90 777	100
		长武县	36 715	15 438	42.05	17 258	47.01	4 019	10.95					36 715	100
		旬邑县	79 489	23 027	28.97	13 373	16.82	13 629	17.15	17 505	22.02	11 954	15.04	79 489	100
		小计	351 046	122 213	34.81	80 516	22.94	84 818	24.16	39 265	11.19	24 234	6.90	351 046	100
	铜川市	王益区	16 540	4 861	29.39	5 507	33.29	3 087	18.66	2 162	13.07	924	5.58	16 540	100
		印台区	16 560	4 559	27.53	3 595	21.71	4 141	25.00	3 418	20.64	848	5.12	16 560	100
		耀州区	87 226	14 009	16.06	26 562	30.45	9 189	10.54	6 095	6.99	31 371	35.96	87 226	100

省	涉及市	涉及县(区)	总面积 (hm²)	<5° 面积 (hm²)	<5° 占比例 (%)	5°~15° 面积 (hm²)	5°~15° 占比例 (%)	15°~25° 面积 (hm²)	15°~25° 占比例 (%)	25°~35° 面积 (hm²)	25°~35° 占比例 (%)	>35° 面积 (hm²)	>35° 占比例 (%)	小计 面积 (hm²)	小计 占比例 (%)
陕西	咸阳市	永寿县	59 452	17 953	30.20	17 566	29.55	12 209	20.54	10 315	17.35	1 408	2.37	59 452	100
		淳化县	97 138	25 814	26.57	32 440	33.40	10 746	11.06	16 629	17.12	11 508	11.85	97 138	100
	渭南市	合阳县	105 704	27 538	26.05	59 401	56.20	14 299	13.53	3 929	3.72	537	0.51	105 704	100
		澄城县	105 503	32 518	30.82	38 871	36.84	14 123	13.39	16 910	16.03	3 081	2.92	105 503	100
		白水县	93 069	15 361	16.50	44 891	48.23	14 573	15.66	12 605	13.54	5 638	6.06	93 069	100
	韩城市		35 174	1 833	5.21	23 321	66.30	6 083	17.29	1 511	4.29	2 428	6.90	35 174	100
	小计		616 367	144 446	23.44	252 155	40.91	88 450	14.35	73 574	11.94	57 743	9.37	616 367	100
	铜川市	宜君县	30 177	9 207	30.51	9 715	32.19	4 276	14.17	3 778	12.52	3 202	10.61	30 177	100
	延安市	甘泉县	3 611	388	10.73	2 414	66.85	404	11.19	276	7.63	130	3.59	3 611	100
		富县	246 842	88 158	35.71	158 684	64.29							246 842	100
		宜川县	48 814	2 212	4.53	20 237	41.46	8 390	17.19	12 009	24.60	5 967	12.22	48 814	100
		黄龙县	54 836	13 829	25.22	22 609	41.23	10 571	19.28	5 345	9.75	2 483	4.53	54 836	100
	小计		384 280	113 793	29.61	213 659	55.60	23 641	6.15	21 407	5.57	11 781	3.07	384 280	100
	合计		1 351 693	380 452	28.15	546 329	40.42	196 908	14.57	134 246	9.93	93 758	6.94	1 351 693	100
山西	临汾市	隰县	81 670	36 262	44.40	16 824	20.60	7 187	8.80	5 554	6.80	15 844	19.40	81 670	100
		大宁县	68 326	7 573	11.08	6 865	10.05	12 548	18.37	28 957	42.38	12 383	18.12	68 326	100
		蒲县	53 215	7 020	13.19	4 498	8.45	24 752	46.51	12 892	24.23	4 053	7.62	53 215	100
		吉县	181 629	58 889	32.42	71 894	39.58	27 189	14.97	23 657	13.02			181 629	100
		乡宁县	102 190	35 996	35.22	35 859	35.09	30 336	29.69					102 190	100
		汾西县	13 627	3 087	22.65	268	1.97	6 433	47.21	2 182	16.01	1 657	12.16	13 627	100
	合计		500 658	148 827	29.73	136 208	27.21	108 445	21.66	73 241	14.63	33 937	6.78	500 658	100
总计			2 821 806	828 781	29.37	875 088	31.01	499 083	17.69	433 835	15.37	185 019	6.56	2 821 806	100

附表 5 塬区耕地坡度组成结构分县统计

省	涉及市	涉及县(区)	总面积(hm²)	≤2° 小计	2°~6° 小计	2°~6° 梯田	2°~6° 坡地	6°~15° 小计	6°~15° 梯田	6°~15° 坡地	15°~25° 小计	15°~25° 梯田	15°~25° 坡地	>25° 小计	>25° 梯田	>25° 坡地
甘肃	庆阳市	西峰区	34 273	18 895	11 963	11 573	390	2 651	627	2 025	764		764			
		正宁县	28 597	12 425	2 607	332	2 275	4 695	777	3 918	6 640	967	5 673	2 230	454	1 776
		宁县	63 631	36 289	24 193	24 193		1 723		1 723	1 426		1 426			
		镇原县	56 812	19 026	16 806	9 621	7 184	11 124	5 953	5 172	6 868	2 249	4 619	2 988	642	2 346
		合水县	24 632	10 681	4 596	4 262	333	6 436	6 182	254	2 535	2 284	251	385	190	195
		泾川县	38 710	15 861	5 849	3 052	2 797	8 553	5 460	3 093	6 630	4 119	2 511	1 817	832	985
		小计	246 655	113 178	66 013	53 034	12 980	35 182	18 998	16 184	24 862	9 619	15 243	7 420	2 118	5 302
	平凉市	崆峒区	52 344	6 512	11 507	11 507		16 713	6 149	10 564	12 068		12 068	5 543		5 543
		灵台县	35 502	12 901	4 790	492	4 299	3 639	984	2 655	11 611	2 796	8 815	2 561	839	1 722
		崇信县	10 903	2 268	1 954	1 793	162	2 181	2 174	7	3 908	3 883	25	591	577	14
		小计	98 749	21 680	18 252	13 792	4 460	22 534	9 307	13 227	27 588	6 679	20 908	8 695	1 416	7 279
		合计	345 404	134 857	84 265	66 825	17 440	57 716	28 306	29 410	52 449	16 298	36 151	16 115	3 535	12 581
陕西	延安市	黄陵县	8 736	168	2 814	2 561	253	5 060	3 923	1 137	389		389	305		305
		洛川县	15 144	2 427	7 596	382	7 215	3 502	929	2 573	956	597	359	662	186	476
	咸阳市	彬县	12 953	80				12 873	12 873							
		长武县	15 554	5 170	5 601	5 601		4 783	1 794	2 989	1 284	497	786			
		旬邑县	20 920	10 357	5 524	1 126	4 398	3 755	891	2 865						
		小计	73 307	18 201	21 535	9 670	11 866	29 974	20 410	9 564	2 629	1 094	1 534	968	186	781

续附表 5

省	涉及市	涉及县(区)	总面积(hm²)	≤2° 小计	2°~6° 小计	梯田	坡地	6°~15° 小计	梯田	坡地	15°~25° 小计	梯田	坡地	>25° 小计	梯田	坡地
陕西	铜川市	王益区	5 033	737	1 566	986	580	1 745	989	756	882	498	384	104		104
		印台区	5 788	1 105	2 452	1 465	987	1 514	944	570	577	219	358	139		139
		耀州区	14 072	433	4 918	4 918		5 511	3 888	1 624	1 215		1 215	1 994		1 994
	咸阳市	永寿县	23 247		13 871	13 803	67	8 324	2 678	5 646	1 052		1 052			
		淳化县	29 759	774	10 851	10 851		7 913	2 277	5 636	8 996		8 996	1 224		1 224
	渭南市	合阳县	67 952	22 931	26 962	2 202	24 760	15 806	13 224	2 583	2 252	1 884	368			
		澄城县	51 442	8 976	19 826	6 871	12 955	14 668	3 844	10 824	7 973		7 973	3 462		3 462
		白水县	30 683	9 377	13 146	1 177	11 969	4 750	3 167	1 583	3 410	3 002	408			
	韩城市		6 067	643	1 581	1 107	474	1 074	698	376	2 768	1 107	1 661			
		小计	234 043	44 978	95 173	43 381	51 792	61 306	31 708	29 598	29 125	6 710	22 415	3 462		3 462
	铜川市	宜君县	7 880	5 505	934	822	112	745	616	128	592	534	58	105	82	22
	延安市	甘泉县	1 791	83	429	200	229	1 280	552	727						
		富县	29 621		12 695	12 695		16 926	16 926							
		宜川县	17 783	2 025	1 772	1 772		3 571	3 571		5 741	3 184	2 557	4 674		4 674
		黄龙县	6 976	148	2 956	254	2 702	3 326	64	3 262	547		547			
		小计	64 052	7 761	18 786	15 742	3 044	25 847	21 730	4 117	6 880	3 718	3 162	4 779	82	4 697
		合计	371 402	70 940	135 494	68 793	66 701	117 127	73 848	43 279	38 634	11 522	27 112	9 208	268	8 940
山西	临汾市	隰县	9 724	517	4 205	320	3 885	1 280	343	937	891	424	467	2 831	1 010	1 820
		大宁县	14 449	2 254	4 677	695	3 982	1 828	515	1 313	1 861	403	1 458	3 829	1 199	2 630
		蒲县	11 073	5 433	1 491	191	1 300	1 006	147	858	3 144	285	2 859			
		吉县	11 313	3 536	4 235	2 822	1 412	1 772	709	1 063	1 296		1 296	474		474
		乡宁县	1 771	1 037	734		734									
		汾西县	2 250	248	497	497		405	360	45	1 100	198	902			
		合计	50 581	13 024	15 839	4 526	11 313	6 291	2 075	4 217	8 293	1 310	6 983	7 133	2 209	4 924
		总计	767 386	218 821	235 598	140 144	95 454	181 134	104 228	76 906	99 376	29 130	70 246	32 457	6 012	26 445

附表6 塬区社会经济现状分县统计

省	涉及市	涉及县（区）	乡镇（个）	村（个）	总土地面积（km²）	总人口（万人）	农业人口（万人）	人口密度（人/km²）	人均土地（hm²）	人均耕地（hm²）
甘肃	庆阳市	西峰区	27	108	963	38.34	25.91	398	0.25	0.09
		正宁县	11	94	863	21.15	16.59	245	0.41	0.14
		宁县	48	292	2 101	53.36	50.16	254	0.39	0.12
		镇原县	16	136	998	23.41	22.00	235	0.43	0.24
		合水县	49	252	1 080	14.90	14.19	138	0.72	0.17
		泾川县	23	195	1 190	29.93	29.90	252	0.40	0.13
		小计	174	1 077	7 196	181.09	158.75	252	0.40	0.14
	平凉市	崆峒区	50	204	1 166	16.54	16.54	142	0.71	0.32
		灵台县	24	135	955	17.26	17.26	181	0.55	0.21
		崇信县	25	79	377	5.20	5.20	138	0.73	0.21
		小计	99	418	2 499	39.00	39.00	156	0.64	0.25
		合计	273	1 495	9 695	220.09	197.75	227	0.44	0.16
陕西	延安市	黄陵县	19	130	503	5.28	3.54	105	0.95	0.17
		洛川县	33	354	937	15.71	9.80	168	0.60	0.10
	咸阳市	彬县	36	240	908	25.87	13.71	285	0.35	0.05
		长武县	16	128	367	17.27	14.39	470	0.21	0.09
		旬邑县	11	106	795	22.91	16.75	288	0.35	0.09
		小计	115	958	3 510	87.03	58.18	248	0.40	0.08
	铜川市	王益区	13	46	165	14.70	2.54	889	0.11	0.03
		印台区	14	23	166	5.95	5.17	359	0.28	0.10
		耀州区	22	84	872	12.41	9.41	142	0.70	0.11
	咸阳市	永寿县	24	134	595	17.25	15.39	290	0.34	0.13
		淳化县	45	260	971	19.51	9.82	201	0.50	0.15

续附表6

省	涉及市	涉及县(区)	乡镇(个)	村(个)	总土地面积(km²)	总人口(万人)	农业人口(万人)		人口密度(人/km²)	人均土地(hm²)	人均耕地(hm²)
陕西	渭南市	合阳县	40	280	1 057	44.15	36.79		418	0.24	0.15
		澄城县	45	165	1 055	34.81	25.38		330	0.30	0.15
		白水县	38	134	931	29.37	24.41		316	0.32	0.10
		韩城市	18	166	352	28.06	12.04	0.21	798	0.13	0.02
		小计	259	1 292	6 164	206.21	140.94	0.48	335	0.30	0.11
	铜川市	宜君县	14	56	302	2.43	2.38	0.05	81	1.24	0.32
	延安市	甘泉县	4	7	36	0.16	0.16		43	2.32	1.15
		富县	26	135	2 468	9.13	9.13		37	2.70	0.32
		宜川县	116	263	488	5.66	5.66	0.53	116	0.86	0.31
		黄龙县	30	42	548	1.23	1.14		22	4.46	0.57
		小计	190	503	3 843	18.61	18.47	0.59	48	2.06	0.34
		合计	564	2 753	13 517	311.85	217.59	16.41	231	0.43	0.12
山西	临汾市	隰县	37	51	817	3.61	3.61		44	2.26	0.27
		大宁县	31	72	683	4.08	4.08	1.33	60	1.67	0.35
		蒲县	25	190	532	2.04	2.02		38	2.61	0.54
		吉县	28	45	1 816	7.79	6.30		43	2.33	0.15
		乡宁县	6	10	1 022	0.89	0.63		9	11.48	0.20
		汾西县	7	28	136	5.43	5.37		398	0.25	0.04
		合计	134	396	5 007	23.84	22.00	1.33	48	2.10	0.21
	总计		971	4 644	28 218	555.78	437.34	43.77	197	0.51	0.14

附表7 塬区水土流失现状分县统计

省	涉及市	涉及县（区）	水土流失面积(km²)	轻度 面积(km²)	轻度 占比例(%)	中度 面积(km²)	中度 占比例(%)	强烈 面积(km²)	强烈 占比例(%)	极强烈 面积(km²)	极强烈 占比例(%)	剧烈 面积(km²)	剧烈 占比例(%)
甘肃	庆阳市	西峰区	449.38	270.99	60.30	116.93	26.02	47.21	10.51	10.79	2.40	3.46	0.77
		正宁县	316.36	129.82	41.03	133.63	42.24	46.07	14.56	6.18	1.95	0.66	0.21
		宁县	641.46	262.56	40.93	304.71	47.50	59.34	9.25	9.36	1.46	5.50	0.86
		镇原县	886.50	129.81	14.64	65.45	7.38	402.71	45.43	227.49	25.66	61.04	6.89
		合水县	434.48	253.93	58.44	43.18	9.94	106.96	24.62	24.75	5.70	5.66	1.30
	平凉市	泾川县	685.86	394.90	57.58	248.18	36.18	29.80	4.34	10.23	1.49	2.75	0.40
		小计	3 414.05	1 442.01	42.24	912.08	26.72	692.09	20.27	288.80	8.46	79.07	2.32
	平凉市	崆峒区	180.01	51.69	28.71	20.99	11.66	84.05	46.69	21.66	12.03	1.62	0.90
		灵台县	558.88	175.36	31.38	135.05	24.16	193.79	34.67	49.05	8.78	5.63	1.01
		崇信县	61.66	14.70	23.84	15.76	25.57	18.56	30.10	7.10	11.51	5.54	8.98
		小计	800.55	241.74	30.20	171.80	21.46	296.40	37.02	77.81	9.72	12.79	1.60
		合计	4 214.60	1 683.76	39.95	1 083.88	25.72	988.49	23.45	366.61	8.70	91.86	2.18
陕西	延安市	黄陵县	183.79	87.64	47.68	9.48	5.16	55.58	30.24	22.96	12.49	8.13	4.42
		洛川县	476.07	219.79	46.17	79.96	16.80	137.25	28.83	30.61	6.43	8.46	1.78
	咸阳市	彬县	364.17	113.45	31.15	179.67	49.34	53.48	14.69	16.02	4.40	1.55	0.43
		长武县	302.12	215.83	71.44	40.47	13.39	29.49	9.76	13.12	4.34	3.21	1.06
		旬邑县	418.24	44.41	10.62	94.08	22.50	205.31	49.09	67.93	16.24	6.51	1.56
		小计	1 744.39	681.11	39.05	403.67	23.14	481.11	27.58	150.64	8.64	27.86	1.60
	铜川市	王益区	46.19	2.97	6.43	27.25	58.98	11.42	24.72	3.54	7.66	1.02	2.21
		印台区	75.86	15.22	20.07	15.20	20.03	29.96	39.49	13.29	17.52	2.19	2.89
		耀州区	327.86	45.55	13.89	33.03	10.07	185.93	56.71	47.80	14.58	15.55	4.74
	咸阳市	永寿县	392.86	266.96	67.95	72.33	18.41	40.80	10.39	10.93	2.78	1.84	0.47
		淳化县	599.78	130.12	21.69	388.56	64.78	69.58	11.60	10.40	1.73	1.12	0.19

续附表7

省	涉及市	涉及县(区)	水土流失面积(km²)	轻度 面积(km²)	轻度 占比例(%)	中度 面积(km²)	中度 占比例(%)	强烈 面积(km²)	强烈 占比例(%)	极强烈 面积(km²)	极强烈 占比例(%)	剧烈 面积(km²)	剧烈 占比例(%)
陕西	渭南市	合阳县	698.10	299.33	42.88	351.43	50.34	39.09	5.60	7.25	1.04	1.00	0.14
		澄城县	698.50	55.38	7.93	598.36	85.66	38.79	5.55	5.69	0.81	0.28	0.04
		白水县	619.80	215.78	34.82	348.80	56.28	45.41	7.33	9.06	1.46	0.74	0.12
	韩城市		117.18	13.07	11.16	24.33	20.76	73.53	62.75	5.31	4.53	0.94	0.80
	小计		3 576.13	1 044.38	29.20	1 859.28	51.99	534.51	14.95	113.27	3.17	24.68	0.69
	铜川市	宜君县	170.38	11.45	6.72	2.43	1.43	93.76	55.03	49.36	28.97	13.38	7.85
	延安市	甘泉县	226.60	0.33	0.15	0.05	0.02	185.07	81.67	32.37	14.29	8.77	3.87
		富县	918.37	141.43	15.40	315.71	34.38	342.56	37.30	92.53	10.08	26.13	2.85
		宜川县	257.27	17.29	6.72	16.01	6.22	213.34	82.92	10.50	4.08	0.13	0.05
		黄龙县	113.98	34.58	30.34	9.51	8.34	64.65	56.72	4.60	4.04	0.65	0.57
	小计		1 686.60	205.08	12.16	343.72	20.38	899.38	53.32	189.36	11.23	49.06	2.91
	合计		7 007.12	1 930.58	27.55	2 606.67	37.20	1 915.00	27.33	453.27	6.47	101.60	1.45
山西	临汾市	隰县	430.75	125.74	29.19	67.34	15.63	212.50	49.33	18.78	4.36	6.39	1.48
		大宁县	226.00	48.86	21.62	23.01	10.18	141.85	62.77	11.05	4.89	1.22	0.54
		蒲县	223.44	37.46	16.77	11.85	5.30	132.15	59.14	38.63	17.29	3.35	1.50
		吉县	477.32	109.78	23.00	142.50	29.85	207.03	43.37	16.19	3.39	1.82	0.38
		乡宁县	295.34	1.76	0.60	1.82	0.62	241.73	81.85	43.41	14.70	6.62	2.24
		汾西县	137.32	0.23	0.17	0.11	0.08	91.87	66.90	36.19	26.35	8.93	6.50
	合计		1 790.17	323.83	18.09	246.63	13.78	1 027.13	57.38	164.25	9.18	28.33	1.58
总计			13 011.89	3 938.17	30.27	3 937.18	30.26	3 930.62	30.21	984.13	7.56	221.79	1.70

省	涉及市	涉及县(区)	耕地(hm²)				林地(hm²)				园地(hm²)			草地(hm²)				水域及水利设施用地(hm²)							
			水田	水浇地	旱地	小计	有林地	灌木林地	其他林地	小计	果园	其他园地	小计	天然牧草地	人工牧草地	其他草地	小计	河流水面	湖泊水面	水库水面	坑塘水面	水利设施	滩涂	其他	小计
甘肃	庆阳市	西峰区		1 333	32 940	34 273	6 846	827	1 110	8 784	1 023	316	1 339		276	32 297	32 574	604	11	43		34	149		842
		正宁县			28 597	28 597	14 645	1 297	17 817	33 759	2 146		2 146	3 965	4 142	3 438	11 545	142	314	53			78		587
		宁县			63 631	63 631	49 948	1 107	21 334	72 389	2 412	113	2 525	9	26	43 381	43 416			181	16	7	2		207
		镇原县			56 812	56 812	8 965	896	1 739	11 601	1 838	17	1 855	13 947	2 291		16 237				50				50
		合水县			24 632	24 632	26 913	3 864	2 343	33 120	5 453		5 453		1 941		1 941	357		50					407
	平凉市	泾川县			38 710	38 710	43 729		4 921	48 650	10 946		10 946		1 554	1 578	3 132					1		4	5
		小计		1 333	245 322	246 655	151 046	7 991	49 265	208 301	23 818	446	24 264	17 920	10 230	80 695	108 845	1 103	325	328	66	43	230	4	2 098
	平凉市	崆峒区			52 344	52 344	11 053		1 320	12 374	885	94	979	2 651	4 061		6 712	265		17	13		3 479		3 744
		灵台县			35 502	35 502	38 494			38 494	726	1	727		1	1 735	1 736	30					103		164
		崇信县		230	10 673	10 903	10 250	305	6 742	17 297	1 293		1 293		76	3 466	3 542	18		17	4		23	9	54
		小计		230	98 518	98 749	59 797	305	8 063	68 164	2 904	95	2 999	2 651	4 139	5 201	11 991	314		17	83		3 606	9	3 963
		合计		1 563	343 840	345 404	210 843	8 295	57 327	276 466	26 722	541	27 263	20 571	14 368	85 896	120 836	1 417	325	345		43	3 836	13	6 061
陕西	延安市	黄陵县		193	8 543	8 736	9 996	3 408	6 316	19 719	7 702	42	7 743	3 022		8 158	11 180	201		6	58	7	13		286
		洛川县			15 144	15 144	8 833	7 466	4 037	20 337	33 302	3	33 305	14 257	7	2 938	17 196	14		3	32	14			46
	咸阳市	彬县			12 953	12 953	3 649	2 025	10 036	15 710	12 328	8 845	21 173	13 659	2 226	2 936	18 821	19		13	7		8		47
		长武县		1 323	12 749	14 072	11 756	6 515	6 053	24 324	6 097	2 392	8 488	2 976			2 976								
		旬邑县			20 920	20 920	31 685	12 899	20 389	64 973	12 702	262	12 964	6 570			6 570							569	569
		小计		193	73 114	73 307	59 938			93 226	72 131	11 543	83 674	40 485	2 227	14 032	56 743							569	901
	铜川市	王益区			5 033	5 033	1 047	206	1 873	3 126	418		418	4	7		11	14				1	8		27
		印台区			5 788	5 788	2 512	1 705	1 603	5 820	1 116		1 116	580		1 692	2 273	19		13	7		8		47
		耀州区									3 602		3 602			3 121	3 121								
	咸阳市	永寿县		1 887	21 360	23 247	10 781			10 781	5 304	2 661	7 965		38	476	513			135		1 588	188		1 911
		淳化县			29 759	29 759	17 822	271		18 093	13 584		13 584	10 912			10 912	388	5	93					486

续附表 8

省	涉及市	涉及县(区)	耕地 (hm²)				林地 (hm²)				园地 (hm²)			草地 (hm²)				水域及水利设施用地 (hm²)							
			水田	水浇地	旱地	小计	有林地	灌木林地	其他林地	小计	果园	其他园地	小计	天然牧草地	人工牧草地	其他草地	小计	河流水面	湖泊水面	水库水面	坑塘水面	水利设施	滩涂	其他	小计
陕西	渭南市	合阳县		28 472	39 479	67 952	2 453	36	1 942	4 431	9 233	2 951	12 184			6 867	6 867			137	635	1 050			1 822
		澄城县		9 639	41 803	51 442	1 577	114	911	2 603	13 623	928	14 551	790	636	15 589	17 015	302		156		395			853
		白水县		3 899	26 784	30 683	8 711	36	9 220	17 967	6 949	856	7 805	897	8	9 654	10 559	93		61					154
	韩城市			4 313	1 753	6 067	5 497	2 707	3 316	11 521	802	37	839	1 045	6 189	45	7 279	740		46	6	2	1 695	593	3 082
		小计		49 534	184 509	234 043	62 156	11 590	24 919	98 665	54 630	7 432	62 062	14 229	6 878	37 444	58 550	1 744	5	644	648	3 036	1 711	593	8 381
	铜川市	宜君县	30	459	7 391	7 880	2 584	2 533	2 514	7 631	5 071	18	5 089	2 233	2 477	2 524	7 233	181		42	9		19		252
	延安市	甘泉县			1 791	1 791	892	397		1 289						531	531								
		富县			29 621	29 621	133 295			133 295	9 874		9 874	7 405			7 405								
		宜川县			17 783	17 783	6 972	2 382		9 353	7 082		7 082	4 267			4 267	126		66					193
		黄龙县			6 976	6 976	18 283	5 870	1 095	25 248	1 414	7	1 421	3 067		195	3 262								
		小计	30	459	63 563	64 052	162 025	11 182	3 608	176 816	23 440	24	23 465	16 972	2 477	3 250	22 699	307		109	9		19		444
		合计	30	50 186	321 186	371 402	284 120	35 671	48 916	368 708	150 201	19 000	169 201	71 686	11 581	54 725	137 992	2 253	5	759	746	3 058	1 743	1 162	9 727
山西	临汾市	隰县		2	9 722	9 724	622	32	28 724	29 378	5 198	352	5 549			29 048	29 048	50	0	1	6	9	80	1	146
		大宁县			14 449	14 449	5 163	773	7 744	13 680	1 040	26	1 066			26 182	26 182			7	2	16			25
		蒲县			11 073	11 073	4 163	4 092	2 706	10 960	496	37	533			18 571	18 571	54				6			60
		吉县			11 313	11 313	32 888	3 289	6 578	42 755	5 726		5 726			10 052	10 052								
		乡宁县			1 771	1 771	4 239	1 125		5 364	2 191	559	2 750	1 660		830	2 490	822		73		1	6	348	1 278
		汾西县			2 250	2 250	118	666	395	1 178	86	257	343	1 951	24	311	2 286								
		合计		2	50 579	50 581	47 192	9 976	46 147	103 315	14 737	1 231	15 968	3 611	24	84 993	88 629	926	0	81	8	35	86	349	1 510
总计			30	51 751	715 605	767 386	542 155	53 943	152 391	748 488	191 659	20 772	212 432	95 868	25 974	225 614	347 456	4 596	331	1 185	837	3 161	5 665	1 524	17 298

続附表 8

省	涉及市	涉及县(区)	住宅用地(hm²)			工矿仓储用地(hm²)	交通运输用地(hm²)				其他土地(hm²)						合计(hm²)	土地利用比例(%)									
			城镇住宅用地	农村宅基地	小计		铁路用地	公路用地	其他	小计	空闲地	盐碱地	沙地	裸地	其他	小计		耕地	林地	园地	草地	水域	住宅用地	工矿用地	交通用地	其他用地	合计
甘肃	庆阳市	西峰区	3 681	4 517	8 197	257		2 652	1 193	3 845				211	6 002	6 213	96 325	35.58	9.12	1.39	33.82	0.87	8.51	0.27	3.99	6.45	100
		正宁县	555	5 898	6 453	59		237	457	694					2 495	2 495	86 335	33.12	39.10	2.49	13.37	0.68	7.47	0.07	0.80	2.89	100
		宁县	971	14 083	15 053	254		347	466	813	906			10 897	34	11 838	210 127	30.28	34.45	1.20	20.66	0.10	7.16	0.12	0.39	5.63	100
		镇原县	810	8 544	9 354	368		1 849	407	2 255				120	1 134	1 254	99 786	56.93	11.63	1.86	16.27	0.05	9.37	0.37	2.26	1.26	100
		合水县	1 160	1 867	3 027	167		955	278	1 233	35 830			617	1 586	38 034	108 014	22.80	30.66	5.05	1.80	0.38	2.80	0.15	1.14	35.21	100
		泾川县	958	8 941	9 898	43		794	876	1 670				2 800	3 145	5 945	118 999	32.53	40.88	9.20	2.63	0.00	8.32	0.04	1.40	5.00	100
		小计	8 134	43 849	51 983	1 148		6 833	3 677	10 511	36 737			14 646	14 396	65 780	719 585	34.28	28.95	3.37	15.13	0.29	7.22	0.16	1.46	9.14	100
	平凉市	崆峒区	15 555		15 555	3 743	549	7 913	360	8 822	4 983	3 650		3 354	340	12 327	116 599	44.89	10.61	0.84	5.76	3.21	13.34	3.21	7.57	10.57	100
		灵台县	106	7 199	7 305	85		262	406	668				7 933	2 921	10 854	95 535	37.16	40.29	0.76	1.82	0.17	7.65	0.09	0.70	11.36	100
		崇信县	230	2 100	2 330	11	4	118	300	422	1 612			269	2	1 882	37 735	28.89	45.84	3.43	9.39	0.14	6.17	0.03	1.12	4.99	100
		小计	336	24 854	25 190	3 839	553	8 294	1 066	9 913	6 595	3 650		11 557	3 262	25 063	249 870	39.52	27.28	1.20	4.80	1.59	10.08	1.54	3.97	10.03	100
		合计	8 470	68 704	77 173	4 987	553	15 127	4 743	20 423	43 332	3 650		26 203	17 659	90 843	969 455	35.63	28.52	2.81	12.46	0.63	7.96	0.51	2.11	9.37	100
陕西	延安市	黄陵县	505	1 656	2 161	156	44	107	8	159				15	166	181	50 321	17.36	39.19	15.39	22.22	0.57	4.29	0.31	0.32	0.36	100
		洛川县	881	4 467	5 348	130	22	484	1 122	1 628					609	609	93 744	16.15	21.69	35.53	18.34	0.05	5.71	0.14	1.74	0.65	100
	咸阳市	彬县	2 463	2 215	4 678	525	18	871	480	1 369	767				14 781	15 548	90 777	14.27	17.31	23.32	20.73		5.15	0.58	1.51	17.13	100
		长武县	2 032		2 032			508	915	1 423				467		467	36 715	42.36	15.73	23.12	8.11		5.54		3.87	1.27	100
		旬邑县	4 457		4 457	208		1 295	59	1 354					761	761	79 489	26.32	39.86	16.31	8.27	0.72	5.61	0.26	1.70	0.96	100
		小计	3 849	14 828	18 677	1 021	84	3 265	2 583	5 932	767			482	16 317	17 566	351 046	20.88	26.56	23.84	16.16	0.26	5.32	0.29	1.69	5.00	100
	铜川市	王益区	341	797	1 138	393	8	210	129	347				5 942	105	6 047	16 540	30.43	20.88	2.53	0.07	0.16	6.88	2.38	2.10	36.56	100
		印台区	88	636	724	117	4	70		75				14	586	600	16 560	34.95	35.15	6.74	13.72	0.28	4.37	0.71	0.45	3.63	100
		耀州区	72	215	287	1		221	47	268				41 533	18	41 551	87 226	16.13	27.89	4.13	0.86	3.21	0.33	0.00	0.31	47.64	100
	咸阳市	永寿县	4 068	6 521	10 589	788	479	3 178		3 657							59 452	39.10	18.13	13.40	0.86	3.21	17.81	1.33	6.15	5.00	100
		淳化县	1 317	4 715	6 032	383		975		975	11 280			5 634		16 914	97 138	30.64	18.63	13.98	11.23	0.50	6.21	0.39	1.00	17.41	100

续附表 8

省	涉及市	涉及县(区)	住宅用地(hm²)			工矿仓储用地(hm²)	交通运输用地(hm²)				其他土地(hm²)						合计(hm²)	土地利用比例(%)									
			城镇住宅用地	农村宅基地	小计		铁路用地	公路用地	其他	小计	空闲地	盐碱地	沙地	裸地	其他	小计		耕地	林地	园地	草地	水域	住宅用地	工矿用地	交通用地	其他用地	合计
陕西	渭南市	合阳县	878	7 254	8 132	223	190	433	1 139	1 761					2 333	2 333	105 704	64.28	4.19	11.53	6.50	1.72	7.69	0.21	1.67	2.21	100
		澄城县	1 091	8 871	9 961	412	511	1 867	120	2 498				4 925	1 243	6 168	105 503	48.76	2.47	13.79	16.13	0.81	9.44	0.39	2.37	5.85	100
		白水县	1 006	4 053	5 059	245	52	248	1 194	1 495				6 533	12 569	19 103	93 069	32.97	19.31	8.39	11.35	0.16	5.44	0.26	1.61	20.53	100
		韩城市	271	946	1 217	120	120	98	51	269	394		1 625	1 017	1 744	4 780	35 174	17.25	32.75	2.38	20.70	8.76	3.46	0.34	0.77	13.59	100
		小计	9 132	34 008	43 139	2 683	1 365	7 301	2 680	11 346	11 674		1 625	67 933	16 265	97 497	616 367	37.97	16.01	10.07	9.50	1.36	7.00	0.44	1.84	15.82	100
	铜川市	宜君县		427	427	330		122		122	303	16	36	89	769	1 213	30 177	26.11	25.29	16.86	23.97	0.83	1.41	1.09	0.40	4.02	100
	延安市	甘泉县															3 611	49.61	35.69		14.70						100
		富县		19 747	19 747				4 937	4 937					41 963	41 963	246 842	12.00	54.00	4.00	3.00		8.00		2.00	17.00	100
		宜川县		1 726	1 726			1 603		1 603				7 000		7 000	48 814	36.43	19.16	14.51	8.74	0.35	3.54		3.28	14.34	100
		黄龙县		714	714			47	176	223				16 800		16 800	54 836	12.72	46.04	2.59	5.95		1.30		0.41	30.64	100
		小计		22 614	22 614	330		1 772	5 113	6 885				23 889	42 733	66 976	384 280	16.67	46.01	6.11	5.91	0.12	5.88	0.09	1.79	17.43	100
	合计		12 980	71 449	84 430	4 034	1 449	12 338	10 375	24 162	12 744	16	1 661	92 304	75 314	182 039	1 351 693	27.48	27.28	12.52	10.21	0.72	6.25	0.30	1.79	13.47	100
山西	临汾市	隰县	149	941	1 090	110	34	197	483	714				4 667	1 244	5 911	81 670	11.91	35.97	6.79	35.57	0.18	1.33	0.14	0.87	7.24	100
		大宁县		982	982			102		102				8 879	2 961	11 840	68 326	21.15	20.02	1.56	38.32	0.04	1.44		0.15	17.33	100
		蒲县		464	464			467		467				10 269	816	11 086	53 215	20.81	20.60	1.00	34.90	0.11	0.87		0.88	20.83	100
		吉县	55	316	371			397	24	420			371	110 133	489	110 993	181 629	6.23	23.54	3.15	5.53		0.20		0.23	61.11	100
		乡宁县		604	604			724		724				83 103	4 105	87 209	102 190	1.73	5.25	2.69	2.44	1.25	0.59		0.71	85.34	100
		汾西县	252	240	491			148	42	189	21			6 868		6 889	13 627	16.51	8.64	2.52	16.78		3.61		1.39	50.55	100
	合计		455	3 546	4 002	110	34	2 035	548	2 617	21		371	223 919	9 616	233 927	500 658	10.10	20.64	3.19	17.70	0.30	0.80	0.02	0.52	46.72	100
总计			21 905	143 699	165 605	9 131	2 036	29 500	15 667	47 202	56 097	3 665	2 032	342 426	102 589	506 808	2 821 806	27.19	26.53	7.53	12.31	0.61	5.87	0.32	1.67	17.96	100

附表 9 塬区水土保持治理措施现状分县统计

省	涉及市	涉及县(区)	总面积(km²)	基本农田(hm²)					人工造林(hm²)					果园(hm²)	人工草地(hm²)	封禁治理(hm²)	措施面积合计(hm²)
				梯田	坝地	水地	其他	小计	乔木林	灌木林	乔灌混交林	经济林	小计				
甘肃	庆阳市	西峰区	963.25	30 468.79				30 468.79	6 554.10	827.48	1 013.71	388.50	8 783.79	1 338.92	276.19	526.60	41 394.29
		正宁县	863.35	14 954.89				14 954.89	14 644.92			945.54	15 590.46	2 145.73	4 142.04	5 441.65	42 274.77
		宁县	2 101.27	60 482.15				60 482.15	30 308.83	1 106.70		1 497.99	32 913.52	2 411.64	25.63		95 832.95
		镇原县	997.86	41 131.09			9 160.24	50 291.33	4 514.42	896.08	4 756.80	1 433.36	11 600.66	1 838.38	2 290.75		66 021.12
		合水县	1 080.14	23 599.16				23 599.16	9 584.58	2 284.28	3 772.90	843.37	16 485.13	4 652.37	1 642.64		46 379.30
		泾川县	1 189.99	29 324.00				29 324.00	19 375.13				19 375.13	10 446.26	1 554.08	2 252.26	62 951.73
		小计	7 195.85	199 960.07			9 160.24	209 120.31	84 981.98	5 114.54	9 543.41	5 108.76	104 748.69	22 833.31	9 931.34	8 220.51	354 854.16
	平凉市	崆峒区	1 165.99	28 081.30	25.70			28 107.00	9 626.92			791.00	10 417.92	1 926.30	4 061.42	3 077.95	47 590.60
		灵台县	955.35	12 900.60				12 900.60	32 795.80				32 795.80	691.18			46 387.58
		崇信县	377.35	10 672.93		230.05		10 902.98	10 249.83	304.84	6 742.30		17 296.97	1 293.03	76.15		29 569.13
		小计	2 498.70	51 654.83	25.70	230.05		51 910.58	52 672.55	304.84	6 742.30	791.00	60 510.69	3 910.51	4 137.57	3 077.95	123 547.30
		合计	9 694.55	251 614.91	25.70	230.05	9 160.24	261 030.89	137 654.53	5 419.39	16 285.71	5 899.76	165 259.38	26 743.82	14 068.91	11 298.47	478 401.46
陕西	延安市	黄陵县	503.21	1 025.97	7.87	32.88	10.47	1 077.19	4 003.69	486.32	820.31	5.75	5 316.07	929.14	0.29	3 472.10	10 794.80
		洛川县	937.44	4 521.29			3 447.86	7 969.16	11 280.40	3 733.15			15 013.56	33 305.35		2 032.77	58 320.83
	咸阳市	彬县	907.77	25 880.64				25 880.64	3 649.28	2 025.35	10 035.65	8 889.03	24 599.31	12 372.19	2 275.83		65 127.97
		长武县	367.15	12 564.80				12 564.80	4 579.28			2 391.56	6 970.84	6 096.87		1 195.80	26 828.31
		旬邑县	794.89	12 870.59			14.60	12 885.19	7 317.01			2 391.91	9 708.92	12 515.12	39.10	6 942.03	42 090.36
		小计	3 510.46	56 863.28	7.87	32.88	3 472.94	60 376.97	30 829.67	6 244.83	10 855.96	13 678.25	61 608.71	65 218.67	2 315.23	13 642.70	203 162.27
	铜川市	王益区	165.40	308.00				308.00	348.00			289.00	637.00	278.00		1 474.00	2 697.00
		印台区	165.60	1 101.61				1 101.61	886.24				886.24	207.07		650.82	2 845.74
		耀州区	872.26	8 805.45	1.53			8 806.98	11 856.48	603.92	2 292.66	3 438.99	18 192.04	3 601.81	848.70	1 629.84	33 079.38
	咸阳市	永寿县	594.52	13 803.26				13 803.26	5 503.92			800.00	6 303.92	3 362.82	37.50	7 877.23	31 384.72
		淳化县	971.38	13 902.02		165.30	26.50	14 093.82	17 822.13	270.89		2 184.75	20 277.77	2 184.75		1 548.17	38 104.53

续附表9

省	涉及市	涉及县(区)	基本农田(hm²)						人工造林(hm²)					果园 (hm²)	人工草地 (hm²)	封禁治理 (hm²)	措施面积合计 (hm²)
			总面积 (km²)	梯田	坝地	水地	其他	小计	乔木林	灌木林	乔灌混交林	经济林	小计				
陕西	渭南市	合阳县	1 057.04	17 834.23	17.00		14 520.34	32 371.56	3 463.13			6 425.17	9 888.30		1 095.70	4 458.67	47 814.23
		澄城县	1 055.03	9 638.85	30.38		10 029.57	19 698.80	1 577.39	113.97			1 691.37	13 449.81	635.99	979.88	36 455.85
		白水县	930.69	7 346.08			7 510.33	14 856.41	8 710.72	36.08			8 746.80	7 804.71	8.37	9 220.39	40 636.68
	韩城市	韩城市	351.74	1 273.08	9.22	2 422.90	1 165.43	4 870.63	2 386.07	323.38		2 486.05	5 195.50	732.44	301.45	1 256.45	12 356.47
		小计	6 163.67	74 012.58	223.43	2 422.90	33 252.17	109 911.07	52 554.08	1 348.24	2 292.66	15 623.96	71 818.93	31 621.42	2 927.71	29 095.45	245 374.58
	铜川市	宜君县	301.77	2 054.38	782.00	473.32	726.93	4 036.62	2 171.25	1 085.63	1 628.44	542.81	5 428.13	5 088.87	1 456.41	669.47	16 679.50
	延安市	甘泉县	36.11	906.40				906.40	685.81	297.38			983.19				1 889.59
		富县	2 468.42				3 526.31	3 526.31									3 526.31
		宜川县	488.14	8 964.02			3 267.92	12 231.94						6 671.64			18 903.58
		黄龙县	548.36	164.42				164.42	4 909.98	119.56			5 029.54	1 420.51		6 338.72	12 953.19
		小计	3 842.80	12 089.22	782.00	473.32	7 521.15	20 865.69	7 767.04	1 502.57	1 628.44	542.81	11 440.86	13 181.02	1 456.41	7 008.19	53 952.16
		合计	13 516.93	142 965.07	1 013.29	2 929.10	44 246.26	191 153.73	91 150.78	9 095.64	14 777.06	29 845.02	144 868.50	110 021.11	6 699.34	49 746.34	502 489.02
山西	临汾市	隰县	816.70	3 080.15	154.01		462.02	3 696.18	15 631.75	421.98		5 890.78	21 944.51			4 235.20	29 875.89
		大宁县	683.26	1 306.04	540.42		6 572.44	8 418.90	2 888.85	3 235.25		2 162.17	8 286.27		1 317.62	937.16	18 959.95
		蒲县	532.15	4 188.12	566.04	114.91	1 853.99	6 723.07						1 486.98	532.84	6 358.57	15 101.46
		吉县	1 816.29	5 324.66			1 036.69	6 361.35	19 400.42	2 059.08		1 222.58	22 682.08	2 459.46		6 080.73	37 583.62
		乡宁县	1 021.90	3 063.00	100.00		1 429.00	4 592.00	714.00	879.00		2 150.00	3 743.00	1 009.00		116.00	9 460.00
		汾西县	136.27	247.53	73.70			321.23	37.00	125.00		37.00	199.00	2.00		109.00	631.23
		合计	5 006.58	17 209.50	1 434.17	114.91	11 354.15	30 112.73	38 672.02	6 720.31		11 462.53	56 854.87	4 957.44	1 850.46	17 836.67	111 612.16
总计			28 218.06	411 789.48	2 473.17	3 274.06	64 760.64	482 297.35	267 477.33	21 235.34	31 062.76	47 207.31	366 982.74	141 722.36	22 618.71	78 881.47	1 092 502.63

附表10 塬面大于 1 km² 的黄土塬及侵蚀沟基本情况汇总

序号	塬名称	涉及省	涉及县	总面积(hm²)	塬面面积(hm²)	塬坡面积(hm²)	侵蚀沟面积(hm²)	侵蚀沟条数	说明
1	白新庄塬	甘肃省	崇信县	1 772	412	950	410	279	
2	屈家洼塬	甘肃省	崇信县	444	103	231	111	75	
3	茜洼塬	甘肃省	崇信县	895	126	372	397	113	
4	铜城塬	甘肃省	崇信县	831	117	494	220	62	
5	驮水沟塬	甘肃省	崇信县	4 689	275	3 106	1 309	207	
6	凉水泉塬	甘肃省	崇信县	2 982	400	1 978	604	205	
7	黄花塬	甘肃省	崇信县	3 403	931	1 245	1 227	214	
8	柏树中塬	甘肃省	崇信县、泾川县	17 333	6 116	6 820	4 397	1 801	包含崇信县秦家庙塬、高庄塬、陶坡塬、水泉洼塬，泾川县中塬
9	黄寨-吴家塬	甘肃省	崇信县、崆峒区	3 884	1 276	1 135	1 473	410	包含崇信县黄寨塬，崆峒区吴家塬
10	木林-新庄塬	甘肃省	崇信县、灵台县	10 155	2 801	4 286	3 068	455	涉及崇信县木林塬、金龙塬，灵台县新庄塬、安阳塬
11	干沟桥-木林塬	甘肃省	崇信县、灵台县	1 850	458	656	736	94	涉及灵台县干沟桥塬、崇信县木林塬
12	南长武塬	甘肃省、陕西省	泾川县、长武县	73 623	28 677	37 942	7 005	1 286	包含甘肃省泾川县南塬，陕西省长武县长武塬、半坡塬、白草坡塬
13	屯子-荔堡塬	甘肃省	泾川县、宁县、镇原县	36 045	19 126	9 917	7 002	887	包含镇原县屯子塬、电子塬，泾川县荔堡塬，宁县叶王塬
14	平泉-北塬	甘肃省	泾川县、崆峒区、镇原县	81 191	36 597	25 866	18 728	2 073	包含镇原县平泉塬、泾川县北塬，泾川县王泉塬，崆峒区索罗塬
15	草峰塬	甘肃省	崆峒区	25 308	6 496	11 652	7 160	237	
16	蒙河香莲塬	甘肃省	崆峒区	13 743	1 958	8 657	3 128	142	

续附表 10

序号	塬名称	涉及省	涉及县	总面积（hm²）	塬面面积（hm²）	塬坡面积（hm²）	侵蚀沟面积（hm²）	侵蚀沟条数	说明
17	柳树梁塬	甘肃省	崆峒区	2 429	1 300	587	542	39	
18	腾姚－高粱塬	甘肃省	崆峒区	6 150	1 352	3 564	1 234	36	包含腾姚塬、高粱塬
19	白庙大寨塬	甘肃省	崆峒区	25 131	3 905	16 896	4 330	157	
20	甘掌塬	甘肃省	崆峒区	381	160	211	10	3	
21	树腰塬	甘肃省	崆峒区	726	184	458	84	9	
22	颉河塬	甘肃省	崆峒区	970	238	505	227	5	
23	龙隐寺塬	甘肃省	崆峒区	1 617	198	1 095	324	15	
24	高岭塬	甘肃省	崆峒区	3 680	135	3 425	120	12	
25	雷家塬	甘肃省	崆峒区	520	130	152	238	12	
26	马莲塬	甘肃省	崆峒区	738	327	141	270	14	
27	崆峒阳洼塬	甘肃省	崆峒区	980	442	268	270	13	
28	杏树塬	甘肃省	崆峒区	1 365	420	763	182	11	
29	大寨塬	甘肃省	崆峒区	8 419	1 729	4 129	2 561	73	
30	梨杨塬	甘肃省	崆峒区	2 610	536	1 280	794	23	
31	上下井塬	甘肃省	崆峒区	1 180	277	507	396	22	
32	赵湾塬	甘肃省	崆峒区	2 015	571	901	543	51	
33	新庄湾塬	甘肃省	崆峒区	1 460	331	1 034	95	22	
34	阳坡塬	甘肃省	崆峒区	1 138	267	709	162	9	

续附表 10

序号	塬名称	涉及省	涉及县	总面积 （hm²）	塬面 面积 （hm²）	塬坡 面积 （hm²）	侵蚀沟 面积 （hm²）	侵蚀沟 条数	说明
35	桂井塬	甘肃省	崆峒区	1 011	265	471	275	8	
36	三里塬	甘肃省	崆峒区	1 194	283	675	236	7	
37	南山塬	甘肃省	崆峒区	700	319	295	87	12	
38	鸭儿塬	甘肃省	崆峒区	683	313	254	116	6	
39	周邦塬	甘肃省	崆峒区	790	159	437	194	8	
40	小村塬	甘肃省	灵台县	4 189	1 344	1 510	1 335	130	
41	什字塬	甘肃省	灵台县	27 778	9 208	10 444	8 126	770	
42	朝那塬	甘肃省	灵台县	5 083	1 654	2 025	1 404	206	
43	灵台张家塬	甘肃省	灵台县	751	135	360	255	23	
44	民乐塬	甘肃省	灵台县	2 370	399	848	1 123	76	
45	嵕峒塬	甘肃省	灵台县	729	141	267	321	15	
46	高崖塬	甘肃省	灵台县	2 143	458	873	812	82	
47	郑家什字塬	甘肃省	灵台县	732	214	241	278	12	
48	蔡家塬	甘肃省	灵台县	2 302	785	740	777	69	
49	星火塬	甘肃省	灵台县	3 155	721	1 339	1 095	59	
50	东岭塬	甘肃省	灵台县	952	148	459	345	10	
51	小塬	甘肃省	灵台县	1 175	176	583	416	11	
52	蒲窝塬	甘肃省	灵台县	1 512	254	567	691	53	

续附表 10

序号	塬名称	涉及省	涉及县	总面积 (hm²)	塬面面积 (hm²)	塬坡面积 (hm²)	侵蚀沟面积 (hm²)	侵蚀沟条数	说明
53	青山塬	甘肃省	灵台县	711	122	281	308	40	
54	五星塬	甘肃省	灵台县	4 563	1 245	1 464	1 854	185	
55	新开塬	甘肃省	灵台县	4 569	820	1 847	1 902	87	
56	巨路-邵寨塬	甘肃省、陕西省	灵台县,长武县	15 347	6 470	5 472	3 405	251	包含陕西长武县巨路塬、冢子塬,甘肃灵台县邵寨塬
57	独店-枣园塬	甘肃省、陕西省	灵台县,长武县	17 376	7 276	6 377	3 724	263	包含甘肃灵台县独店塬,陕西长武县枣园塬
58	合水赵家塬	甘肃省	合水县	2 115	286	1 048	782	16	
59	庙庄塬	甘肃省	合水县	2 443	330	1 056	1 057	22	
60	唐家沟圈塬	甘肃省	合水县	3 808	513	2 168	1 127	23	
61	合水阳洼塬	甘肃省	合水县	2 402	324	1 423	655	14	
62	合水曹家塬	甘肃省	合水县	2 880	389	1 739	751	16	
63	张举塬	甘肃省	合水县	3 164	422	1 464	1 278	23	
64	合水二里半塬	甘肃省	合水县	917	123	368	426	8	
65	南寺塬	甘肃省	合水县	1 250	166	658	426	8	
66	寺儿塬	甘肃省	合水县	5 410	723	2 984	1 704	31	
67	拓儿塬	甘肃省	合水县	2 566	342	1 276	948	17	
68	太莪塬	甘肃省	合水县	4 084	678	1 519	1 887	29	
69	店子塬	甘肃省	合水县	9 946	1 642	4 911	3 393	52	

续附表 10

序号	塬名称	涉及省	涉及县	总面积 （hm²）	塬面 面积 （hm²）	塬坡 面积 （hm²）	侵蚀沟 面积 （hm²）	侵蚀沟 条数	说明
70	合水董志塬 1	甘肃省	合水县	3 596	1 004	1 664	928	20	
71	合水董志塬 2	甘肃省	合水县	10 618	2 968	5 166	2 483	55	
72	北头塬	甘肃省	合水县	3 045	634	1 419	992	9	
73	宜州塬	甘肃省	合水县	865	179	251	434	4	
74	肖咀塬	甘肃省	合水县	11 992	2 501	6 125	3 366	30	
75	盘克－咀头塬	甘肃省	合水县，宁县	4 840	1 184	1 491	2 165	133	涉及合水县盘克塬，宁县咀头塬
76	西华池－南义塬	甘肃省	合水县，宁县	43 128	9 029	18 366	15 733	859	涉及合水县西华池塬，宁南南义塬
77	武洛塬	甘肃省	宁县	2 904	221	219	2 463	36	
78	茬掌塬	甘肃省	宁县	5 805	985	131	4 689	133	
79	宁县盘克塬	甘肃省	宁县	11 719	1 921	654	9 145	362	
80	观音塬	甘肃省	宁县	4 974	1 138	74	3 762	220	
81	宇村塬	甘肃省	宁县	10 663	2 274	585	7 804	391	
82	南堡塬	甘肃省	宁县	4 527	473	170	3 884	104	
83	金村塬	甘肃省	宁县	2 776	346	121	2 310	62	
84	马洼塬	甘肃省	宁县	3 611	398	316	2 897	107	
85	九岘塬	甘肃省	宁县	3 404	343	549	2512	82	
86	鲁甲塬	甘肃省	宁县	2 345	227	512	1 606	72	
87	宁县万家塬	甘肃省	宁县	3 150	103	538	2 509	34	

续附表 10

序号	塬名称	涉及省	涉及县	总面积（hm²）	塬面面积（hm²）	塬坡面积（hm²）	侵蚀沟面积（hm²）	侵蚀沟条数	说明
88	春荣塬	甘肃省	宁县	19 013	4 552	4 135	10 326	702	
89	井坳塬	甘肃省	宁县	591	182	30	379	39	
90	早胜－宫河塬	甘肃省	宁县、正宁县	101 641	40 709	15 327	45 605	3 494	包含宁县早胜塬,正宁县宫河塬
91	董志塬	甘肃省	宁县、西峰区	154 477	74 052	3 863	76 563	4 486	包含西峰区董志塬彭原、董志塬后官寨、董志塬西街办、董志塬温泉、董志塬肖金、董志塬什社、董志塬畔塬、张塬塬、西尚塬、老显胜、宁县瓦斜塬、老石王塬、和盛塬
92	新集塬	甘肃省	镇原县	4 941	2 646	1 254	1 040	95	
93	马渠塬	甘肃省	镇原县	2 062	1 003	637	422	39	
94	庙渠塬	甘肃省	镇原县	3 164	1 753	962	449	78	
95	孟坝塬	甘肃省	镇原县	18 448	9 757	1 933	6 758	413	
96	武沟孟庄塬	甘肃省	镇原县	1 242	646	429	168	23	
97	武沟塬	甘肃省	镇原县	937	487	231	219	31	
98	临泾塬	甘肃省	镇原县	12 579	6 569	3 118	2 892	151	
99	郭塬塬	甘肃省	镇原县	3 925	2 132	1 001	792	91	
100	永和－底庙塬	甘肃省、陕西省	正宁县、彬县、旬邑县	56 126	16 978	9 432	29 716	1 964	包含陕西彬县白堡坳、罕村、高里坊、老户、衡家坳、龙门、南玉子,正宁县永和塬,旬邑县底庙塬

序号	塬名称	涉及省	涉及县	总面积（hm²）	塬面面积（hm²）	塬坡面积（hm²）	侵蚀沟面积（hm²）	侵蚀沟条数	说明
101	月明塬	甘肃省	正宁县	4 543	309	2 008	2 226	87	
102	三嘉塬	甘肃省	正宁县	8 761	893	3 550	4 318	165	
103	太德塬	山西省	大宁县	4 810	1 768	2 537	505	978	
104	安古塬	山西省	大宁县	3 234	609	2 560	65	406	
105	白杜塬	山西省	大宁县	2 001	493	1 457	51	288	
106	树堤塬	山西省	大宁县	998	164	817	17	145	
107	麦留塬	山西省	大宁县	2 360	468	1 843	49	384	
108	白村塬	山西省	大宁县	1 510	281	1 195	34	257	
109	支角塬	山西省	大宁县	1 287	144	1 126	17	154	
110	杜峨塬	山西省	大宁县	1 027	126	885	16	147	
111	堡业塬	山西省	大宁县	914	103	797	14	207	
112	仁义塬	山西省	大宁县	904	130	760	14	175	
113	东木塬	山西省	大宁县	2 227	293	1 905	29	312	
114	割麦塬	山西省	大宁县	1 220	257	936	27	327	
115	索堤塬	山西省	大宁县	3 888	519	3 318	51	421	
116	秀岩塬	山西省	大宁县	2 003	365	1 608	30	184	
117	铁角塬	山西省	大宁县	3 180	628	2 483	69	474	
118	东南堡塬	山西省	大宁县	3 747	671	2 999	77	562	

续附表 10

序号	塬名称	涉及省	涉及县	总面积 （hm²）	塬面 面积 （hm²）	塬坡 面积 （hm²）	侵蚀沟 面积 （hm²）	侵蚀沟 条数	说明
119	东庄塬	山西省	大宁县	3 343	594	2 692	57	456	
120	岭头塬	山西省	大宁县	3 784	637	3 074	73	551	
121	大宁南岭塬	山西省	大宁县	3 012	155	2 837	20	162	
122	榆村塬	山西省	大宁县	3 986	433	3 504	49	656	
123	山庄塬	山西省	大宁县	845	120	710	15	310	
124	西南堡塬	山西省	大宁县	1 137	210	909	18	345	
125	内史塬	山西省	大宁县	996	170	814	12	326	
126	坦达塬	山西省	大宁县	2 006	272	1 706	28	293	
127	太古塬	山西省	大宁县	1 985	267	1 691	27	303	
128	山中-太仙塬	山西省	大宁县、蒲县	9 682	1 803	1 596	6 283	690	包含蒲县山中塬,大宁县太仙塬
129	曹家庄-圪兰塬	山西省	大宁县、隰县	2 272	327	1 661	284	137	包含大宁县曹家庄塬,隰县圪兰塬
130	洪原塬	山西省	汾西县	1 117	199	840	78	19	
131	桑原塬	山西省	汾西县	1 738	188	1 428	122	25	
132	窑铺-古郡塬	山西省	汾西县	2 727	1 205	1 331	191	48	包含窑铺塬、古郡塬
133	申村塬	山西省	汾西县	1 359	367	897	95	27	
134	吉县王家塬	山西省	吉县	3 134	283	1 446	1 405	51	
135	青村塬	山西省	吉县	2 742	192	1 269	1 281	44	
136	房村塬	山西省	吉县	1 133	103	437	593	22	

续附表 10

序号	塬名称	涉及省	涉及县	总面积 （hm²）	塬面 面积 （hm²）	塬坡 面积 （hm²）	侵蚀沟 面积 （hm²）	侵蚀沟 条数	说明
137	文城塬	山西省	吉县	4 425	404	2 064	1 957	73	
138	留村塬	山西省	吉县	2 348	368	965	1 015	38	
139	西赵村塬	山西省	吉县	3 071	381	1 390	1 299	49	
140	东城塬	山西省	吉县	3 225	1 272	1 042	912	51	
141	兰村塬	山西省	吉县	2 500	640	967	893	40	
142	城北塬	山西省	吉县	570	146	96	328	15	
143	山阳塬	山西省	吉县	3 113	808	1 220	1 084	50	
144	辛村塬	山西省	吉县	476	124	164	189	9	
145	谢悉塬	山西省	吉县	3 942	986	1 524	1 432	63	
146	许尖塬	山西省	吉县	733	184	158	391	17	
147	丰收岭塬	山西省	吉县	804	201	168	435	19	
148	柏凡头塬	山西省	吉县	4 626	1 103	1 861	1 662	74	
149	白子塬	山西省	吉县	3 315	147	1 620	1 548	53	
150	红山塬	山西省	吉县	3 168	777	1 205	1 187	50	
151	东石泉塬	山西省	吉县	2 766	585	1 076	1 105	44	
152	兰古庄塬	山西省	吉县	2 621	770	1 020	831	41	
153	结子塬	山西省	吉县	538	117	252	170	7	
154	永固塬	山西省	吉县	2 205	480	882	844	35	

· 223 ·

续附表 10

序号	塬名称	涉及省	涉及县	总面积 (hm²)	塬面面积 (hm²)	塬坡面积 (hm²)	侵蚀沟面积 (hm²)	侵蚀沟条数	说明
155	瓦塬	山西省	吉县	2 433	155	1 151	1 127	39	
156	南耀塬	山西省	吉县	2 372	124	1 307	941	32	
157	官庄塬	山西省	吉县	3 379	177	1 601	1 601	54	
158	中垛塬	山西省	吉县	10 737	3 311	3 823	3 603	171	包含吉县中垛、柏房、北乐
159	瑶科塬	山西省	吉县	1 119	196	412	512	21	
160	白村塬 1	山西省	蒲县	591	123	25	443	48	
161	白村塬 2	山西省	蒲县	921	191	126	605	65	
162	南盘地塬	山西省	蒲县	1 325	275		1 050	159	
163	东塬	山西省	蒲县	1 280	203	53	1 024	105	
164	天神庄塬	山西省	蒲县	979	156	124	699	72	
165	太夫塬	山西省	蒲县	2 544	413		2 131	132	
166	黄土塬	山西省	蒲县	1 002	163		839	64	
167	布珠塬	山西省	蒲县	2 704	287		2 417	141	
168	韩店塬	山西省	蒲县	817	164		653	59	
169	柏店塬	山西省	蒲县	1 655	175		1 480	62	
170	红道塬	山西省	蒲县	1 383	204		1 179	90	
171	西坪塬	山西省	蒲县	4 542	1 147	265	3 130	265	
172	曹家庄塬	山西省	蒲县	4 626	242	2 030	2 355	127	

续附表 10

序号	塬名称	涉及省	涉及县	总面积（hm²）	塬面面积（hm²）	塬坡面积（hm²）	侵蚀沟面积（hm²）	侵蚀沟条数	说明
173	山口塬1	山西省	蒲县	2 581	243	13	2 325	89	
174	隰县渠子塬	山西省	隰县	1 266	151	779	336	15	
175	太平塬	山西省	隰县	1 937	277	1 102	558	19	
176	唐户塬	山西省	隰县	6 839	1 799	3 360	1 680	310	包含和宿塬、南唐户塬
177	罗镇堡塬	山西省	隰县	2 255	253	1 336	666	38	
178	杨家腰塬	山西省	隰县	547	104	296	147	10	
179	薛家塬	山西省	隰县	1 243	151	732	360	23	
180	二老坡塬	山西省	隰县	1 432	163	847	422	33	
181	长吉上塬	山西省	隰县	1 379	104	851	424	34	
182	桃坡村塬	山西省	隰县	1 575	223	905	447	33	
183	隰县张家塬	山西省	隰县	2 600	313	1 559	728	40	
184	柴家塬	山西省	隰县	1 122	163	640	319	45	
185	后塬-车家坡塬	山西省	隰县	7 355	1 482	3 963	1 910	222	包含后塬塬、车家坡塬
186	吾子金塬	山西省	隰县	1 244	309	620	315	88	
187	弥陀-阳头上-午塬	山西省	隰县	6 955	1 293	3 559	2 103	256	包含弥陀塬、阳头上午塬
188	宋家河塬	山西省	隰县	1 699	300	939	460	67	
189	阳德塬	山西省	隰县	3 041	529	1 685	827	72	
190	贺家峪塬	山西省	隰县	690	143	359	188	20	

续附表 10

序号	塬名称	涉及省	涉及县	总面积 (hm²)	塬面面积 (hm²)	塬坡面积 (hm²)	侵蚀沟面积 (hm²)	侵蚀沟条数	说明
191	黑水沟塬	山西省	隰县	578	102	294	182	26	
192	北庄塬	山西省	隰县	7 228	1 224	3 971	2 033	266	包含益其塬、北庄塬、卫家塬
193	习美-马家塬	山西省	隰县	7 652	1 259	4 168	2 225	239	包含习美塬、马家塬
194	上司徒塬	山西省	隰县	3 814	463	2 237	1 114	124	
195	辛庄塬	山西省	隰县	1 208	454	489	265	30	
196	陡坡塬	山西省	隰县	1 826	576	873	377	137	
197	疙瘩头塬	山西省	隰县	414	130	155	129	47	
198	曲池塬	山西省	隰县	530	168	220	142	15	
199	无鲁塬	山西省	隰县	1 360	553	439	368	45	
200	石坡塬	山西省	隰县	1 090	150	628	312	32	
201	王家庄塬	山西省	隰县	655	118	359	178	11	
202	古县垣-无恩塬	山西省	隰县、蒲县	13 133	4 544	2 708	5 880	1 949	包含蒲县古县垣、隰县无恩塬、龙化塬
203	军地-曹家坡塬	山西省	蒲县、隰县	1 436	345	58	1 033	66	包含蒲县军地、隰县曹家坡
204	东敞塬	山西省	乡宁县	3 768	1 339	171	2 258	111	
205	龙鼻塬	山西省	乡宁县	2 392	499	412	1 481	129	
206	乡宁神底塬	山西省	乡宁县	4 395	383	930	3 082	135	
207	谭坪塬	山西省	乡宁县	5 001	1 048	591	3 362	139	
208	吉庄塬	山西省	乡宁县	3 251	503	510	2 238	76	

续附表 10

序号	塬名称	涉及省	涉及县	总面积 (hm²)	塬面 面积 (hm²)	塬坡 面积 (hm²)	侵蚀沟 面积 (hm²)	侵蚀沟 条数	说明
209	枣岭塬	山西省	乡宁县	4 984	629	922	3 433	133	
210	松岭塬	陕西省	王益区	468	161	55	252	32	
211	墙下塬	陕西省	王益区	1 172	502	218	452	60	
212	高坪塬	陕西省	王益区	248	113	35	100	45	
213	罗寨村塬	陕西省	王益区	2 665	1 218	619	828	99	
214	孟家塬－王益塬	陕西省	王益区	2 293	783	714	796	89	
215	王益王家塬	陕西省	王益区	368	154	89	125	31	
216	孙塬－梁家塬	陕西省	王益区、耀州区	3 075	1 914	100	1 062	113	包含耀州区孙塬、王益区梁家塬
217	演池塬	陕西省	耀州区	3 537	2 223		1 314	42	
218	白莲沟塬	陕西省	耀州区	9 083	6 988		2 095	59	包含石柱、张郝堡、白家庄、东柳池塬
219	白石塬	陕西省	耀州区	1 295	1 008		287	27	
220	党家河塬	陕西省	耀州区	157	114		43	16	
221	焦家坪塬	陕西省	耀州区	219	155		64	15	
222	宜家塬	陕西省	耀州区	512	391		121	11	
223	丁家山塬	陕西省	耀州区	240	187		53	16	
224	雷家桥塬	陕西省	耀州区	827	553	2	272	12	
225	关庄塬	陕西省	耀州区	15 098	11 646		3 452	189	包含关庄、吕村、马吉、坡头塬
226	坡头塬	陕西省	耀州区	4 009	3 114		895	69	

续附表 10

序号	塬名称	涉及省	涉及县	总面积（hm²）	塬面面积（hm²）	塬坡面积（hm²）	侵蚀沟面积（hm²）	侵蚀沟条数	说明
227	小丘塬	陕西省	耀州区	6 431	4 569		1 862	48	
228	王益塬	陕西省	耀州区	892	695		197	33	
229	吴庄塬	陕西省	耀州区	849	661		188	36	
230	五联塬	陕西省	耀州区	660	514		146	25	
231	龙首塬	陕西省	耀州区	348	271		77	14	
232	偏桥北塬	陕西省	宜君县	1 428	426		1 002	64	
233	偏桥中塬 1	陕西省	宜君县	2 478	797		1 681	69	
234	偏桥南塬	陕西省	宜君县	3 389	1 085	4	2 299	142	
235	五里镇北塬	陕西省	宜君县	2 458	863		1 595	104	
236	五里镇西塬	陕西省	宜君县	2 306	573		1 733	72	
237	尧生镇北塬	陕西省	宜君县	13 807	5 590		8 217	439	包含五里镇中塬、五里镇南塬、尧生镇北塬、尧生镇中塬
238	尧生镇南塬	陕西省	宜君县	3 039	724	56	2 258	88	
239	偏桥中塬 2	陕西省	宜君县	1 273	410	2	861	56	
240	贺家塬	陕西省	印台区	974	250	1	723	32	
241	郁家塬	陕西省	印台区	2 562	945		1 617	62	
242	井家塬	陕西省	印台区	506	136		370	26	
243	印台冯家塬	陕西省	印台区	1 136	624		512	24	

续附表 10

序号	塬名称	涉及省	涉及县	总面积 （hm²）	塬面面积 （hm²）	塬坡面积 （hm²）	侵蚀沟面积 （hm²）	侵蚀沟条数	说明
244	肖家塬	陕西省	印台区	764	264		500	26	
245	甘草塬	陕西省	印台区	587	168		419	18	
246	枣园塬	陕西省	印台区	411	121		290	13	
247	周家陵塬	陕西省	印台区	1 197	369		828	28	
248	下刘村塬	陕西省	印台区	997	423	72	502	38	
249	后桑皮塬	陕西省	印台区	418	151		267	15	
250	小庄－姚庄塬	陕西省	白水县，印台区	2 458	2 056		402	35	包含印台区小庄塬，白水县姚庄塬
251	高家－穆家庄塬	陕西省	印台区，王益区	2 246	955	218	1 073	85	包含王益区高家塬，印台区穆家庄塬
252	笤科－赵家塬	陕西省	王益区，印台区	5 822	2 426	420	2 976	149	包含印台区笤科塬，王益区赵家塬
253	段家山塬	陕西省	白水县	280	188		92	26	
254	史家山塬	陕西省	白水县	569	403	30	136	35	
255	郭家庄塬	陕西省	白水县	308	161		147	10	
256	史官塬	陕西省	白水县	2 390	1 925	2	462	110	
257	史家嘴塬	陕西省	白水县	206	124		82	10	
258	刘家那坡塬	陕西省	白水县	311	195	3	113	10	
259	群英塬	陕西省	白水县	4 650	2 991	35	1 624	210	

序号	塬名称	涉及省	涉及县	总面积 (hm²)	塬面面积 (hm²)	塬坡面积 (hm²)	侵蚀沟面积 (hm²)	侵蚀沟条数	说明
260	白水塬	陕西省	白水县	46 423	30 510		15 913	1 686	包含门公塬、汉寨塬、尧禾塬、许道塬、雷牙塬、方城塬、北井头塬、杜康塬、大杨塬、淋皋塬、扶蒙塬、西固塬、冯雷塬、城关塬
261	雷村塬	陕西省	白水县	4 023	3 658		365	166	
262	方里塬	陕西省	白水县	459	340		119	38	
263	古城塬	陕西省	白水县	408	191		217	32	
264	侯家塬	陕西省	白水县	1 224	663	42	519	82	
265	收水塬	陕西省	白水县	3 381	1 485	58	1 838	234	
266	白水李家塬	陕西省	白水县	1 019	314		705	42	
267	车家塬	陕西省	白水县	510	155		355	26	
268	王城塬	陕西省	白水县	1 456	689	6	761	40	
269	云台塬	陕西省	白水县	1 553	944	9	600	59	
270	古槐塬	陕西省	白水县	620	233		387	19	
271	桐树咀塬	陕西省	白水县	558	244		314	17	
272	北塬-吕家山塬	陕西省	白水县、洛川县	16 967	9 043		7 924	999	包含白水县纵目塬、阿堡塬、杨武塬、郝家塬,洛川县吕家山塬
273	咸合塬	陕西省	澄城县	615	335	125	155	7	

续附表 10

序号	塬名称	涉及省	涉及县	总面积（hm²）	塬面面积（hm²）	塬坡面积（hm²）	侵蚀沟面积（hm²）	侵蚀沟条数	说明
274	罗家洼-交道塬	陕西省	澄城县	34 716	23 272	1 916	9 528	312	包含武安塬、赵庄塬、罗家洼塬、杜家洼塬、郭家庄塬、程赵塬、璞地塬、堡城塬、镇基塬、交道塬、南杜塬
275	沟西塬	陕西省	澄城县	801	612		189	5	
276	王庄塬	陕西省	澄城县	23 854	17 385		6 469	214	包含良周塬、刘家洼塬、嫽嫽塬、王庄塬、安里塬、义南塬
277	叩冯善西塬	陕西省	澄城县	16 406	10 582		5 824	158	包含叩卓塬、冯原塬、西社塬、善化塬
278	叩卓塬	陕西省	澄城县	126	123		3	2	
279	关家桥塬	陕西省	澄城县	852	698	30	124	7	
280	贺家桥塬	陕西省	澄城县	337	183		154	8	
281	郑家书堡塬	陕西省	澄城县	495	237	110	148	8	
282	罗家河书堡塬	陕西省	澄城县	235	152	11	72	3	
283	洛子河塬	陕西省	澄城县	400	120	125	156	11	
284	杨家-澄城塬	陕西省	澄城县	940	718		222	15	
285	樊家川塬	陕西省	澄城县	1 164	323	351	490	13	
286	杜家塬	陕西省	澄城县	203	131	18	54	14	
287	卓里塬	陕西省	澄城县	422	371	1	49	3	
288	阿兰寨塬	陕西省	澄城县	248	119		129	6	
289	十甲沟塬	陕西省	澄城县	427	200		227	9	

续附表 10

序号	塬名称	涉及省	涉及县	总面积（hm²）	塬面面积（hm²）	塬坡面积（hm²）	侵蚀沟面积（hm²）	侵蚀沟条数	说明
290	三河塬	陕西省	澄城县	647	103	231	313	9	
291	范家-柳泉塬	陕西省	澄城县、黄龙县	2 383	1 310		1 073	40	包含黄龙县范家塬,澄城县柳泉塬
292	工矿建设区塬	陕西省	韩城市	3 562	2 783	458	321	26	
293	大池捻塬	陕西省	韩城市	3 073	2 402		671	60	
294	林皋塬	陕西省	韩城市	529	413		116	10	
295	谢村塬	陕西省	韩城市	212	165		47	7	
296	暂村塬	陕西省	韩城市	1 770	1 388	209	173	36	
297	薛村塬	陕西省	韩城市	1 573	1 234	63	276	57	
298	泌鼎塬	陕西省	韩城市	810	631	38	141	17	
299	苏东塬	陕西省	韩城市	5 285	4 479	162	644	113	
300	狮山塬	陕西省	韩城市	119	112		7	2	
301	英山塬	陕西省	韩城市	1 701	1 594		107	22	
302	芝川塬	陕西省	韩城市	1 009	713	159	136	21	
303	小西庄塬	陕西省	韩城市	728	403	66	259	16	
304	崑东塬	陕西省	韩城市	947	630	75	242	19	
305	高门塬	陕西省	韩城市	1 395	987	161	247	38	
306	花马庄塬	陕西省	韩城市	4 333	2 383	393	1 557	123	
307	西头塬	陕西省	韩城市	303	167		136	18	

续附表 10

序号	塬名称	涉及省	涉及县	总面积（hm²）	塬面面积（hm²）	塬坡面积（hm²）	侵蚀沟面积（hm²）	侵蚀沟条数	说明
308	弋家塬	陕西省	韩城市	3 178	1 283	381	1 514	102	包含东休塬、小村塬、武阳塬、鹅毛塬、同提坊塬、南武中塬、中蒙塬、临皋塬、渤海塬、东庄子塬、席家坡塬、原休塬、北王庄塬、北沟休塬、西休塬、豆庄塬、富礼坊塬
309	杜家塬	陕西省	合阳县	1 005	201		804	11	
310	姚家-黑池塬	陕西省	合阳县	52 136	44 721		7 415	253	
311	朝阳-黑镇塬	陕西省	合阳县	1 331	1 036		295	25	包含朝阳塬、黑镇塬
312	河西坡塬	陕西省	合阳县	142	100	1	42	3	
313	王庄业善塬	陕西省	合阳县、澄城县	48 511	42 620		5 891	276	包含合阳县白家寨塬、邓家寨塬、解庄塬、山阳塬、运庄塬、贺检塬、长洼塬、太堡塬、东阳塬、案城塬、紫光塬、西明塬、澄城县吴家坡塬、醍醐塬、南酥酪塬、业善塬、魏家斜塬、韦庄塬
314	合义龙亭塬	陕西省	合阳县、韩城市	21 228	13 895	256	7 077	300	包含合阳县南庄塬、太册塬、文王塬、大枣塬、北马家庄塬、合义塬、新堡塬、韩城市龙亭塬
315	黄三塬	陕西省	彬县	771	243		528	58	
316	蒙家岭塬	陕西省	彬县	3 536	1 166		2 369	230	
317	水口塬	陕西省	彬县	16 622	6 779	1 285	8 558	1 402	包含祁家崖、底店、新堡子、二桥
318	上万人塬	陕西省	彬县	1 318	414		904	126	
319	牛北塬 1	陕西省	彬县	1 609	325	27	1 258	189	

续附表 10

序号	塬名称	涉及省	涉及县	总面积（hm²）	塬面面积（hm²）	塬坡面积（hm²）	侵蚀沟面积（hm²）	侵蚀沟条数	说明
320	牛北塬 2	陕西省	彬县	1 330	268	2	1 060	156	
321	陈村塬	陕西省	彬县	1 609	399		1 210	189	
322	新民-职田塬	陕西省	彬县,旬邑县	73 144	36 006		37 137	2 461	包含彬县曹家店,峪子,堡子,路村,香花,雷村,方里,香庙,旬邑县职田塬
323	土陵-官庄-土桥塬	陕西省	彬县,淳化县,旬邑县	38 719	21 202		17 517	1 014	包含彬县徐家,土陵,淳化县官庄塬,焦家塬,黄甫塬,莫村塬,旬邑县土桥塬
324	韩家-新华塬	陕西省	彬县,长武县	12 868	4 393	621	7 855	1 079	包含彬县韩家,新庄,菜子塬,大佛寺,长武县新华塬
325	固贤塬	陕西省	淳化县	4 293	2 251	2	2 040	82	
326	万里-夕阳塬	陕西省	淳化县	6 433	4 126		2 307	119	包含万里塬,夕阳塬
327	夕阳塬	陕西省	淳化县	612	370		242	15	
328	宁塬	陕西省	淳化县	2 527	341	217	1 969	48	
329	秦庄-大店塬	陕西省	淳化县	9 573	6 426		3 147	180	包含秦庄塬,大店塬
330	福德塬 1	陕西省	淳化县	2 308	566	463	1 279	36	
331	福德塬 2	陕西省	淳化县	951	234	69	649	18	
332	福德塬 3	陕西省	淳化县	582	144	16	423	12	
333	福德塬 4	陕西省	淳化县	545	134		411	12	
334	车坞塬	陕西省	淳化县	424	146		278	11	
335	耀贤塬 1	陕西省	淳化县	466	160	57	249	10	

续附表 10

序号	塬名称	涉及省	涉及县	总面积（hm²）	塬面面积（hm²）	塬坡面积（hm²）	侵蚀沟面积（hm²）	侵蚀沟条数	说明
336	耀贤塬 2	陕西省	淳化县	963	331	186	446	18	
337	耀贤塬 3	陕西省	淳化县	1 730	594	341	795	31	
338	耀贤塬 4	陕西省	淳化县	690	237	91	362	14	
339	秦家坡-桃渠塬塬	陕西省	淳化县	4 664	2 595	184	1 885	90	包含秦家坡塬、桃渠塬塬
340	桃渠塬	陕西省	淳化县	1 414	426		988	27	
341	秦河塬	陕西省	淳化县	5 053	1 489		3 564	98	
342	铁王塬	陕西省	淳化县	4 194	2 790	146	1 258	80	
343	梁武帝-车坞塬	陕西省	淳化县	18 445	12 103		6 342	350	包含梁武帝塬、卜家塬、润镇塬、车坞塬
344	十里-马家塬	陕西省	淳化县	11 830	6 625		5 205	225	包含十里塬塬、马家塬
345	北城堡塬	陕西省	淳化县	3 831	1 477	33	2 320	73	
346	郭家掌塬	陕西省	旬邑县	1 349	115	73	1 161	43	
347	史家塬	陕西省	旬邑县	1 011	100		911	39	
348	窑里塬	陕西省	旬邑县	270	101		169	6	
349	清塬	陕西省	旬邑县	3 012	2 010	608	394	33	
350	郭村塬	陕西省	永寿县	4 261	1 069		3 192	33	
351	永太塬	陕西省	永寿县	3 325	630		2 695	29	
352	永寿渠子塬	陕西省	永寿县	4 944	2 058		2 886	33	

续附表 10

序号	塬名称	涉及省	涉及县	总面积 （hm²）	塬面 面积 （hm²）	塬坡 面积 （hm²）	侵蚀沟 面积 （hm²）	侵蚀沟 条数	说明
353	常宁塬	陕西省	永寿县	14 029	8 990		5 039	88	包含常宁东塬、常宁南塬、上邑塬、豆家塬
354	永寿东塬	陕西省	永寿县	2 731	1 576		1 155	18	
355	马坊东西塬	陕西省	永寿县	7 105	3 768	816	2 521	46	包含马坊西塬、马坊东塬
356	川子塬	陕西省	永寿县	478	186		292	8	
357	渡马－御驾宫塬	陕西省	永寿县	6 407	4 214		2 193	43	涉及渡马塬、御驾宫塬
358	渡马塬	陕西省	永寿县	346	232		114	4	
359	李家塬	陕西省	永寿县	220	140		80	3	
360	监军南北塬	陕西省	永寿县	8 576	6 539		2 037	45	包含监军北塬、监军南塬
361	杨桥塬	陕西省	永寿县	208	165		43	5	
362	甘井东西塬	陕西省	永寿县	6 822	4 987		1 835	47	包含甘井西塬、甘井东塬
363	沟圈塬	陕西省	长武县	544	255	261	27	6	
364	红崖塬	陕西省	长武县	331	207	91	32	3	
365	二厂塬	陕西省	长武县	2 403	1 529	658	216	32	
366	富县冯家塬	陕西省	富县	3 193	238	2 767	189	31	
367	骆驼塬	陕西省	富县	4 446	224	4 041	181	22	
368	富县赵家塬	陕西省	富县	10 936	260	10 210	466	36	
369	思宜塬	陕西省	富县	28 223	271	27 465	487	39	

续附表 10

序号	塬名称	涉及省	涉及县	总面积（hm²）	塬面面积（hm²）	塬坡面积（hm²）	侵蚀沟面积（hm²）	侵蚀沟条数	说明
370	交道塬	陕西省	富县	6 331	1 481	2 188	2 661	93	
371	前塬子	陕西省	富县	3 075	103	995	1 977	32	
372	太安塬 1	陕西省	富县	9 784	541	8 235	1 009	88	
373	太安塬 2	陕西省	富县	2 035	112	1 690	233	20	
374	永川府塬	陕西省	富县	6 263	307	5 365	591	54	
375	湫塬	陕西省	富县	8 275	842	5 702	1 731	41	
376	北道德塬	陕西省	富县	8 577	1 044	5 802	1 731	61	
377	雨家塬	陕西省	富县	4 999	138	4 615	246	19	
378	姚家-小塬子塬	陕西省	富县	10 223	423	8 607	1 193	44	包含姚家塬、小塬子塬
379	中指-苦子现塬	陕西省	富县	72 473	6 540	54 213	11 721	221	包含中指塬、苦子现塬
380	上善化塬	陕西省	富县	2 376	264	1 814	298	45	
381	下善化塬	陕西省	富县	1 375	153	1 046	176	27	
382	东坡塬	陕西省	富县	751	132	368	251	38	
383	张村驿	陕西省	富县	17 504	127	17 163	214	31	
384	青儿塬	陕西省	富县	2 886	239	2 183	465	33	
385	寺仙塬	陕西省	富县	23 049	879	20 679	1 491	54	
386	富县太平塬	陕西省	富县	6 668	351	5 690	627	43	
387	新庄科塬	陕西省	富县	5 836	531	4 573	731	59	

续附表 10

序号	塬名称	涉及省	涉及县	总面积（hm²）	塬面面积（hm²）	塬坡面积（hm²）	侵蚀沟面积（hm²）	侵蚀沟条数	说明
388	龚家塬	陕西省	黄陵县	1 352	322	240	790	29	
389	隆坊塬	陕西省	黄陵县	17 915	5 899	2 552	9 464	501	包含丰乐塬、隆坊塬、阿党塬、大贤塬
390	王村塬	陕西省	黄陵县	3 768	675	715	2 378	75	
391	南孟塬	陕西省	黄陵县	3 091	547	551	1 993	83	
392	候庄塬	陕西省	黄陵县	6 050	1 465	1 037	3 549	110	
393	田庄塬	陕西省	黄陵县	5 479	1 522	798	3 159	105	
394	南河寨塬	陕西省	黄陵县	552	142	105	305	19	
395	仓村塬	陕西省	黄陵县	4 788	1 230	856	2 703	64	
396	真村塬	陕西省	黄陵县	3 657	520	768	2 368	29	
397	阿党塬	陕西省	黄陵县	684	204	2	479	42	
398	南道德塬	陕西省	富县、黄陵县	10 547	1 584	6 147	2 816	181	包含富县南道德塬、黄陵县南道德塬、马家塔塬
399	景家塬	陕西省	黄龙县	911	334		577	41	
400	黄龙白家塬	陕西省	黄龙县	2 422	837		1 585	75	
401	黄龙神底塬	陕西省	黄龙县	1 990	791		1 199	143	
402	新家塬	陕西省	黄龙县	442	177		265	26	
403	秦汉塬	陕西省	黄龙县	1 439	362		1 077	83	
404	刘家塬	陕西省	黄龙县	1 187	291		896	61	

续附表 10

序号	塬名称	涉及省	涉及县	总面积（hm²）	塬面面积（hm²）	塬坡面积（hm²）	侵蚀沟面积（hm²）	侵蚀沟条数	说明
405	山河塬	陕西省	黄龙县	792	335		457	8	
406	界头塬	陕西省	黄龙县	812	171		641	22	
407	西石塬	陕西省	黄龙县	706	152		554	21	
408	石岸塬	陕西省	黄龙县	736	106		630	19	
409	谭家塬	陕西省	黄龙县	239	118		121	12	
410	驮塬	陕西省	黄龙县	219	105		114	10	
411	西金塬	陕西省	黄龙县	431	115		316	13	
412	相里塬	陕西省	黄龙县	747	279		468	25	
413	长安塬	陕西省	黄龙县	1 054	189		865	28	
414	高粱塬	陕西省	黄龙县	629	322		307	32	
415	留离塬	陕西省	黄龙县	478	250		228	37	
416	洛子塬	陕西省	黄龙县	1 107	247		860	63	
417	安塬	陕西省	黄龙县	834	126		708	26	
418	山洼塬	陕西省	黄龙县	2 354	916		1 438	76	
419	中林塬	陕西省	黄龙县	2 917	610		2 307	130	
420	黄龙曹家塬	陕西省	黄龙县	4 550	1 689		2 861	217	
421	忠土塬	陕西省	黄龙县	444	167		277	20	
422	张家塬	陕西省	黄龙县	627	382		245	35	

续附表 10

序号	塬名称	涉及省	涉及县	总面积（hm²）	塬面面积（hm²）	塬坡面积（hm²）	侵蚀沟面积（hm²）	侵蚀沟条数	说明
423	黄龙万家塬	陕西省	黄龙县	825	155		670	48	
424	邢家塬	陕西省	黄龙县	3 200	204		2 996	60	
425	上东沟塬	陕西省	黄龙县	1 635	151		1 484	39	
426	鲁家塬	陕西省	黄龙县	658	119		539	35	
427	菩堤塬	陕西省	洛川县	5 070	1 829		3 241	153	
428	洛川杨家塬	陕西省	洛川县	1 496	359		1 137	72	
429	铜堤塬	陕西省	洛川县	2 870	821		2 049	173	
430	洪福粱塬	陕西省	洛川县	3 031	1 094		1 937	202	
431	永乡塬	陕西省	洛川县	26 595	15 482		11 113	1 716	包含西武塬、旧县塬、永乡塬、汉寨塬、黄章塬、车王塬、凤栖塬、京兆塬
432	洪福塬	陕西省	洛川县	246	130		116	20	
433	老庙塬	陕西省	洛川县	26 035	16 598		9 437	2 089	包含武石塬、槐柏塬、石泉塬、老庙塬、桥子塬、杨舒塬、居生塬
434	桥章塬	陕西省	洛川县	383	180		203	50	
435	铁炉塬	陕西省	洛川县	1 985	650	432	903	222	
436	西塞塬	陕西省	洛川县	1 098	531	95	471	111	
437	白土土基塬	陕西省	黄龙县、洛川县	26 640	19 728		6 912	2 071	包含黄龙县三岔乡白土基塬、延安市土基塬、故现塬、寨关塬、百益塬、石头塬、科石塬、黄章塬、未牛塬

续附表 10

序号	塬名称	涉及省	涉及县	总面积（hm²）	塬面面积（hm²）	塬坡面积（hm²）	侵蚀沟面积（hm²）	侵蚀沟条数	说明
438	皮头塬	陕西省	宜川县	1 234	830	92	312	280	包含皮头塬、枣树湾塬、北苏塬、白家塬
439	宜川孟家塬	陕西省	宜川县	234	115	72	47	68	
440	马圪塔塬	陕西省	宜川县	1 021	522	173	326	410	包含马圪塔塬、曲州塬、堡定塬
441	衣善塬	陕西省	宜川县	385	223	49	112	80	
442	大头塬	陕西省	宜川县	230	159	46	25	70	
443	南苏塬	陕西省	宜川县	183	120	45	18	46	
444	殿头–蜀庄塬	陕西省	宜川县	872	474	154	244	352	包含殿头塬、蜀庄塬
445	兴家塬	陕西省	宜川县	925	519	186	220	435	包含兴家塬、北苏塬、大吉塬
446	前后集塬	陕西省	宜川县	644	308	90	246	218	包含前集塬、后集塬
447	石家庄塬	陕西省	宜川县	706	288	185	232	235	包含石家庄塬、北丛塬
448	宜川二里半塬	陕西省	宜川县	1 085	585	114	386	455	包含二里半塬、两回塬
449	纳衣塬	陕西省	宜川县	463	235	44	184	185	
450	瓦子塬	陕西省	宜川县	443	223	47	173	217	
451	宜世–西良塬	陕西省	宜川县	851	500	119	232	442	包含宜世塬、西良塬
452	永宁塬	陕西省	宜川县	308	202	44	62	151	
453	南海塬	陕西省	宜川县	966	482	140	344	532	包含南海塬、落东塬、社吉塬
454	柏树梁塬	陕西省	宜川县	330	165	53	112	181	

续附表 10

序号	塬名称	涉及省	涉及县	总面积（hm²）	塬面面积（hm²）	塬坡面积（hm²）	侵蚀沟面积（hm²）	侵蚀沟条数	说明
455	五家岭-庄头塬	陕西省	宜川县	860	540	87	233	473	包含五家岭塬、庄头塬
456	儒里塬	陕西省	宜川县	187	104	45	38	103	
457	阁楼塬	陕西省	宜川县	392	250	44	98	215	
458	汾川-井家塬	陕西省	宜川县	649	421	88	140	357	包含汾川塬、井家塬
459	长命塬	陕西省	宜川县	493	252	108	134	271	
460	史村塬	陕西省	宜川县	370	190	45	136	204	
461	大塬-赵庄梁塬	陕西省	宜川县	441	183	62	196	249	包含大塬塬、赵庄梁塬
462	土回塬	陕西省	宜川县	458	126	40	292	252	
463	小吃干塬	陕西省	宜川县	320	102	45	174	176	
464	上吃干塬	陕西省	宜川县	424	140	45	239	233	
465	桑曲塬	陕西省	宜川县	445	157	47	242	245	
466	云许塬	陕西省	宜川县	245	136	76	32	135	
467	风口-水生塬	陕西省	宜川县	483	189	126	168	161	包含风口塬、水生塬
468	上马塬	陕西省	宜川县	851	386	131	334	229	包含上马塬、公城塬、下马塬
469	月寸塬	陕西省	宜川县	2 889	1 045	795	1 050	618	包含月寸塬、高柏塬、佛玉塬、秀西塬、西庄塬、曹家庄塬、宁院塬、岭玉塬、史家庄塬、羊家庄塬
470	郭下塬	陕西省	宜川县	474	210	82	182	76	

续附表 10

序号	塬名称	涉及省	涉及县	总面积（hm²）	塬面面积（hm²）	塬坡面积（hm²）	侵蚀沟面积（hm²）	侵蚀沟条数	说明
471	桃曲塬	陕西省	宜川县	499	329		170	112	
472	上岭塬	陕西省	宜川县	276	189	6	80	86	
473	椿渠塬	陕西省	宜川县	402	178	47	177	137	
474	坪左塬	陕西省	宜川县	334	123	52	160	120	
475	高树塬	陕西省	宜川县	352	128	24	201	49	
476	屯里塬	陕西省	宜川县	498	291	14	192	71	
477	合会塬	陕西省	宜川县	310	104	88	117	59	
478	月庄塬	陕西省	宜川县	235	116	44	75	56	
479	石培塬	陕西省	宜川县	295	195		100	58	
480	赵庄塬	陕西省	宜川县	320	148	45	127	49	
481	大子塬	陕西省	宜川县	349	122	48	179	48	
482	冒落头塬	陕西省	宜川县	213	146	14	53	103	
483	冯家岭塬	陕西省	宜川县	384	144	47	193	162	
484	王石－小咀塬	陕西省	宜川县	699	298	138	263	222	包含王石塬、小咀塬
485	卓家－瓦瓮塬	陕西省	宜川县	685	453	35	197	109	包含卓家塬、瓦瓮塬
486	吉元头塬	陕西省	宜川县	1 063	627	112	325	287	包含吉元头塬、崀科塬、葫芦塬
487	牛家峒－阿石峰塬	陕西省	宜川县	1 230	984		246	288	包含牛家峒塬、阿石峰塬
488	太多塬	陕西省	宜川县	411	130	109	172	143	

续附表 10

序号	塬名称	涉及省	涉及县	总面积（hm²）	塬面面积（hm²）	塬坡面积（hm²）	侵蚀沟面积（hm²）	侵蚀沟条数	说明
489	西塬	陕西省	宜川县	308	173	27	108	136	
490	化塬	陕西省	宜川县	384	224		160	133	
491	赤良塬	陕西省	宜川县	500	237	112	151	49	
492	段塬	陕西省	宜川县	341	117	104	119	46	
493	辛户－太泉禅塬	陕西省	宜川县	994	588	89	317	327	包含辛户塬、太泉禅塬
494	高堡塬	陕西省	宜川县	304	154	44	106	167	
495	雪白塬	陕西省	宜川县	293	142	45	107	161	
496	腰儿塬	陕西省	宜川县	321	127	66	128	123	
497	西平塬	陕西省	宜川县	500	238	45	216	52	
498	北斗塬	陕西省	宜川县	500	321	19	160	61	
499	屯石塬	陕西省	宜川县	472	200	40	232	60	
500	卢家塔塬	陕西省	宜川县	420	176	46	198	59	
501	降头塬	陕西省	宜川县	432	231	33	168	67	
502	宜川白家塬	陕西省	宜川县	435	155	35	244	45	
503	定阳塬	陕西省	宜川县	466	328	72	66	73	
504	槐树塬	陕西省	宜川县	461	141	57	262	63	
505	宜川李家塬	陕西省	宜川县	493	232	28	233	43	
506	宜川南岭塬	陕西省	宜川县	462	164	92	205	32	

续附表 10

序号	塬名称	涉及省	涉及县	总面积(hm²)	塬面面积(hm²)	塬坡面积(hm²)	侵蚀沟面积(hm²)	侵蚀沟条数	说明
507	北门塬	陕西省	宜川县	324	163	60	102	22	
508	张窑科-下昌喜塬	陕西省	宜川县	640	339	90	212	49	包含张窑科塬、下昌喜塬
509	合配村塬	陕西省	宜川县	447	285	33	129	82	
510	田塬-高里塬	陕西省	宜川县	790	235	130	425	104	包含田塬、高里塬
511	郝塬	陕西省	宜川县	372	140	52	180	50	
512	安狐塬	陕西省	宜川县	344	123	71	150	53	
513	庙塬	陕西省	宜川县	330	103	88	139	50	
514	方家塬	陕西省	宜川县	399	274	1	123	63	
515	圪崎塬	陕西省	宜川县	461	263	65	133	54	
516	马塬	陕西省	宜川县	206	123	33	50	42	
517	阳庄塬	陕西省	甘泉县	1 099	1 005		94	45	
518	宋家塬	陕西省	甘泉县	1 680	1 216	104	359	61	
519	汪屯塬	陕西省	甘泉县	213	116		97	21	
520	柴关山塬	陕西省	甘泉县	619	442	1	176	39	
合计				2 494 520	967 008	655 078	872 434	85 254	

注：侵蚀沟面积包含沟坡和沟道的面积。

附表 11　塬区水土流失现状分区统计

一级区	二级区	水土流失面积（km²）	轻度		中度		强烈		极强烈		剧烈	
			面积（km²）	比例（%）	面积（km²）	比例（%）	面积（km²）	比例（%）	面积（km²）	比例（%）	面积（km²）	比例（%）
甘肃高塬残塬沟壑区	甘肃高塬沟壑区	3 414.05	1 442.01	42.24	912.08	26.72	692.09	20.27	288.80	8.46	79.07	2.32
	甘肃残塬沟壑区	800.54	241.74	30.20	171.80	21.46	296.40	37.03	77.81	9.72	12.79	1.60
	小计	4 214.59	1 683.75	39.95	1 083.88	25.72	988.49	23.45	366.61	8.70	91.86	2.18
陕西高塬台塬沟壑区	陕西高塬沟壑区	1 744.39	681.11	39.05	403.67	23.14	481.11	27.58	150.64	8.64	27.86	1.60
	陕西台塬沟壑区	3 576.12	1 044.38	29.20	1 859.28	51.99	534.51	14.95	113.27	3.17	24.68	0.69
	陕西残塬沟壑区	1 686.60	205.08	12.16	343.72	20.38	899.38	53.33	189.36	11.23	49.06	2.91
	小计	7 007.11	1 930.57	27.55	2 606.67	37.20	1 915.00	27.33	453.27	6.47	101.60	1.45
山西残塬沟壑区	山西残塬沟壑区	1 790.17	323.83	18.09	246.63	13.78	1 027.13	57.38	164.25	9.18	28.33	1.58
总计		13 011.87	3 938.15	30.27	3 937.18	30.26	3 930.62	30.21	984.13	7.56	221.79	1.70

附表 12 塬区土地利用现状分区统计

一级区	二级区	耕地 （hm²）	林地 （hm²）	园地 （hm²）	住宅用地 （hm²）	工矿 仓储用地 （hm²）	交通运输 用地 （hm²）	其他土地 （hm²）	总面积 （hm²）
甘肃高塬 残塬沟壑区	甘肃高塬沟壑区	246 655	208 301	24 264	51 983	1 148	10 511	176 723	719 585
	甘肃残塬沟壑区	98 749	68 164	2 999	25 190	3 839	9 913	41 017	249 871
	小计	345 404	276 465	27 263	77 173	4 987	20 424	217 740	969 456
陕西高塬 台塬沟壑区	陕西高塬沟壑区	73 307	93 226	83 674	18 677	1 021	5 932	75 210	351 046
	陕西台塬沟壑区	234 043	98 665	62 062	43 139	2 683	11 346	164 429	616 367
	陕西残塬沟壑区	64 052	176 816	23 465	22 614	330	6 885	90 119	384 281
	小计	371 402	368 707	169 201	84 430	4 034	24 163	329 758	1 351 695
山西残塬 沟壑区	山西残塬沟壑区	50 581	103 315	15 968	4 002	110	2 617	324 065	500 658
总计		767 387	748 487	212 432	165 605	9 131	47 204	871 563	2 821 809

附表 13　塬区社会经济现状分区统计

一级区	二级区	涉及乡镇个数	涉及村个数	总土地面积（km²）	总人口（万人）	农业人口（万人）	人口密度（人/km²）	人均土地（hm²）	人均耕地（hm²）
甘肃高塬残塬沟壑区	甘肃高塬沟壑区	174	1 077	7 196	181	159	252	0.40	0.14
	甘肃残塬沟壑区	99	418	2 499	39	39	156	0.64	0.25
	小计	273	1 495	9 695	220	198	227	0.44	0.16
陕西高塬台塬沟壑区	陕西高塬沟壑区	115	958	3 510	87	58	248	0.40	0.08
	陕西台塬沟壑区	259	1 292	6 164	206	141	334	0.30	0.11
	陕西残塬沟壑区	190	503	3 843	19	18	49	2.02	0.34
	小计	564	2 753	13 517	312	217	231	0.43	0.12
山西残塬沟壑区	山西残塬沟壑区	134	396	5 007	24	22	48	2.09	0.21
总计		971	4 644	28 219	556	437	197	0.51	0.14

附表 14 塬区土地坡度组成结构分区统计

一级区	二级区	土地总面积 (hm²)	<5°		5°~15°		15°~25°		25°~35°		>35°	
			面积 (hm²)	占比 (%)	面积 (hm²)	占比 (%)	面积 (hm²)	占比 (%)	面积 (hm²)	占比 (%)	面积 (hm²)	占比 (%)
甘肃高塬残塬沟壑区	甘肃高塬沟壑区	719 586	241 354	33.54	135 358	18.81	140 708	19.55	167 207	23.24	34 959	4.86
	甘肃残塬沟壑区	249 870	58 148	23.27	57 193	22.89	53 022	21.22	59 142	23.67	22 365	8.95
	小计	969 456	299 502	30.89	192 551	19.86	193 730	19.98	226 349	23.35	57 324	5.91
陕西高塬台塬沟壑区	陕西高塬沟壑区	351 046	122 213	34.81	80 516	22.94	84 818	24.16	39 265	11.19	24 234	6.90
	陕西台塬沟壑区	616 368	144 446	23.44	252 155	40.91	88 450	14.35	73 574	11.94	57 743	9.37
	陕西残塬沟壑区	384 281	113 793	29.61	213 659	55.60	23 641	6.15	21 407	5.57	11 781	3.07
	小计	1 351 695	380 452	28.15	546 330	40.42	196 909	14.57	134 246	9.93	93 758	6.94
山西残塬沟壑区	山西残塬沟壑区	500 658	148 827	29.73	136 208	27.21	108 445	21.66	73 241	14.63	33 937	6.78
总计		2 821 809	828 781	29.37	875 089	31.01	499 084	17.69	433 836	15.37	185 019	6.56

附表 15　塬区耕地坡度组成结构分区统计

一级区	二级区	总耕地面积（hm²）	≤2°	2°~6°			6°~15°			15°~25°			>25°		
				小计	梯田	坡地	小计	梯田	坡地	小计	梯田	坡地	小计	梯田	坡地
甘肃高塬残塬沟壑区	甘肃高塬沟壑区	246 655	113 178	66 014	53 034	12 980	35 182	18 998	16 184	24 862	9 619	15 243	7 420	2 118	5 302
	甘肃残塬沟壑区	98 749	21 680	18 252	13 792	4 460	22 534	9 307	13 227	27 587	6 679	20 908	8 695	1 416	7 279
	小计	345 404	134 858	84 266	66 826	17 440	57 716	28 305	29 411	52 449	16 298	36 151	16 115	3 534	12 581
陕西高塬台塬残塬沟壑区	陕西高塬沟壑区	73 307	18 201	21 536	9 670	11 866	29 974	20 410	9 564	2 628	1 094	1 534	967	186	781
	陕西台塬沟壑区	234 043	44 978	95 173	43 381	51 792	61 306	31 708	29 598	29 125	6 710	22 415	3 462		3 462
	陕西残塬沟壑区	64 052	7 761	18 786	15 742	3 044	25 847	21 730	4 117	6 880	3 718	3 162	4 779	82	4 697
	小计	371 402	70 940	135 495	68 793	66 702	117 127	73 848	43 279	38 633	11 522	27 111	9 208	268	8 940
山西残塬沟壑区	山西残塬沟壑区	50 581	13 024	15 839	4 526	11 313	6 292	2 075	4 217	8 293	1 310	6 983	7 133	2 209	4 924
总计		767 387	218 822	235 600	140 145	95 455	181 135	104 228	76 907	99 375	29 130	70 245	32 456	6 011	26 445

参 考 文 献

[1] 高健翎,赵安成,李怀有,等.黄土高原沟壑区基于径流调控利用的多元综合治理模式研究[M].北京:中国水利水电出版社,2010.

[2] 毕华兴,刘立斌,刘斌.黄土高原沟壑区水土流失综合治理范式[J].中国水土保持科学,2010,8(4):27-33.

[3] 曹文洪.土壤侵蚀的坡度界限研究[J].水土保持通报,1993(4):1-5.

[4] 柴慧霞,程维明,乔玉良.中国"数字黄土地貌"分类体系探讨[J].地球信息科学,2006,8(2):6-13.

[5] 柴慧霞.基于RS与GIS陕北地区数字黄土地貌信息集成方法研究[D].太原:太原理工大学,2006.

[6] 陈传康.陇东东南部黄土地形类型及其发育规律[J].地理学报,1956,22(3):223-231.

[7] 陈永宗,景可,蔡强国.黄土高原现代侵蚀与治理[M].北京:科学出版社,1988.

[8] 邓成龙,袁宝印.末次间冰期限以来黄河中游黄土高原沟谷侵蚀堆积过程初探[J].地理学报,2001,56(1):92-98.

[9] 段清波,周昆叔.长安附近河道变迁与古文化分布[C]//周昆叔.环境考古研究(第一辑).北京:科学出版社,1992:47-55.

[10] 傅伯杰,汪西林.DEM在研究黄土丘陵沟壑区土壤侵蚀类型和过程中的应用[J].水土保持学报,1994,8(3):17-21.

[11] 甘枝茂,桑广书,甘锐,等.晚全新世渭河西安段河道变迁与土壤侵蚀[J].水土保持学报,2002,16(2):129-132.

[12] 甘枝茂.黄土高原地貌的基本特征[J].中学地理教学参考,1993(10):5-7.

[13] 甘枝茂.黄土高原地貌与土壤侵蚀研究[M].西安:陕西人民出版社,1990.

[14] 耿占军.清代渭河中下游河道平面摆动新探[J].唐都学刊,1995,11(1):36-38.

[15] 郭锐,越安成.黄土高原沟壑区中尺度流域水土保持治理途径探讨——以砚瓦川流域为例[C]//中国水土保持学会水土保持生态修复专业委员会,水土保持与荒漠化防治教育部重点实验室,林业生态工程教育部工程研究中心.全国水土保持生态修复学术研讨会论文集.2009.

[16] 郭廷辅,段巧甫.径流调控理论是水土保持的精髓——四论水土保持的特殊性[J].中国水土保持,2001(11):4-8,46.

[17] 焦恩泽,张翠萍.历史时期潼关高程演变分析[J].西北水电,1994(4):8-11.

[18] 焦恩泽,张翠萍.潼关河床高程演变规律研究[J].泥沙研究,1996(3):64-72.

[19] 景可,陈永宗.黄土高原侵蚀环境与侵蚀速率的初步研究[J].地理研究,1983,2(2):1-10.

[20] 孔亚平,张科利,唐克丽.坡长对侵蚀产沙过程影响的模拟研究[J].水土保持学报,2001(2):17-20,24.

[21] 雷阿林,唐克丽.黄土坡面细沟侵蚀的动力条件[J].土壤侵蚀与水土保持学报,1998(3):40-44,73.

[22] 李怀有,高健翎,赵安成.基于径流调控利用的水土保持多元综合治理模式研究[C]//中国水利学会青年科技工作委员会.中国水利学会第四届青年科技论坛论文集.北京:中国水利水电出版社,2008.

[23] 李怀有.黄土高原沟壑区径流调控综合治理模式研究[J].人民黄河,2008(10):77-79.

[24] 李娟,高建恩,张元星,等.黄土高原泾河流域梯田对河道径流及生态基流影响[J].水土保持通报,2015,35(5):106-110,116.

［25］李令福.从汉唐渭河三桥的位置来看西安附近渭河的侧蚀［J］.中国历史地理论丛,1999(Z):60-283.

［26］林廷武,高建恩,龙韶博,等.黄土丘陵沟壑区20年龄期梯田果园对不同标准极端降雨侵蚀调控作用［J］.水土保持研究,2019,26(6):114-119,132.

［27］刘东生.中国的黄土堆积［M］.北京:科学出版社,1965.

［28］罗来兴,朱震达.编制黄土高原水土流失与水土保持图的说明与体会［C］//中国地理学会.1965年地貌专业学术讨论会论文集.北京:科学出版社,1965.

［29］罗来兴.划分晋西、陕北、陇东黄土区域沟间地与沟谷地的地貌类型［J］.地理学报,1956,22(3):201-222.

［30］齐矗华.黄土高原侵蚀地貌与水土流失关系研究［M］.西安:陕西人民出版社,1991.

［31］全国水土保持规划编制工作领导小组办公室,水利部水利水电规划设计总院.全国水土保持区划［M］.北京:中国水利水电出版社,2016.

［32］桑广书,甘枝茂,岳大鹏.历史时期周原地貌演变与土壤侵蚀［J］.山地学报,2002,20(6):695-700.

［33］桑广书,甘枝茂,岳大鹏.元代以来黄土塬区沟谷发育与土壤侵蚀［J］.干旱区地理,2003,26(4):355-360.

［34］桑广书,甘枝茂,岳大鹏.元代以来洛川塬区沟谷发育速度和土壤侵蚀强度研究［J］.中国历史地理论丛,2002,17(2):122-127.

［35］桑广书.黄土高原历史地貌与土壤侵蚀演变研究进展［J］.浙江师范大学学报(自然科学版),2004(4):78-82.

［36］桑广书.新技术革命对地理学发展的影响［J］.陕西师范大学继续教育学报,2002,19(1):118-120.

［37］沈玉昌.中国地貌的类型与区划问题的商榷［J］.第四纪研究,1958,1(1):33-41.

［38］史念海.河山集(二集)［M］.北京:三联书店,1981.

［39］史念海.河山集(三集)［M］.北京:人民出版社,1988.

［40］史念海.周原的变迁［J］.陕西师范大学学报(社哲版),1976(2):111-120.

［41］史念海.周原的历史地理及周原考古［J］.西北大学学报(社会科学版),1978(2):6-15.

［42］宋保平.论历史时期黄河中游壶口瀑布的逆源侵蚀问题［J］.西北史地,1999(1):31-36.

［43］宋小林,赵西宁,高晓东,等.黄土高原雨水集聚深层入渗(RWCI)系统下山地果园土壤水分时空变异特征［J］.应用生态学报,2017,28(11):3544-3552.

［44］孙建中,等.黄土学(上篇)［M］.香港:香港考古学会,2005.

［45］汤国安,杨勤科,张勇,等.不同比例尺DEM提取地面坡度的精度研究［J］.水土保持通报,2001,21(1):53-56.

［46］唐克丽.中国土壤侵蚀与水土保持学的特点及展望［J］.水土保持研究,1999(2):3-8.

［47］唐克丽,等.中国水土保持［M］.北京:科学出版社,2004.

［48］仝迟鸣,周成虎,程维明,等.基于DEM的黄土塬形态特征分析及发育阶段划分［J］.地理科学进展,2014,33(1):42-49.

［49］王文龙,王兆印,雷阿林,等.黄土丘陵区坡沟系统不同侵蚀方式的水力特性初步研究［J］.中国水土保持科学,2007(2):11-17.

［50］王永焱,林在贯,等.中国黄土的结构特征及物理力学性质［M］.北京:科学出版社,1990.

［51］王元林.历史时期黄土高原腹地塬面变化［J］.中国历史地理论丛,2001(Z):71-82.

［52］王治国.中国水土保持学会.水土保持规划设计［M］.北京:中国水利水电出版社,2018.

［53］吴良超.基于DEM的黄土高原沟壑特征及其空间分异规律研究［D］.西安:西北大学,2005.

［54］吴普特,赵西宁,张宝庆,等.黄土高原雨水资源化潜力及其对生态恢复的支撑作用［J］.水力发电

学报,2017,36(8):1-11.

[55] 喻权刚.陕北黄土丘陵区土壤侵蚀遥感研究[J].土壤侵蚀与水土保持学报,1997,11(3):46-51.

[56] 袁宝印,巴特尔,崔久旭.黄土区沟谷发育与气候变化的关系(以洛川黄土塬区为例)[J].地理学报,1987,42(4):328-336.

[57] 张丽萍,张海霞.简论黄土高原地貌类型的空间组合结构——以陇东、陕北、晋西为例[J].山西大学师范学院学报(综合版),1991(1):88-92.

[58] 张洲.周原地区新生代地貌特征略论[J].西北大学学报(自然科学版),1990,20(3):69-77.

[59] 张宗祜.我国黄土高原区域地质地貌特征及现代侵蚀作用[J].地质学报,1981(4):308-320,326.

[60] 张宗祜.中国黄土高原地貌类型图[M].北京:地质出版社,1986.

[61] 赵阿妮.黄土残塬沟壑区小流域治理综合效益后评价指标体系构建与实证研究[D].咸阳:西北农林科技大学,2016.

[62] 赵诚信,常茂德,李建牢,等.黄土高原不同类型区水土保持综合治理模式研究[J].水土保持学报,1994(4):25-30.

[63] 赵景波,杜娟,黄春长.黄土高原侵蚀期研究[J].中国沙漠,2002,22(3):257-260.

[64] 中国地质科学院水文地质工程地质研究所.中国黄土高原地貌类型图说明书[M].北京:地质出版社,1986.

[65] 中国科学院地理科学与资源研究所.中国1:100万地貌制图规范(征求意见稿)[S].北京:科学出版社,1987.

[66] 中国科学院地理研究所渭河研究组.渭河下游河流地貌[M].北京:科学出版社,1983.

[67] 中国科学院黄土高原综合科学考察队.黄土高原地区自然环境及其演变[M].北京:科学出版社,1991.

[68] 中国水土保持学会水土保持规划设计专业委员会,水利部水利水电规划设计总院.水土保持设计手册 规划与综合治理卷[M].北京:中国水利水电出版社,2019.

[69] 中华人民共和国住房和城乡建设部,中华人民共和国国家质量监督检验检疫总局.水土保持工程设计规范:GB 51018—2014[S].北京:中国计划出版社,2015.

[70] 周毅.基于DEM的黄土高原正负地形及空间分异研究[D].南京:南京师范大学,2011.

[71] 周毅.基于DEM的黄土正负地形特征研究[D].南京:南京师范大学,2008.

[72] 朱梅,李发源.坡度分级对地面坡谱的影响研究[J].测绘科学,2009,34(6):165-167.

[73] 朱士光.黄土高原地区环境变迁及其治理[M].郑州:黄河水利出版社,1999.

黄土塬地貌、水土流失及防治措施照片

甘肃泾川北塬侵蚀地貌(胡影,2016年,甘肃泾川县田家沟)

陕西高塬残塬地貌(胡影,2016年,陕西省旬邑县职田镇)

甘肃陇东高塬区地貌(胡影,2016年,甘肃泾川天池塬)

镇原县高塬区残塬地貌(胡影,2016年,甘肃省镇原县太平镇咀刘沟)

山西省大宁县太德塬地貌(胡影,2016年,山西省大宁县太德乡堡村)

山西省隰县残塬地貌(胡影,2016年,山西省隰县梨香园小流域)

渭北台塬侵蚀地貌(胡影,2016年,陕西省合阳县百良镇东村)

宜川县残塬区地貌(胡影,2016年,陕西省宜川县秋林镇瓦佥村)

沟头前进威胁城镇安全(胡影,2016年,甘肃镇原县孟坝塬解放沟)

沟头前进威胁石油设施安全(胡影,2016年,盘克塬老庄沟)

塬边坍塌严重威胁人居安全(胡影,2016年,甘肃西峰区火巷沟)

洛川塬侵蚀地貌及治理工程(胡影,2016年,陕西省洛川县城北沟)

沿黄阶地残塬上的嵋岘(胡影,2016年,山西省大宁县乌落村)

塬面侵蚀威胁村镇安全(胡影,2016 年,甘肃宁县早胜塬北沟)

塬面径流集蓄工程水窖(朱莉莉,2013 年,陕西省澄城县)

封育治理网围栏措施(朱莉莉,2013年,陕西省澄城县)

沟道治理工程淤地坝(朱莉莉,2013年,陕西省澄城县)

塬面径流集蓄工程蓄水池(朱莉莉,2013 年,陕西省富县)

塬面径流集蓄工程人工湖(朱莉莉,2016 年,甘肃省庆阳市)

林草措施(朱莉莉,2016年,甘肃省庆阳市)

梯田工程(朱莉莉,2016年,陕西省彬县)

竖井工程(朱莉莉,2016 年,陕西省旬邑县)

柳谷坊工程（姬小宁,2016 年,甘肃省庆阳市）

塬面保护沟头防护工程(申当雪,2016年,甘肃省西峰区)

塬边埝地整治(张霞,2017年,陕西省澄城县)

塬面径流集蓄工程涝池(张霞,2017 年,陕西省澄城县)

沟头防护工程(张霞,2017 年,陕西省澄城县)

塬面径流集蓄工程涝池(张霞,2017年,陕西省澄城县)

沟头整治工程(申当雪,2019年,甘肃省合水县)

沟道坝系工程(申当雪,2019年,甘肃省合水县)

沟头回填工程(张学升,2019年,甘肃省庆阳市)

蓄渗工程(申当雪,2019年,甘肃省合水县)

骨干坝工程(申当雪,2019年,甘肃省合水县玉黄沟)

董志塬沟头治理(胡影,2016年,甘肃省庆阳市西峰区火巷沟)

塬面径流集蓄工程涝池(胡影,2016年,陕西省洛川县凤栖镇西井村)